空间目标光电探测技术

主　编　孙华燕
副主编　李迎春　郭惠超　张来线
　　　　郑海晶　李　荣

哈尔滨工程大学出版社
Harbin Engineering University Press

内 容 简 介

本书主要介绍空间目标光电探测技术的基础知识、技术原理、关键技术、系统组成,以及光电探测技术在空间目标光电监视系统中的应用与发展。全书共分7章,主要内容包括绪论、空间目标光电探测基础、空间目标可见光探测技术、空间目标红外探测技术、空间目标激光探测技术、主动光学与自适应光学技术及空间目标探测新技术等。

本书可作为高等院校相关专业的教材,也可为从事太空态势感知的技术人员及相关领域的科研人员提供参考。

图书在版编目(CIP)数据

空间目标光电探测技术 / 孙华燕主编. -- 哈尔滨 :
哈尔滨工程大学出版社, 2024. 9. -- ISBN 978-7-5661-
4576-5

Ⅰ. V1
中国国家版本馆 CIP 数据核字第 2024R4Z868 号

空间目标光电探测技术
KONGJIAN MUBIAO GUANGDIAN TANCE JISHU

选题策划	肖瑞辉
责任编辑	秦 悦
封面设计	李海波

出版发行	哈尔滨工程大学出版社
社 址	哈尔滨市南岗区南通大街 145 号
邮政编码	150001
发行电话	0451-82519328
传 真	0451-82519699
经 销	新华书店
印 刷	哈尔滨市海德利商务印刷有限公司
开 本	787 mm×1 092 mm 1/16
印 张	14.5
字 数	381 千字
版 次	2024 年 9 月第 1 版
印 次	2024 年 9 月第 1 次印刷
书 号	ISBN 978-7-5661-4576-5
定 价	58.00 元

http://www.hrbeupress.com
E-mail:heupress@ hrbeu.edu.cn

前　　言

空间目标光电探测技术是太空态势感知领域空间目标监视的重要技术手段,在空间目标探测、编目、精密定轨中具有不可替代的地位。

本书贴近太空态势感知岗位实际需求,围绕空间目标光电探测技术的基础知识、技术原理、关键技术、系统组成,以及光电探测技术在空间目标监视系统中的应用与发展等方面,介绍了可见光探测技术、红外探测技术、激光探测技术、偏振探测技术、光谱探测技术等内容。全书共分7章,第1章绪论,介绍了空间目标的分类、空间目标光电探测的基本任务、空间目标光电探测技术的分类以及典型空间目标光电探测系统;第2章空间目标光电探测基础,介绍了望远光学系统、光电探测器、跟踪机架、轴角测量系统、跟踪控制系统以及系统误差分析与修正;第3章空间目标可见光探测技术,介绍了空间目标可见光特性、可见光成像探测基本原理、空间目标定位、空间目标光度测量与姿态测量;第4章空间目标红外探测技术,介绍了红外辐射基础知识、空间目标与环境的红外辐射特性、红外成像探测基本原理以及空间目标红外成像探测性能分析;第5章空间目标激光探测技术,介绍了激光探测基本原理及脉冲式激光测距;第6章主动光学与自适应光学技术,介绍了像差源、波前传感器技术、波前校正器技术、主动光学系统以及自适应光学系统;第7章空间目标探测新技术,介绍了偏振成像探测技术、激光成像探测技术、光谱探测技术以及空间目标光电探测技术发展。

本书在内容的选取上尽可能做到系统性、先进性和实用性相统一,既包含空间目标光电探测技术的基础理论和基本知识,又包含空间目标光电探测系统的介绍和应用。

参加本书编写工作的有:孙华燕(第1章)、李迎春(第3章)、郭惠超(第5章、第6章)、张来线(第7章)、郑海晶(第4章)、李荣(第2章)。全书由孙华燕、李迎春统稿,李荣参与插图绘制及数字资源收集,并负责全书校对工作。

本书在编写过程中,参考了航天工程大学樊桂花教授相关教材和中国科学院长春光学精密机械与物理研究所、中国科学院光电技术研究所等厂所的设备研制报告和用户培训手册,在此向相关人员表示衷心的感谢!

由于编者水平有限,书中错误、疏漏在所难免,敬请读者批评指正。

编　者
2024 年 6 月

目　　录

第1章 绪 论

对空间目标(space target)的监测、编目是目前太空态势感知的最重要任务。空间目标监视系统(space object surveillance system),是太空态势感知中对空间目标进行搜索、跟踪、测轨、编目、识别、评估的大型综合系统。空间目标监视系统的主要任务包括对航天器进入空间、在空间运行及离开空间的过程进行探测和跟踪,对空间碎片和自然天体的运行情况进行观测,结合其他相关信息和数据,经过综合处理,获取目标的外形、尺寸、飞行轨迹、功能等信息,并进行编目,以掌握空间态势,向民用和军用航天活动提供空间目标信息支援。空间目标监视系统的作用过程主要分为探测/识别(DT/ID)、威胁告警和评估(TW&A)、特征描述、数据集成和利用(DI&E)。其中,空间目标探测/识别是指搜索、发现、跟踪空间目标,辨别空间目标,识别空间目标的类别等。空间目标的光电探测技术是空间目标监视的重要技术手段,在空间目标探测、目标编目、目标精密定轨中具有不可替代的地位。

本章首先介绍空间目标的分类,然后梳理空间目标光电探测的基本任务和技术分类,最后介绍国际上典型的空间目标光电探测系统。

1.1 空间目标的分类

空间目标泛指距离地球表面 150 km 以外空间(又称外层空间)的所有目标,包括自然天体和人造天体。在一般情况下,空间目标主要指在轨运行的人造天体,尤其是各种航天器、卫星和空间碎片。空间目标一般可分为合作目标和非合作目标两大类。其中,合作目标泛指可为追踪提供可靠合作信息的空间飞行物体,如航天器(spacecraft)、空间轨道舱、参与国际合作的空间站等;而非合作目标则不能提供有效的合作信息,如故障或失效卫星、空间碎片以及非合作方航天器等。

1.1.1 航天器

航天器又称空间飞行器或太空飞行器,是指按照天体力学的规律在太空运行,执行探索、开发、利用太空和天体等特定任务的各类飞行器。人造卫星(artificial satellite)是发射数量最多、用途最广、发展最快的无人航天器,按用途可以分为通信卫星、气象卫星、科学技术卫星、地球资源卫星、测地卫星、截击卫星、侦察卫星、导航卫星、预警卫星、海洋监视卫星、核爆探测卫星等;

1-1 航天器的分类

按运行轨道高度可分为 200~2 000 km 的低地球轨道(LEO)目标、2 000 km 的中地球轨道(MEO)目标以及 36 000 km 的地球同步轨道(GEO)目标。其中,低地球轨道目标约占 80%;中地球轨道目标约占 10%,主要由导航卫星组成,例如美国的 GPS、我国的北斗导航 MEO 卫星等;地球同步轨道目标约占 10%,主要由通信卫星、气象卫星等组成。

图 1-1 所示为常用的低轨道和同步轨道区域。

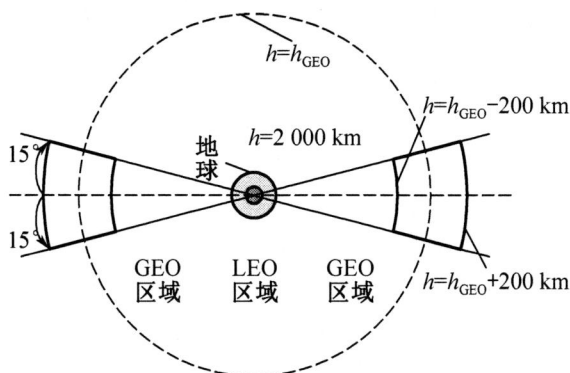

图 1-1　常用的低轨道和同步轨道区域

人造卫星的主要特点是:一般围绕地球做圆周运动,运动轨道为近圆或圆形。对运动特征而言,目标位置、目标运动速度以及目标运动加速度都是重要的运动特征参数,这些参数同时也是实现空间目标识别的重要依据。

1.1.2　空间碎片

空间碎片是人类在太空活动中遗留在太空的废弃物,包括完成任务的火箭载体和卫星本体、火箭的喷射物、在轨执行航天任务过程中的抛弃物、空间目标碰撞产生的碎片等。其主要成分是铝合金及铝、锌、钛等金属的氧化物,部分为航天员产生的含钠、钾成分的废物及电子产品产生的含铜、银等成分的碎片,平均密度约为 2.8 g/cm³。根据美国太空司令部太空监视网公布的数据,截至 2024 年 1 月,北美防空司令部(NORAD)累计编目 10 cm 以上空间物体超过23 万个。其中,解体碎片占比约 60%,火箭残骸占比约 8%,操作性碎片占比约 8%,失效航天器占比约 12%,其他碎片占比约 2%,正常工作中的航天器占比约 10%。

空间碎片与航天器一样,大多数在近地空间运动,受到地球引力场、大气阻力、太阳光压、日月引力和固体潮等摄动因素的影响,其动力学模型和运动理论与一般卫星运动理论是一样的。从空间碎片轨道高度分布看,空间碎片主要分布在 LEO 和 GEO 区域。在 LEO 区域,空间碎片密度最大,约 90% 的空间碎片分布在该区域内,峰值分布集中在 800 km 轨道高度附近。此外,GEO 区域和部署导航卫星星座的 MEO 区域的空间碎片密度也很高。从轨道倾角分布看,空间碎片主要分布在 60°~110°倾角范围内,峰值分布集中在倾角 98°的太阳同步轨道区域附近。从轨道偏心率看,约 50% 的空间碎片分布在偏心率小于 0.01 的近圆轨道上,偏心率小于 0.05 的轨道空间碎片约占 90%,最大分布密度可达 1×10⁻⁸ 个/km³。在近地空间,无论是LEO、MEO 区域,还是 GEO 区域,都含有相当数量的空间碎片。根据欧洲航天局(Eurocan Space Agency,ESA)的估计,到 2055 年,近地空间中空间碎片的分布密度将使得航天器再也没有合适的发射窗口。

空间碎片与人造卫星不同点在于:空间碎片众多,会在很短时间内产生许多新目标;空间碎片属于无源目标;相对于一般人造卫星来说,空间碎片的面质比较大,而且是未知的。

1.2 空间目标光电探测的基本任务

空间目标光电探测的实质就是探测目标的电磁信号,包括目标发射、辐射和反射的所有可能被探测到的电磁波。由于电磁波的形式、特性和波段不同,探测目标的技术手段和技术设备各异。目前而言,空间目标探测手段主要包括无线电探测技术和光电探测技术。空间目标光电探测技术是根据空间目标辐射或反射光波的特征来探测和识别空间目标的一种技术,包括紫外光(0.2~0.4 μm)、可见光(0.4~0.7 μm)、红外光(1~3 μm、3~5 μm、8~12 μm)等多种波段光信号的探测技术。

空间目标光电探测技术多以光学望远镜为主,辅以可见光、红外光、激光等光电子技术,对目标进行跟踪测量。空间目标光电探测的基本任务就是对非合作空间目标进行精确跟踪和探测,获得空间目标的轨道特征和光学特征。

1.2.1 轨道特征获取

轨道特征,也就目标的位置信息,是通过光电望远镜搜索或跟踪空间目标测其时间和位置信息,进而确定其绕地球运行的轨道参数。

轨道特征测量望远镜主要用于中高轨目标及低轨小目标的搜索及跟踪测量。为了提高光电系统搜索发现目标的能力,需要大口径、大视场望远镜,甚至由几台大口径望远镜组成阵列。用于轨道复合精密测量定轨的望远镜,可以进行长时间积分跟踪测量,采用中等口径的望远镜,可以实现较高星等目标的探测能力。

1.2.2 光学特征获取

空间目标的典型光学特征包括光度、形状、辐射、偏振、光谱等特性。

光度特性,即目标的亮度信息。对于低轨不可分辨力成像目标和高轨目标,光度特性是识别目标的重要手段。光度的变化可以反映出空间目标姿态特征,进而估计出卫星稳定方式、受控状态和生命体征。如果结合红外特征和轨道高度,估算目标的反射率与尺寸,采用多色光度测量信息,还可以对高轨目标的卫星平台进行分类识别。

形状特性,即目标的几何外形信息,是目标识别的一种最为直接的特征。受目标尺寸、距离和地基光电设备成像分辨力的限制,目前还只能在一定观测条件下,对低轨大目标进行高分辨力成像探测。

辐射特性,即目标在不同红外波段的温度特性信息。辐射特性是利用自身目标的红外辐射对其进行识别的一种方式。采用红外辐射测量设备可以得到目标的辐射强度、反演温度;如果配以长波辐射波段成像,还可以得到目标的温度分布。由于受大气的影响,辐射特性测量需要精确定标,才能够得到准确的数值。

偏振特性,可以反映目标不同偏振态下的材质特性以及类别特性信息。偏振特性识别是通过目标的光学偏振特性进行目标识别,多数空间目标的识别技术是利用目标反射太阳光与背景的偏振态不一致,利用偏振的“强光弱化,弱光强化”的特点,突显目标,提高信噪比。在空间目标的强背景探测中,空间目标在强光下需细节测量时,可以通过偏振抑制强背景或分离目标。

光谱特性,即目标的反射材质特性和几何特性。光谱测量可用于识别目标的材料组成,进而识别其功能特征。空间目标的光谱主要是反射太阳的可见近红外光谱。成像光谱是高分辨力成像与光谱结合的特征测量方式,可以在成像的基础上通过窄带滤光的方式实现。

空间目标的典型光学特征获取一般采用特征识别望远镜。特征识别望远镜需要清晰成像或窄波段能量测量,要求望远镜口径大、焦距长,因此视场一般很窄,需要精密跟踪和自适应光学实时补偿或事后补偿大气湍流影响。

1.3 空间目标光电探测技术的分类

空间目标光电探测技术按照探测目的划分,可分为精密光电探测和巡天光电观测两类。其中,精密光电探测一般是指针对单一空间轨道目标的探测。精密光电探测设备的任务是监测运行轨道已知的空间目标,并尽可能获取更为精确的轨道、姿态等数据,为空间目标的精确定轨服务。而巡天光电观测的任务则是采用尽量大的视场观测尽量多的空间目标,为发现新的空间目标或估算区域空间轨道目标数量服务。

空间目标光电探测技术按照探测技术划分,可分为被动探测技术和主动探测技术。被动探测技术包括可见光探测技术、红外探测技术等。被动探测技术是利用可见光、红外等光电传感器被动探测目标反射的太阳光或自身发出的红外光定位目标,其优点是无须考虑工作功率的影响。主动探测技术主要是激光探测技术,它采用激光作为光源去照射目标,通过对目标反射回波的探测,获取目标回波的强度、频率、相位、偏振态等信息,从而判别目标的距离、角位置、种类、属性、运动轨迹及外形等特征。

1.3.1 可见光成像探测技术

空间目标的可见光成像探测技术是利用光学望远镜和可见波段的光电探测设备实施探测空间目标的精确位置和光学特性测量的技术。可见光成像探测技术把图像处理、自动控制、信息科学等学科有机结合起来,通常采用可见波段的高灵敏度的成像探测器和可见光谱段的光电成像技术,形成了一种能从图像信号中实时地自动识别目标、提取目标位置信息、自动跟踪目标运动和提取目标可见光特性的技术。

利用可见光成像探测技术的设备有光电经纬仪、精密跟踪探测望远镜、高分辨力成像望远镜等。探测的空间目标特性有轨道、形状、光度、偏振、光谱等。

可见光成像探测技术的特点是:测量精度高,隐蔽性好,成本低,可视性强,图像信号可有线或无线实时传输,适于多种搭载平台,可利用成熟的视频图像采集、处理,可实现数字图像处理。

可见光成像探测技术这些年发展迅速,各种高灵敏度可见光成像探测器提高了探测系统的性能。随着望远镜成像性能的提高和自适应光学系统的发展,利用地基光学望远镜图像进行空间目标姿态估计,可获得卫星任务状态、探测器侦察区域等方面信息,使可见光成像探测技术的应用得到了进一步发展。其受到天气情况和晨昏时段的制约,可观测的空间目标数量和观测弧段也受到相应限制。

1.3.2　红外探测技术

　　红外探测技术可以感应目标自身的红外辐射,不需要目标反射太阳光便可进行观测,即使目标在地影区域内也可以被有效探测,更适合用于近距离或运行在地影区的空间目标。

　　利用红外探测技术的设备有光电经纬仪、精密跟踪探测望远镜、红外辐射特性测量设备等。探测的空间目标特性有轨道、光度、形状、辐射、偏振、光谱等。

　　红外波段 $1 \sim 3~\mu m$、$3 \sim 5~\mu m$、$8 \sim 12~\mu m$ 是较好的大气窗口,观测空间目标时大气透过率较高,且大部分人造目标温度分布在 $200 \sim 350~K$,在红外波段其自身辐射能量占有很大比例。短波红外波段相对于可见光波段,具有更高的太阳能反射率,同时天光背景能量达到所有光学波段的最低值,因此使用短波红外波段在白天探测空间目标可大大提高观测效率;中波红外波段对空间目标载荷发热特性和长波红外波段对空间目标表面材料的识别能力使这两个波段具有极强的夜视能力,尤其对信号较弱的中高轨道目标识别能力更强。

1.3.3　激光探测技术

　　空间目标光电探测的主动探测技术主要是激光探测技术。激光探测技术能够克服光电被动探测的缺点,可以全天时、单站、远距离探测目标的距离、速度等信息,还可同时对目标进行激光对抗。

　　激光是光波波段电磁辐射,波长远小于微波和毫米波,作为信息的载体,可以用振幅、频率、相位和偏振来搭载信息。激光探测技术是激光技术和雷达技术相结合的产物,属于光电主动探测技术。激光探测技术可用来进行通常由微波雷达系统进行的一些测量,其中包括测距、角跟踪、目标速度测量及活动目标指示。激光探测设备是以激光作为载波,测量目标距离、速度、角位置等运动参数,以及目标反射率、散射截面和形状等特征参数的光电设备。

　　激光探测技术与微波雷达探测技术的根本不同之处在于它以激光器为辐射源,工作频率比微波雷达高 $3 \sim 4$ 个数量级。激光探测技术与无线电雷达探测技术相比具有如下显著特点:

　　(1)好的相干性、窄的视场及小的光束,均使激光探测对背景及地物干扰具有强的抑制能力;

　　(2)可对散射截面很小的暗小目标进行有效探测,具有极高的灵敏度;

　　(3)采用激光探测技术的激光雷达能精密分辨目标,并可同时(或依次)跟踪多个目标,具有较高的角分辨率;

　　(4)激光的调整带宽较宽,保证了激光雷达具有较高的距离分辨力;

　　(5)较短的激光波长对应着较高的多普勒频移,保证了激光雷达具有较高的速度分辨力;

　　(6)在与无线电雷达具有相同功能的情况下,激光雷达体积及天线尺寸更小、质量更轻。

　　激光探测技术的空间目标特性有轨道、光度、形状、偏振等。激光探测技术可与其他装置(如微波雷达、毫米波雷达、电影经纬仪、电视跟踪器、红外跟踪器等)相结合,构成组合式的跟踪、测量系统,可以弥补单一装置的不足,大大提高系统在大空域内快速捕捉、跟踪目标的有效性,并大大提高测量精度及抗干扰能力。如在激光探测与微波雷达组合的系统中,微波雷达负责远距离、大空域捕获目标并进行粗测,激光探测则进行近距离的精密测量。当微波雷达受干扰时,可及时启动激光探测来进行探测。又如,激光跟踪测距装置与光电经纬仪组合的系统,既能对目标进行激光自动跟踪,实时、精确地输出目标的数据,又可保持光电经纬仪原有的视频记录功能,并可以单站定位,不需多台光学经纬仪交会测量。此外,空间非合作目标激光三维成像的研究近几年也已起步,能够快速且全面地获取空间目标尺寸和结构信息,用于非合作目标的空间操作和交会对接。

1.3.4　偏振成像探测技术

偏振作为光的特性之一,是除振幅、波长、相位以外的又一重要属性。偏振特性与目标表面特征和材料理化特性密切相关。由于人造物体和自然物体在表面材料和粗糙度有一定区别,较之于传统探测技术,偏振成像探测技术能够得到不同于强度、光谱的光学信息维度,使获取的目标光学信息量和信息维度得到扩展,大大提高了目标探测识别能力。

偏振成像探测技术是一种获取目标二维空间光强分布以及偏振特性分布的新型光电成像技术。可见光、红外成像等传统光电成像是通过探测反射、辐射光强的二维空间分布来获得图像的,其实质是二维空间强度成像;偏振成像探测技术在传统强度成像基础上增加了偏振信息维度,不仅能获取二维空间光强分布,还能获得图像上每一点的偏振信息。目标的偏振特性与目标的表面状态、结构特征和固有属性密切相关,利用目标本身的辐射强度差异和偏振特性差异区分目标和背景,能够有效地突出目标的轮廓信息、增强图像的细节,便于外部形状和表面信息的勘测,故偏振成像探测技术在空间目标监视领域具有重要的应用价值。

偏振成像探测技术分为被动偏振成像探测和主动偏振成像探测。被动偏振成像探测入射光源属于非偏振光源,如可见光、红外偏振成像;主动偏振成像探测是用不同偏振状态的光对目标和背景进行照明然后探测,如激光偏振成像。

偏振成像探测技术的空间目标特性有形状、偏振等。偏振成像探测技术作为光学成像领域的一种新型技术,在抑制背景噪声、提高探测距离、获取细节特征以及识别目标伪装等方面具有传统光学成像不可比拟的优势。

1.3.5　光谱探测技术

光谱是物质光学特性的本质属性,不同材料具有不同的光谱反射率。目标的整体光谱特性是由目标表面材料光谱特性及其有效面积共同决定的,与目标的材料、尺寸和状态等特征有关。不同材料的目标,其光谱特性曲线的拐点、斜率存在明显的区别;不同尺寸的目标,由于其表面材料有效面积的不同,目标的整体光谱特性也将呈现显著的差异。此外,同一目标的状态不同,其表面材料的类型和有效面积发生改变,目标的整体光谱特性也会随之改变。光谱探测作为材料表征的重要手段之一,能够解决普通探测手段无法远程获取空间目标表面材料信息的困难。另外,除了获取材料信息外,通过光谱探测技术还能获取空间目标的形状、姿态以及健康状态等信息,因此,空间目标的光谱表征及识别技术都是当前航天领域内的发展前沿。

对于空间目标,成像和光谱提供了相互补充的两种探测手段:成像探测提供目标空间信息,光谱信息可进一步判读与识别,提供更准确的局部信息,对目标的关键部位进行识别。

光谱图像是一个包含二维空间信息和一维光谱信息的三维数据立方。使用光谱图像对空间目标进行探测识别,主要的方法大致分为两类:连续的反射光谱曲线和多波段的多色测光。连续的反射光谱曲线主要利用目标的反射光谱曲线特性,包括曲线的峰值、斜率、形态、特征波段、吸收谱线等对空间目标进行识别;多波段的多色测光则是比较不同波段间光谱的差异,利用多波段间的差异性进行材料特性的识别。

1.4 典型空间目标光电探测系统

空间目标光电探测技术根据传感器所在位置划分,可以分为地基光电探测和天基光电探测两种。

地基光电探测是利用地面光电传感器通过地球自转来实现对空间目标轨道的离散观测。地基空间目标光学监视系统的作用主要是利用地基可见光、红外、激光等光电探测技术,在空间目标监视中心的引导下,发现、跟踪空间目标,进行精密定轨、高分辨率成像和目标识别。地面探测技术成熟,搜索跟踪效果较好,由于不受体积和质量等限制,可以采用大口径光学系统得到很高的空间分辨率和很远的观测距离,能够有效地对尺寸较大的空间碎片进行精确定轨,所以地基光电探测目前仍然是空间目标光学监视的有力武器。

1-3 地基光电望远镜

天基光电探测是利用天基平台(如卫星、飞船、航天飞机和空间站)上的光电传感器进行空间目标探测,主要是利用可见光、红外探测技术,通过在不同轨道上部署空间目标光学监视卫星、多颗卫星进行组网、天基系统与地基空间目标监视系统相联合等措施,对空间目标进行探测与识别。

1.4.1 典型地基光电探测系统

目前,世界上拥有专用空间目标光学监视系统的有美国和俄罗斯等国家。

美国分布在全球各地的地基雷达和光电监视装备互相配合、相互协作,形成了美国整体的地基空间目标监视能力。

美国的空间目标光学监视系统主要部署在全世界 14 个地点,由专用空间监视设备、兼用空间监视设备和可借用空间监视设备三大部分组成。专用空间监视设备主要用于对美国和国外空间目标的探测与识别;兼用空间监视设备主要用于对国外弹道导弹发射活动的监视,同时也承担对空间目标的监视;可借用空间监视设备综合利用了一部分军方和民用卫星测控系统,主要用于对美国卫星的跟踪、通信、控制与管理。

1-4 美国地基空间监视系统

美国的专用空间光学监视系统主要包括地基光电深空监视系统和毛伊光学跟踪识别设施,主要用于监测深空目标,以弥补相控阵雷达探测系统的不足。其主要任务是:对空间目标进行判别、分类;在美国卫星遭遇攻击时提供警报;监视空间条约执行情况;收集科学和技术情报;为美国反卫星系统提供目标特征、轨道信息和毁伤效果评估信息。地基光电深空监视系统现役的监测站有 3 个,分别位于新墨西哥州的白沙、夏威夷的毛伊岛和印度洋的迪戈加西亚岛。每个站装备 3 台望远镜,白沙和毛伊岛各配主镜 2 台、辅镜 1 台,迪戈加西亚岛配主镜 3 台。这些设备具有对夜空进行每小时搜索 2 400 平方度的能力,主要用于观测运动速度较慢的高轨目标,可探测到地球同步轨道上足球大小的目标。毛伊光学跟踪识别设施包括安装在同一基座上的 2 台 1.2 m 的主镜和 1 台 0.56 m 的辅镜,可进行可见光、长波红外光谱测量及微光信号探测和成像。其主要任务是为空军航天司令部提供指定目标的位置和特征数据,在没有指定的卫星跟踪任务时,对深空和地球同步轨道进行监视,探测未知目标,在日出后和日落前各有 2 h 区间能够工作,每天工作时间达 10 h。

目前,美国的地基目标监视系统的作用距离能够达到 4×10^4 km,可探测轨道低于 6.4×10^3 km、直径大于 1 cm 的目标,可精确跟踪、定位该轨道高度直径 10 cm 以上的目标,可探测地球同步轨道直径大于 10 cm 的目标,可精确跟踪、定位该轨道高度直径 30 cm 以上的目标,能够编目管理 23 000 多个空间目标,对低轨目标 24 h 预报精度达到 100 m,对中高轨目标 24 h 预报精度达到 1 km,能够对空间目标的变轨做到准实时响应。

俄罗斯的空间监视系统是世界上第二大空间目标探测监视系统。俄罗斯的空间光电探测系统的任务除了获取空间目标的位置信息和天文信息外,还包括对空间目标的尺寸和控制状态信息等特征参数进行测量。

俄罗斯的地基光学系统主要依赖"窗口"(Okno)-M、国际科学光学观测网(ISON)等地基光学设备探测识别深空目标。

最重要的光学探测系统——"窗口"系统是俄罗斯航天部队典型的地面光电空间监视跟踪系统,由 14 个子站的 20 多套光学观测设备组成,位于塔吉克斯坦帕米尔高原,是俄罗斯战略预警不可缺少的辅助支援手段。2015 年 7 月,俄罗斯首套"窗口-M"地基光电空间监视系统具备完全运行能力,夜间能探测 2 000~40 000 km 轨道范围内的空间目标,可根据待观测空间目标的高度调整空间分辨率和观测视场。其与地基雷达配合,能使俄军空间监视能力覆盖目前所有航天器的运行轨道,空间目标监视能力增强 4 倍。这种地基预警系统等同于美国的GEODSS 系统,能够实现从低轨到地球同步轨道不同轨道上目标的监视,有效地弥补了深空监视网的不足。

ISON 是俄罗斯科学院管理运行的光学望远镜网络,由俄罗斯、乌克兰、西班牙、瑞士、美国等十几个国家的 30 多个观测站组成,包括直径 12.5 cm~2.6 m 的 80 多个不同类型的望远镜。ISON 可对整个 GEO 进行持续监测,定期观测莫尼亚轨道区域,并跟踪全轨道空间目标,同时也能对小行星进行天文观测。

ISON 的能力及成果有:

▶在全球通过经度(0°~360°)和倾角(0°~20°)对 GEO 区域进行测量;

▶监测"Molniya"型和地球同步转移轨道(GTO)上的高椭圆轨道(HEO)目标;

▶自主监测和跟踪 0.2~1 m 大小的 GEO 和 HEO 目标,亮度达到 20 级;

▶为 GEO 和 HEO 目标(0.4~1 弧秒水平)制作高精度测量结果;

▶处理所有获得的测量结果,建立精确轨道,维护动态轨道档案;

▶对可能由 GEO 和 HEO 造成的危险情况进行预测和分析;

▶对 LEO 和 HEO 物体进行实验观察,包括近期碎裂的碎片;

▶通过探索及研究 GEO 碎片形成涉及的不同机制,了解最可能的 GEO 碎片产生情况,并制定如何避免未来新碎片生成的策略;

▶收集了超过 1 400 个 HEO 天体的测量数据,包括对太空轨道网站上缺失的近 400 个天体的定期观测。

欧洲各国也在不断发展地基光学系统,提高空间目标的定轨精度及识别效率。目前,欧洲的地基光学系统包括 ESA 空间碎片望远镜、法国天空观测系统(SPOC)、瞬态目标速动望远镜(TAROT)、德国灵巧网(SMARTnet)、瑞士 ZIMLAT 望远镜、英国无源成像测量传感器(PIMS)望远镜等。其主要分布在欧洲、南美洲和澳大利亚等地,有宽视场探测跟踪望远镜,也有窄视场目标识别望远镜,主要用于探测 GEO 目标。GEO 目标空间分辨率已达到 10 cm,部分设备还有激光观测功能,增加了夜视观测能力。

ESA 空间碎片望远镜位于西班牙的特纳里夫,可探测 19～21 星等,相当于 GEO 轨道上直径为 15 cm 的目标物体。ESA 空间碎片望远镜能覆盖 GEO 带 120°的范围。

"斯波茨"是法国武器装备总署跟踪设备网的组成部分,2 个观测站分别位于法国的土伦和奥德罗。每个观测站都有 4 部相机面向西部、北部、东部(仰角>20°)和垂直方向。在晴朗的夜晚,能够探测到 100～400 个目标的初始轨道及其运动轨迹。其中,80%～90% 的目标可与编目的目标对应。

法国 ROSACE 牛顿望远镜主要用于近 GEO 区域缓慢运动的目标(19 星等以下)的观测,由法国空间局(CNES)负责运行。

TAROT 负责将 GEO 区域或近 GEO 区域的空间目标指向信息传递给 ROSACE 望远镜,用于目标的跟踪测量和后续对目标的轨道确定。

无源成像测量传感器 PIMS 主要用于 GEO 区域和深空区域监视的光学系统,由英国国防部负责运行。英国部署了 3 个 PIMS 望远镜观测站,这 3 台望远镜覆盖了 GEO 环上 165°的区域(从西经 65°到东经 100°)。PIMS 系统可探测到直径为 1 m 的 GEO 目标,其位置精度高于 10 μrad。

日本空间目标光学监视设备隶属于成立于 2000 年的 Bisei 空间中心,包括 1 m 望远镜和 0.35 牛顿望远镜,用于测量高空碎片,能够观测地球静止轨道上的直径超过 50 cm 的碎片。0.35 m 的施密特-卡塞格林望远镜用于观测低地球轨道碎片。

目前,随着空间目标的日益增多,空间目标监视任务的地位越来越重要,各国都在不断升级改造现有的空间监视系统,研制部署新的空间监视系统。

在地基空间目标光学监视系统方面,美国改造升级的空间目标光学监视措施有:将原本部署在新墨西哥州白沙靶场的"空间监视望远镜"(SST)转移至澳大利亚西部的哈罗德·霍尔特海军通信站,并于 2020 年完成重新组装、校准工作,具备初始运行能力。

美国还计划在索科罗、印度洋迪戈加西亚、毛伊岛、西班牙莫隆部署 4 套空间监视望远镜。SST 可探测到地球同步轨道直径 10 cm 的目标,具有快速搜索、大口径大视场、高灵敏度等特点,能明显提升美国对中高轨空间目标的监视认知能力和反应速度。

到 2020 年,美国空间监视网对低轨空间目标的探测和定位精度分别提高到 31 cm 和 10 m,对地球同步轨道目标的探测和定位精度分别提高到 310 cm 和 100 m;能实时监视感兴趣目标空间碰撞预测的准确率提高到 99%。

俄罗斯进一步升级改造了现役光电系统,研制出新型特种光电和激光设备,以增强光电系统的全天候工作和抗干扰能力。俄罗斯用 4 年的时间,再建设超过 10 套新型"窗口"系统,增加了太空观测的精确度。"窗口-M"系统可在夜晚全自动工作,基于空间目标表面反射的太阳光进行无源探测,不仅增加了目标探测距离而且减少了系统能量消耗,并且能自动计算目标位置坐标、精确测定其运行参数、准确确定其功能;在滨海边疆区建造的被称为"窗口-S"的 2.0 版"窗口"系统,其空间目标监视特别是深空监测功能更为强大,可探测 10 cm 以下微小目标,跟踪更精确、运营成本更低、环境影响更小。这将极大增强俄罗斯空间监视获取信息的能力,扩大受控轨道的范围,使可探测的太空目标的最小尺寸缩小为现有尺寸的 1/2 或 1/3。

近年来,俄罗斯恢复重建"树冠"侦察系统,将地基光学系统与地基雷达系统配合使用,建成了地基雷达与光学复合监视系统。"树冠"系统是其 20 世纪时的发展项目,包括侦察监视设施和打击装备两部分。前者主要通过光学望远镜、射频雷达和激光雷达对空间目标进行监视;后者包括可摧毁敌方卫星的战斗机和导弹。该地基雷达与光学复合监视系统由配备相控阵天线、用于识别目标的分米波段雷达站,以及配备抛物面天线、用于目标分类的厘米波段雷达站,将光学天文望远镜与激光系统结合在一起的光学系统组成。雷达系统提供光学系统跟踪所需的指向数据,而光学系统主要完成对空间目标的跟踪、精确定位与识别。"树冠"系统能够扩大跟踪目标的轨道倾角与高度范围,增强对微小目标的探测识别能力。"树冠"系统包括"树冠"和"树冠-N"两部分。"树冠"位于北高加索地区,由 2 个大型光学望远镜、1 个激光定位雷达、1 个大型分米波甚高频(VHF)射频雷达和 1 个厘米波特高频(UHF)射频雷达组成。其中,UHF 射频雷达有 5 个可轮换的抛物面天线,用于基础干涉测量,可对空间目标进行探测定轨、特征描述与识别。"树冠-N"位于俄罗斯远东地区,主要用于探测跟踪 LEO 目标。目前,"树冠"系统已结束深度改造,可对目标进行精确定位和识别,能够发现 40 000 km 高度上的轨道目标。

1.4.2　典型天基光电探测系统

传统的空间目标地基光电探测由于受到地球大气、天光背景、观测时间和固定布站等因素的限制,很难完全满足军事空间应用的需求。

第一,地球大气的限制。地球周围十几千米范围被稠密的大气所包围,利用光电探测手段观测,大气的衰减作用是不容忽视的。在大气辐射吸收的电磁波段里,几乎无法观测天体。即使在大气窗口里也需要考虑大气透射率条件的限制。

第二,观测时间的限制。地基光电探测除受到大气透过率的影响之外,还受到一天之内观测时间的限制。白天太阳光强烈,大气的辉光常常淹没了空间目标的微弱辐射。

第三,地面位置的限制。地基光电探测系统固定在地球的特定位置,它所观测的空间范围有限,不能长时间连续跟踪目标。

近年来,为弥补地基光电探测系统的不足,美国及欧洲等航天大国都在大力发展空间目标天基光电探测系统。天基光电探测具有以下特点:

第一,尽管天基光电探测系统受发射限制,不能携带大型的光电探测设备,但其在轨道上可以近距离观测某些目标航天器,因而其观测精度并没有下降。观测平台围绕地球飞行,为在短时间内观测到全方位空间目标提供了基本位置条件。

第二,天基光电探测系统降低了地球曲率影响,提高了几何可见时间,极大地提高了观测的实时性。

第三,天基光电探测系统虽然仍受目标光照和天光背景的限制,但气象条件的制约不复存在,天光背景因此较地基得到很大简化,只是要注意避开太阳、地球、月球等自然天体的反射区即可,所以天基光电探测设备的能见性比地基光电探测设备的效果相对要更好一些。特别是对于地球同步轨道上高度约 36 000 km 的高轨卫星目标探测和危险碎片(1~10 cm)的跟踪、定轨而言,天基光电探测在空域覆盖性和监视时效性方面,具有明显优势。

美军十分重视发展天基空间监视系统,于 1996 年 4 月发射了中段空间试验卫星(midcourse space experiment,MSX)。其最初目的是演示、验证天基光学监视探测能力、确定天基空间监视(space based space surveillance,SBSS)系统的设计方案,主要用途是太空目标监测、天空背景光探测和地球背景环境

1-5　美国天基空间监视系统

的探测试验研究。

中段空试验卫星(MSX)可探测低空和深空 7~15 星等亮度的卫星与碎片,可同时探测 LEO 和 GEO 卫星。该卫星的主要传感器之一是美国林肯实验室研制的天基可见光传感器 SBV(space-based visible)相机。运行于 898 km 近太阳同步轨道的 SBV 相机,在轨道位置、宽视场和高测量精度方面具有独特的优势,能显著提高对 GEO 目标的编目管理能力,在美国太空监视网络(SSN)中发挥着主要探测器的作用。SBV 相机传感器的巨大成功引发了空间目标天基光学监视领域的研究热潮。

2004 年,美国在已有 MSX 的基础上又迅速开始对 SBSS 系统进行研制工作。这是美国为提高对空间目标监视、跟踪和识别能力,增强对空间战场态势的实时感知能力而研制的天战武器装备计划。SBSS 系统由 5 颗卫星组成,分为两个发展阶段。第一个阶段,发射 1 颗卫星用于替代 2008 年就彻底失效的 MSX 卫星,这就是 2010 年 9 月发射的 SBSS 卫星,它是完整星座全功能卫星的先导星,称为"探路者"(Pathfinder)。第二个阶段,应用更为先进的技术,部署由 4 颗卫星组成的光学卫星星座。目前在轨运行的 Pathfinder 卫星部署在 630 km 太阳同步近地轨道,是一种低轨看高轨模式,主要用于监视地球静止轨道目标。该卫星具有全天时持续工作能力,平均每天观测 12 000 个目标,可以快速扫描、发现、识别、跟踪低轨至高轨目标,特别是静止轨道的卫星、机动飞行器和空间碎片等目标,可在 24 h 内完成对整个静止轨道区域的扫描探测。

试验卫生系列(XSS)卫星是一项空军研究项目,该项目利用多颗小卫星执行近距离军事行动,即围绕其他卫星机动,以便执行监视、服务或攻击等任务。美国空军已经对 XSS 微卫星进行了一系列的飞行试验,演示了对空间目标的监视能力。

联合毫弧秒探路者勘察计划(Joint Milli-Arcsecond Pathfinder Survey,J-MAPS)任务是美国海军天文台(USNO)正在研制的一项天基天文观测望远镜计划,主要用于提高恒星空间定位精度,可满足现有及未来恒星库的高精度定位需求,为星敏感器服务。尽管该任务的首要设计目标不是用于地球轨道附近空间目标的探测,但是基于系统的能力,也可对 GEO 目标进行高精度测量。该卫星计划将任务周期 90% 以上的时间用于天文观测,5% 以上的时间用于空间态势感知(SSA)任务(包括高精度轨道确定及成像观测)。

美国为持续加强高轨空间态势感知能力,开展了"同步轨道空间态势感知计划"(GSSAP)。计划中的卫星数量达到 8 颗,截至 2024 年 5 月已有 6 颗卫星被成功发射并部署在地球同步轨道附近。2016 年 8 月 19 日,美国空军 2 颗 GSSAP 卫星发射升空,并与 2014 年首批入轨的 2 颗 GSSAP 卫星组成星座,共同对地球同步轨道上的目标执行巡视侦察任务。GSSAP 单星质量在 650~700 kg,星上装有光电传感器。这些卫星作为专用的 SSN 传感器,机动能力强,可对地球同步轨道进行目标交会逼近、详细成像侦察并获取电子信号情报,这将进一步支撑美军空间态势感知能力向空间目标侦察监视、行动意图判定等空间军事作战领域拓展。

2023 年 9 月,美军发射首颗"沉默巴克"太空域感知卫星,部署在地球同步轨道,可对高中低轨的太空目标进行搜索、跟踪和编目,及时发现对美国太空资产造成威胁的太空目标并进行告警。

美国目前的天基监视系统每天能够对空间目标进行超过 6 万次探测,累计编目空间目标的数量大于 33 000 个,能够对直径大于 10 cm 的 18 000 多个在轨空间目标进行探测、跟踪、分类,能够对直径大于 30 cm 的空间目标进行精确探测和跟踪,能实时感知深空微小目标。美国已具备对绝大多数在轨卫星的认知能力，能确定部分对已方航天器的攻击威胁，进而采取积极防护的行动；能提供空间目标打击窗口，具备指示攻击目标的能力。

目前，其他国家也开始意识到天基空间目标监视的重要性，但与美国多星座、多谱段、多任务、一体化全球覆盖的模式不同，各国都根据自己的科研水平和经济实力采取微小卫星、复合任务的发展策略，在发展其他航天项目时，积极对天基空间目标系统相关的关键技术进行技术验证。

从天基光学成像目标观测系统发展趋势可以看出以下特点：

（1）构建 GEO 目标天基光学成像观测系统，加强对 GEO 目标的跟踪观测。GEO 区域分布着通信导航、数据中继、导弹预警、电子侦察等战略卫星资源，增强对地球同步轨道目标的观测能力是未来天基空间观测系统的发展方向之一，构建可成像的 GEO 目标天基观测系统势必是未来空间目标光学成像观测的一个发展方向。

（2）发展微小卫星，进行机动抵近观测。微小卫星因其体积较小，可以获得较强的机动能力。在特定时段，对重点区域重点目标进行观测时，可以利用微小卫星机动性能强的优势，对重点区域、重点目标进行抵近跟踪观测，获得其近距离的高分辨率图像信息。例如，位于 GEO 上的 GSSAP 卫星通过与 GEO 目标的相对漂移实现 GEO 全轨道巡视探测，对空间目标进行编目与特征识别，通过抵近 GEO 目标进行详察，在最佳观测距离和最优拍摄角度获取目标高清视图；位于 LEO 上的 ORS-5 则采用 GeOST，配合延时积分技术，增加目标跟踪时长，对目标进行凝视识别，实现更灵敏的成像，能收集更多 GEO 目标信息。

（3）组建空间目标天基光学成像观测卫星网，由单星观测向星座观测发展。从 GSSAP 的设计可以看出，其设计之初就构建了四星共同实施 GEO 目标观测的任务模式，这种多星联合观测也将是未来空间目标天基观测的一个发展方向。

习　　题

1. 按照空间目标的用途和性质可以将其分为几类？轨道分布是怎样的？
2. 简述空间目标光电探测技术的任务。
3. 空间目标光电探测技术分为哪几类？各自特点是什么？
4. 论述地基光电探测系统的发展趋势。
5. 论述天基光电探测系统的发展趋势。

第2章　空间目标光电探测基础

不管采用何种光电探测技术,要有效探测跟踪到目标,离不开望远光学系统、光电探测器、跟踪机架、轴角测量系统和跟踪控制系统。

本章将分别介绍望远光学系统、光电探测器、跟踪机架、轴角测量系统、跟踪控制系统以及系统误差分析与修正的相关知识。

2.1　望远光学系统

空间目标距离探测系统较远,采用的光学系统一般为望远光学系统。

2.1.1　望远光学系统类型

望远光学系统大体分为折射式系统、反射式系统和折反射式系统三类。由于不同波长的光经过玻璃时会发生弯曲或不相等折射导致焦点不同,折射望远镜常常会产生色差。而对于不同颜色的光,反射的方向不会发生变化,因此反射望远镜不会产生色差。望远镜经过四百多年的发展,从小口径的透射式光学系统,逐渐发展到当今以大口径反射式为主的光学系统。

2.1.1.1　折射式系统

所有早期的光学望远镜都是折射式望远镜,采用透镜进行成像。著名的折射式望远镜有伽利略式和开普勒式。

1609 年秋天,身兼帕多瓦大学数学、科学和天文学教授的意大利天文学家、物理学家伽利略发明了人类历史上第一台天文望远镜,其物镜是凸透镜,目镜是凹透镜,如图 2-1 所示。借助望远镜,伽利略于 1610 年 1 月 7 日发现了木星的 4 颗卫星,这成为哥白尼日心说的第一个观测依据。为了纪念伽利略,这 4 颗卫星被命名为"伽利略卫星"。伽利略还先后发现了土星光环、太阳黑子、太阳的自转、金星和水星的盈亏现象、月球的周日和周月天平动,以及银河是由无数恒星组成等,这些发现开辟了天文学的新时代。但这种望远镜有一个缺点,即视场小。

图 2-1　伽利略式望远镜

1611 年,德国科学家开普勒发明了开普勒式望远镜,如图 2-2 所示。其物镜和目镜都是凸透镜,视场大,目镜设置在物镜焦点之后,可在物镜焦点处放置十字丝作为调试参考,所以后来大多数折射式望远镜都采用开普勒系统。但该种望远镜的像上下左右颠倒,光路中需增加转像棱镜,且系统有色差。

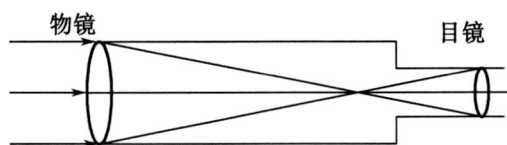

图 2-2　开普勒式望远镜

折射式光学系统的结构属于基本对称型,比较容易在宽光谱范围内修正球差,通光孔径饱满,无中心遮蔽,其配置绝大多数为球形表面,易于加工、装调,制造费用低。一般来讲,折射式系统不需要经常镀膜,一次性使用的寿命较长。但其透过率低,一般为 0.6~0.7,对温度敏感,且筒长焦距比较大,加之材料品种有限、价格昂贵、难以加工、所要求的镀膜层昂贵、对热敏感、测试困难。

用于空间目标探测的望远镜必须增大孔径,以实现分辨率和信号接收能力的提高,普通望远镜的孔径达到几百毫米,有的望远镜竟达到几米。若物镜的结构采用透镜形式,会给工艺制造和玻璃熔炼带来难以克服的困难。装配后,由于自重的作用,面形也可能变更。历史上大型折射式望远镜的最大口径达到 125 cm,由于造价过于昂贵,以及质量太大,现在已退出潮流。

一般大型望远镜配有望远镜辅助光学系统,如目标搜索、捕获望远镜系统、粗跟踪望远镜系统等。由于其口径小、焦距短、视场大,一般采用折射式光学系统。

折射式光学系统有如下特点:

(1)折射式光学系统形式多样,易于选择;

(2)超宽光谱段的消色差较难;

(3)光学玻璃内在质量保证难度较大,折射系统一般物镜直径不超过 500 mm;

(4)较适用于视场大、分辨力要求低、焦距较短及通光口径不大、波段比较窄的情形。

2.1.1.2　反射式系统

反射式系统各镜面均为反射面,结构较简单,光线不透过玻璃材料,不产生色差,望远镜可以在更大的光谱范围内正常工作。但是,反射镜对光程的影响是双倍的,因此,加工面形时对精度的要求很严格。

(1)主焦点系统

主焦点系统是反射式望远镜的基本光学系统。根据圆锥曲线的光学性质,当主镜为旋转抛物面时,平行于抛物面轴线的入射光线经反射后将会聚于抛物面的焦点上,这时星光在几何光学意义上将成完善的点像。主焦点系统结构如图 2-3 所示。

主焦点系统只需要最小面数,且要求散射和热发射率必须最小,反射率必须最大,焦比通常为 1.5~3。虽然可给出适应度受限宽视场观测的合适底板比例,但对很多仪器来说它仍然太小。主焦点系统需要一块校正镜,但很难获得。焦面处探测仪器在光路中形成遮挡,操作不方便,且不宜放置大型仪器。

(2)牛顿系统

1668 年,英国物理学家牛顿发明了由单个抛物面做成的望远镜。牛顿望远镜由一个抛物面镜和一个在其焦点附近的小倾角反射镜组成,小倾角反射镜使光束偏转到系统的一边以便于观测,如图 2-4 所示。这种望远镜结构只存在由抛物面引起的像差,当焦距比较大、球面镜的球差可以忽略不计时,可以采用球面镜替代抛物面镜。牛顿系统避免了主焦点系统的缺点,45°平面镜将焦点移出镜筒,能量损失虽然略多于主焦点系统,但易于操作者接近,观测方便,且转动平面镜可以获得不同的焦点位置来安装仪器。

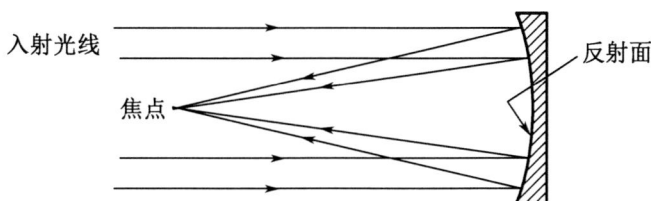

图 2-3　主焦点系统结构

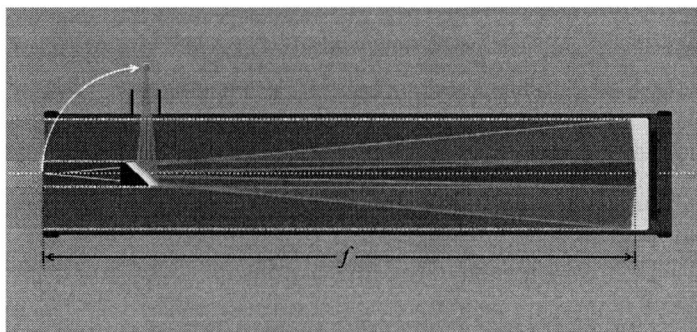

图 2-4　牛顿望远镜

最早的牛顿系统球差很好,彗差严重,故只适用于小视场的观测。由于牛顿系统的眼望方向与镜头的指向相反,所以给观测带来不便,寻星比较困难。为了扩大视场,可在单镜系统增设一个反射镜,形成双反射系统。典型的全反射式望远镜如双反射式望远镜,由一个称作主镜的凹透镜和一个称作次镜的平面镜、凹透镜或者凸透镜组成,次镜在主镜之前,将从主镜射出的光线反射回去,光线穿过主镜中间的一个小孔在主镜后成像。

（3）卡塞格林系统

卡塞格林系统由法国科学家卡塞格林于 1672 年发明,该系统由凹抛物面主镜和凸双曲面副镜组成。其主镜有中心孔,光线经副镜后成像于中心孔后,便于观测。由于副镜的放大作用,且采用折叠光路,这样较短的镜筒就可以获得较长的系统焦距,简化了结构。该系统视场较窄,像散较牛顿系统严重,同时有少许场曲。卡塞格林系统结构如图 2-5 所示。R-C 望远镜是一种改进型的卡塞格林系统,其两个面镜都为双曲面形,可以对球差和彗差进行校正,大多数新式的望远镜都采用这种结构。

（4）耐施密斯系统

1839 年,英国工程师耐施密斯发明了耐施密斯系统。耐施密斯系统如图 2-6

2-1　卡塞格林系统

2-2　耐施密斯系统

所示,在卡塞格林系统中增加一个45°平面镜,将焦点移到了镜筒外的赤纬轴或高度轴。这类系统通常用于地平式机架结构的望远镜,这时焦点位置不随镜筒的转动而变化,这样可以放置大型焦面仪器。随着耐施密斯系统的进一步发展,焦点相对于望远镜完全不动,适合于放置大型终端仪器,如光谱仪等。

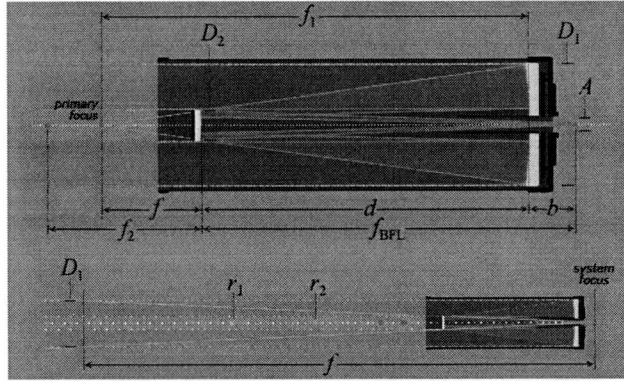

图 2-5　卡塞格林系统

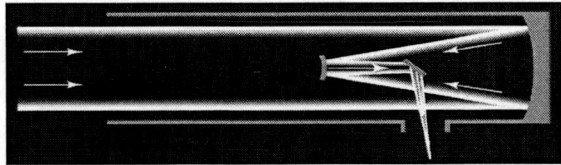

图 2-6　耐施密斯系统

(5)格里高利系统

1663 年,英国数学家格雷戈里发明了格里高利系统。格里高利望远镜(图 2-7)采用一个凹椭球次镜替代双曲面形透镜,能够避免折射式望远镜的不足,通过副镜放大,以及折叠光路,较短的镜筒能够获得较长的系统焦距。这种望远镜的镜片更容易制造和测试,通过选择两个面镜的适当圆锥常数可以达到消除球差的效果。在这种情况下,主镜可以选择椭球型,焦点在主镜后面,便于观测。但由于受到当时工艺水平的限制,该系统没有投入量产,现在有些太阳望远镜采用了该系统。其主要缺点是给定一个主镜的焦距,格里高利望远镜的长度要比卡塞格林望远镜和 R-C 望远镜长很多。

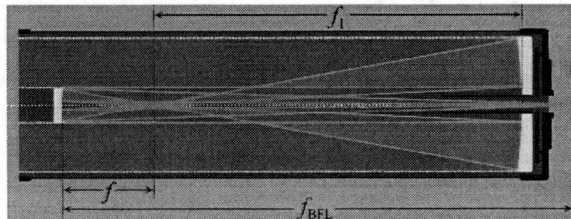

图 2-7　格里高利望远镜

（6）三反光学系统

R-C 系统是一种优秀的、广泛使用的系统,但是由于光束转向和波面校正
的原因,人们开始对三镜组合或者更多反射镜的组合感兴趣。用次镜可进行波
面校正和视线抖动补偿,若将短负焦距的透镜转向或变形的小反射镜放置在光
瞳处,效果会更好。R-C 系统的出瞳是虚瞳且位于次镜之前,可以对它再次成
像,形成一个真实的、小的、更易得到的出瞳。通过稍微离轴使用三镜,或者引
入三镜和四镜避免光束遮拦。图 2-8 为三反射镜组合示例。

2-3　离轴三反系统

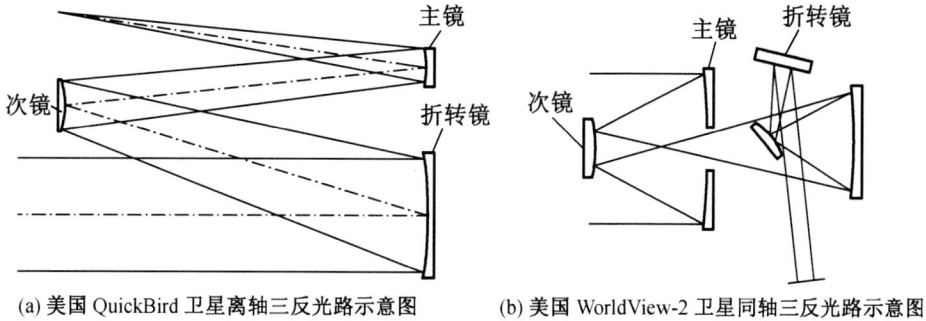

(a) 美国 QuickBird 卫星离轴三反光路示意图　　(b) 美国 WorldView-2 卫星同轴三反光路示意图

图 2-8　三反射镜组合示例

目前纯反射式光学系统在应用中备受关注,其主要特点有:

①不存在任何色差,可用于宽光谱段成像,特别适于长焦距相机和光谱成像相机;

②通光口径可以大,光在空间传播,不通过光学玻璃,易于解决由材料引起的问题,一般大尺寸光学系统必须采用纯反射式系统;

③结构紧凑,所需光学元件少,便于用反射镜折叠光路,且可采用超薄镜坯(如 SIC)或轻量化技术,大大减少反射镜的质量;

④离轴反射系统更具有无遮挡、光学传递函数 MTF 值高等优越性。

在反射式望远镜系统中,将次镜镜面直径与主镜镜面直径的比值称为遮拦比。通常遮拦比在望远镜设计中应控制在 20% 以下,在这种情况下,遮拦比对望远镜系统分辨能力的降低影响有限。

2.1.1.3　折反射式系统

反射式望远镜都是用非球面做成的,它们对轴上的点具有等光程特性,因而球差都能得到很好的校正。但是,其轴外的彗差和像散都很大,因此视场应用范围受到了限制。通常情况下,反射式望远镜的视场为 2′~3′。为了扩大视场,可以把反射镜改成高次曲面,或者在光路中加入轴外像差的校正板,这就构成了折反射式的望远镜。由于有了像差的补偿装置,主镜就可以采用球面反射镜,这种装置的工艺性能更理想。

折反射望远镜由反射镜和透镜组成,最典型的有施密特系统和马克苏托夫系统。折反射式系统具有外形尺寸小、孔径和视场较大的优点。折反射式系统由反射镜产生所需的光焦度,用无光焦度的多块折射元件校正像差,扩大视场,这样不会带来太大的色差。与折射式系统相比,折反射式系统的超宽光谱段的消色差设计比较容易解决。

（1）施密特系统

施密特系统由德国光学家施密特于 1931 年发明,如图 2-9 所示。该系统由球面主镜和一块接近平行平板的非球面改正镜组成。改正镜一面是平面,另一面是非球面,用于消除球面镜的球差,改正镜位于球面镜的球心附近。该系统克服了反射望远镜视场小的问题,能获得较大的视场,通常在 5°×5° 左右,特别适于天文巡天。世界上最大的施密特望远镜是卡尔·施瓦茨希尔德天文台 1 340/2 000 望远镜。

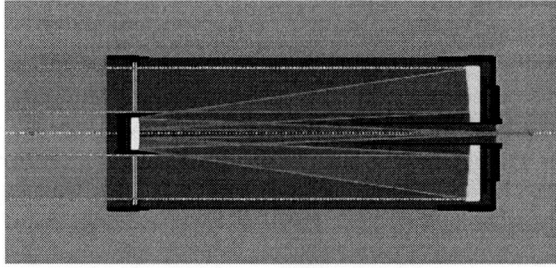

图 2-9　施密特系统

施密特系统在大视场、高速相机中非常受欢迎。由于该系统关于曲率中心对称,曲率中心有光阑的球面镜可以消除彗差、像散和畸变。大口径的相机镜头只有一个问题,即存在球差和色球差,如果把反射镜做成抛物面形,球差就能够被修正,但是系统关于曲率中心的球对称性就会失去,于是施密特通过在光阑处引入一个非球面的修正板来修正球差。由于修正板的放大率很小,且位于光阑处,所以可以忽略由它产生的轴外像差。

（2）马克苏托夫系统

马克苏托夫系统(图 2-10)由苏联光学家马克苏托夫于 1940 年发明。该系统与施密特望远镜类似,改正镜是球面弯月形透镜,也是大视场望远镜。与施密特望远镜相比,该系统镜筒较短,无非球面,易于加工。但其弯月透镜较厚、较重,限制了这种望远镜口径的增大。马克苏托夫系统同样基于同心原理设计,不同的是其设计轻微偏离中心以校正色差。所有表面的中心重合能够有效地校正倍率色差,但仍然存在一个很小的轴上色差,马克苏托夫望远镜通过选择适当的曲率来校正。该系统的球差校正没有施密特望远镜好,但其好处是所有的表面都是球面。如果为了校正色差而使系统的中心不完全重合,就会出现彗差。

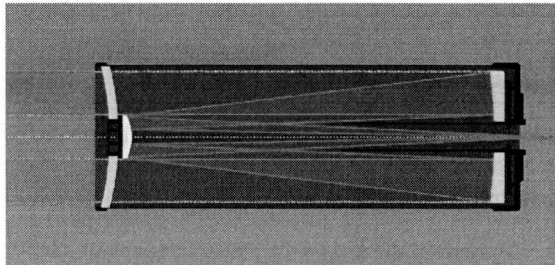

图 2-10　马克苏托夫系统

折反射式系统的优点：

①光焦度几乎都是由反射产生的,而反射面不产生色差,因此二级光谱很小,一般不存在二级光谱校正问题；

②能用低膨胀系数的玻璃作为反射镜,同时用低膨胀系数金属作为反射镜的支撑材料,因此可以使光学系统对环境温度的变化不太敏感；

③光经反射镜面反射前后的介质(通常为空气)相同,因此在气压变化时反射镜对镜面位移无影响,而折射元件的光焦度又很小,因此折反射系统对环境气压变化也不敏感；

④比较适于大视场的光学系统设计。

折反射式系统的缺点：

①有中心遮拦,不仅会损失光通量,而且会降低中、低频的衍射调制传递函数(MTF)值,为了保证光通量,须再加大相对孔径；

②反射面面形加工精度比折射面要求高,约为 4 倍；

③装调困难,同心度不易保证。

2.1.2　望远光学系统参数选择

望远镜光学系统的结构尺寸与其光学性能密切相关,其主要性能或基本参数一般包括通光口径、分辨本领、焦距、像面照度和景深或焦深等。空间目标监视使用的光电望远镜与科研使用的大型天文望远镜不同,它不用目视观测,主要用仪器和探测设备观测,如用电荷耦合器件(CCD)、光谱仪、光度计等来记录观测信息,这实际上只是一种对无穷远目标观测的成像光路。两者的共同指标是通光口径和有效视场。

2.1.2.1　通光口径、有效视场与 F 数

通光口径是光学系统中限制光束宽度的孔径,一般为物镜起集光作用的直径,常用 D 表示。口径越大,收集的光辐射越多,即聚光本领就越强；口径越大,越能观测到更暗弱的天体。通常将物镜的通光口径与焦距 f 的比值称为相对孔径,用 D/f 表示。

从光度学的角度可知,相对孔径越大,像平面上的照度也越大,像就越亮。一般来说,当物体距离光源很远时,像平面上的照度与相对孔径的平方成正比。

在光学系统中,常将相对孔径的倒数称为 F 数,即

$$F = \frac{f}{D} \tag{2-1}$$

它表示物镜的焦距 f 是通光口径的多少倍。F 数越小,像平面上的照度越大。

2-4　F 数

光学系统中还常用数值孔径 NA 表示物镜的性能。物镜的数值孔径定义为

$$NA = n' \sin U' \tag{2-2}$$

式中　n'——像方介质折射率；

　　　U'——像方孔径角。

由应用光学公式可知,望远光学系统的数值孔径是与 F 数成反比的,或者说数值孔径等于相对孔径的 1/2,则光学系统的 F 数为

$$F = \frac{1}{2NA} = \frac{1}{2\sin U'} \tag{2-3}$$

因为 $\sin U'$ 的最大值是 1,所以 F 数有一个最小的理论极限值,即

$$F \geqslant 0.5 \qquad (2-4)$$

极限值的物理意义是,入射的平行光线经光学系统后在像方焦点处形成顶角为180°的聚光光锥。但这实际上是不能达到的,通常在设计中总是使 F 数大于1,这样系统的像质是容易被校正好的,故实际应用中 F 数的实际极限由下式给出:

$$F \geqslant 1 \qquad (2-5)$$

由光的衍射理论可知,无穷远的点光源经具有圆形孔径光阑的光学系统成像,其像成为明暗交替的圆形衍射花样,中心圆斑最亮,约占总照度的84%。这个中心圆斑称为艾里斑,有时亦称为衍射斑。对于通光口径为 D 的光学系统,满足衍射条件,可形成艾里斑。那么艾里斑的角直径,即艾里斑直径对像方主点的张角为

$$\delta_\theta = 2.44 \frac{\lambda}{D} \qquad (2-6)$$

艾里斑的线直径 δ_l 可用角直径 δ_θ 与光学系统的焦距 f 相乘求得,即

$$\delta_l = f \delta_\theta = 2.44 \frac{\lambda f}{D} = 2.44 \lambda F \qquad (2-7)$$

由上式可见,λ 愈长,F 数愈大,衍射愈严重。

为了衍射不溢出探测器,必须把探测器做得比 δ_l 大,或者减小 F 数。但增大探测器面积,将使噪声增大;减小 F 数,又使几何像差增加。因此,如果信号足够强,有时往往就让艾里斑溢出一点。由于光学系统也存在几何像差,则成像弥散斑要比艾里斑大得多,所以对于探测器尺寸和系统 F 数选择,要同时考虑到能量、像差、衍射等因素的影响。

有效视场是指能够被望远镜光学系统良好成像并进行观测的天空区域对观测点所成的角度。有效视场越大,信息量越大,望远镜光学系统使用效率越高。不同科学目标,有效视场不同。

常规光学系统(球面、抛物面、双曲面等)的有效视场为1°左右。为增大有效视场,从光学系统设计考虑,可采用非二次曲面像场改正器,其可增大焦比也可增大有效视场,但增大焦比不利于结构设计。

配备光电成像探测器观测,有效视场取决于探测器的尺寸。通常光学系统的探测目标都是在无限远,可将光学系统的物镜等价成一个薄透镜,如图2-11所示。

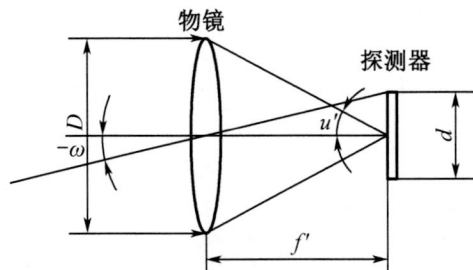

图2-11 薄透镜物镜的有效视场

因为通常总是把探测器放在光学系统的焦平面上,以保证尺寸最小,若物镜的焦距 f 和探测器的直径 d 决定后,则视场角的大小就确定了。对于薄透镜,物方和像方主面、入瞳、出瞳都在薄透镜中央平面上,因此物方全视场角 2ω 与像方全视场角 $2\omega'$ 相等,可得到

$$\text{tg}\,\omega = \frac{d}{2f'} \tag{2-8}$$

式中, f' 为像方焦距。

当 ω 很小时,则有

$$\omega = \frac{d}{2f'} \tag{2-9}$$

适当变换一下得到

$$\omega = \frac{d}{2f'} = \frac{d/D}{2f'/D} = \frac{d}{2FD}$$

即

$$F = \frac{d}{2\omega D} \tag{2-10}$$

式(2-10)说明光学系统要求物镜孔径 D 大,接收的辐射能更多,探测器尺寸 d 要小,减少噪声以提高探测度。与此同时,要求视场角 ω 大,这将导致 F 数小。

望远镜 F 数的选择,特别是主镜 F 数,是望远镜设计中面临的最艰难决定。 F 数选择的影响,贯穿整个观测系统(光学系统、望远镜结构、控制系统、探测设备本体、望远镜罩建筑等)。通常一个较大的 F 数将会涉及:减小次镜的体积和质量;略微延长镜筒;增加光学仪器接口尺寸;增加光谱准直器的焦距,使其整体加大;增加补偿像移的光束转向镜尺寸。小 F 数光学系统曾经是很难制造的,但是在过去几十年里,加工方法取得了巨大进步,主镜 F 数显著降低。小 F 数主镜使望远镜镜筒更短,可获得相应刚度并减小风扰动影响。

2.1.2.2　焦点选择

从望远光学系统类型可知,原始简单的空间望远镜仅有一个焦点。但对于地基望远镜,可以有几个焦点的结构形式,这提高了望远镜使用的灵活性。当一台仪器在不同焦点使用时,另一台仪器仍然可在望远镜上工作。然而,有多个焦点,就需要更复杂的结构和控制系统,必须找到一种合理的协调。各种望远镜焦点结构如图 2-12 所示。

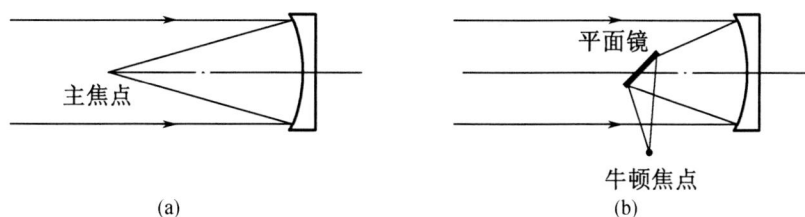

图 2-12　焦点结构示意图

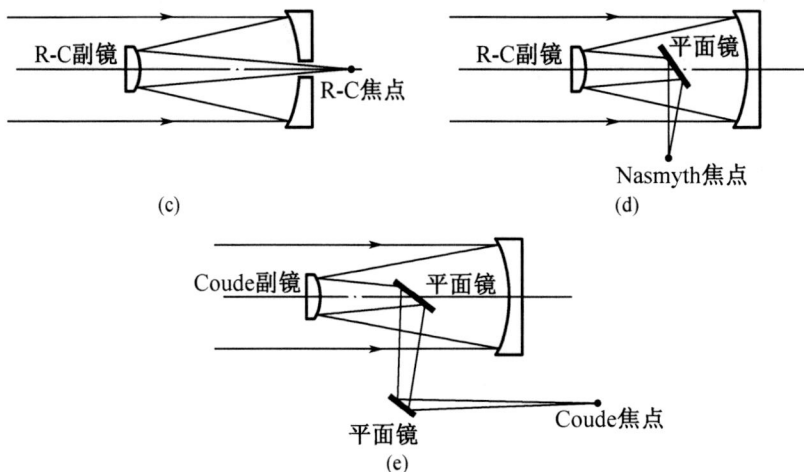

(c)

(d)

图 2-12(续)

　　主焦点只需要最小面数,在主焦系统中,如果在焦点前放置一块双曲面的副镜,就构成了经典的卡塞格林系统。卡塞格林系统的焦点通常在主镜的后方,这一位置的焦点称为卡塞格林焦点。对大多数观测来说,卡塞格林系统是首选。它容易靠近,有良好的视场,没有透射元件,只有几个光学面,F 数通常为 8~15,可以安装笨重的探测器。

　　耐施密斯系统是一个简化的卡塞格林焦点系统,通过 45°折轴镜固定在旋转轴上,它与普通的卡塞格林系统具有同样的优点,并且更容易实现大焦比。其另一个优点是如果光学系统中使用视场旋转探测器(若该仪器需要围绕其轴线旋转),当更换探测器时,望远镜镜筒不需要重新平衡。使用其他焦点时,耐施密斯系统仍然可留在望远镜上。图 2-13 分别示出了卡塞格林焦点(卡焦)和耐施密斯焦点(耐焦)结构。

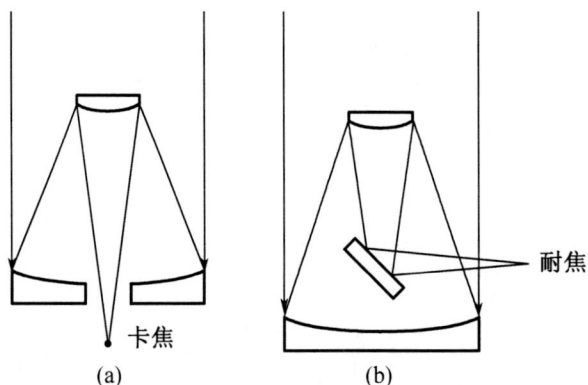

(a)　　　　　　　　(b)

图 2-13　卡焦和耐焦结构示意图

　　牛顿焦点与主焦系统类似,只是增加了一块斜放的平面镜,使像点成像于镜筒的侧面。牛顿焦点的全部性质与主焦点相同,它仅比主焦系统的光能损失略多一些。但是牛顿焦点易于接近,观察方便,同时通过转动平面镜,可以取得不同的焦点位置,装置多种较大的终端设备。

牛顿焦点主要用于中、小口径的反射式望远镜之中。在大口径光学望远镜中为了减轻镜筒顶部的重量,一般不采用牛顿焦点。图 2-14 分别示出了主焦点和牛顿焦点。

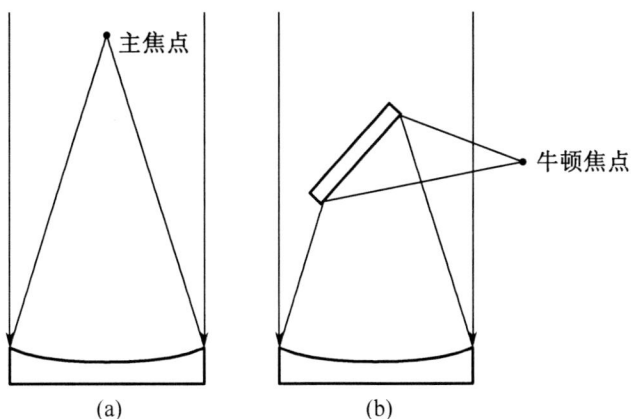

2-5　折轴系统

图 2-14　主焦点和牛顿焦点

为了放置稳定的不随望远镜本体运动的庞大终端设备,可以应用发射元件将光线沿望远镜的轴线引出,这样获得的焦点就称为折轴焦点。折轴焦点具有较大的焦比,同时远离望远镜本体,在折轴焦点的后面可以配置大型光谱仪器或其他设备,犹如一个大型的实验室。望远镜的作用是收集空间的光辐射,在折轴光学系统中引出光线的反射元件通常为 45°平面镜,但有时为了共用副镜需要增加或减少放大率,也可以采用一些旋转对称曲面。在折轴焦点上星像是旋转的。图 2-15 为折轴焦点(Coude 焦点)示意图。

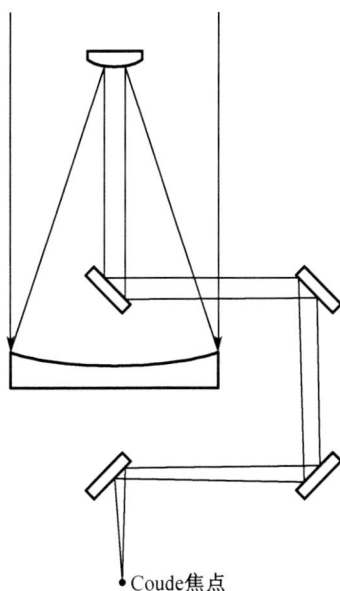

图 2-15　Coude 焦点

库德焦点系统是一种长焦距卡塞格林系统,需要在镜筒和旋转轴位置安装折轴反射镜,可以装非常笨重的仪器,如高分辨力光谱仪等。折轴系统的视场非常小,在几个角秒量级。当观测对象是整体的恒星或扩展目标时,如果需要视场旋转,可以使用光学消旋器(图2-16)。为了减小光束尺寸,焦比通常为30~100,相应的底板比例适合于高分辨力光谱仪,而不适用于成像系统。

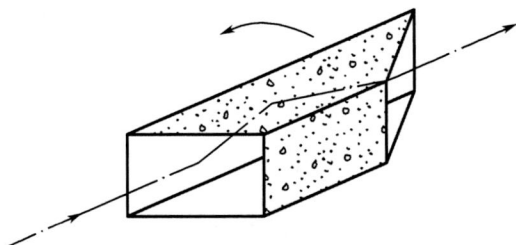

图2-16 道威(Dove)棱镜消像旋

折轴望远镜的反射镜表面数随望远镜的结构变化,通常为5~7面,因此,折轴系统的缺点是透过率低,尤其在低频段。其另一个缺点是折轴序列反射镜的非正常入射,尤其是当其旋转使折轴镜的角度变化时,引入了复杂的偏振相位变化。

使用平面镜序列折轴的另一种方法是使用从主焦点引出的光纤。

2.1.3 调焦系统

调焦就是要根据实时的目标距离,不断调整像面位置,使目标始终成像在探测器靶面上,从而获得清晰图像以提高跟踪精度。这就要求准确、快速地给出光学系统离焦量,并迅速驱动调焦机构完成像面位置的调整。

2.1.3.1 调焦理论基础

2-6 调焦系统

(1)离焦模型

要研究光学系统的调焦方式,首先必须建立光学系统离焦几何光学模型(图2-17),分析离焦对系统的影响。

图2-17中,u 为物距;v 为像距;s 为图像探测器距离;O 为单透镜中心;D 为透镜孔径;f 为透镜焦距;R 为弥散圆半径。

被摄目标 P 经单透镜成像于正焦位置 P' 处,在此位置可以得到清晰图像。而图像探测器此时位于距离透镜 s 处,目标最终汇聚于 P'' 处。此时判断成像模糊程度的依据为弥散圆半径 R 的大小。

根据几何光学原理,理想光学系统满足高斯成像公式,即

$$\frac{1}{u}+\frac{1}{v}=\frac{1}{f} \tag{2-11}$$

根据图2-17几何关系,弥散圆半径与离焦量、像距、透镜孔径存在如下关系:

$$\frac{2R}{s-v}=\frac{D}{v} \quad \frac{1}{u}+\frac{1}{v}=\frac{1}{f} \tag{2-12}$$

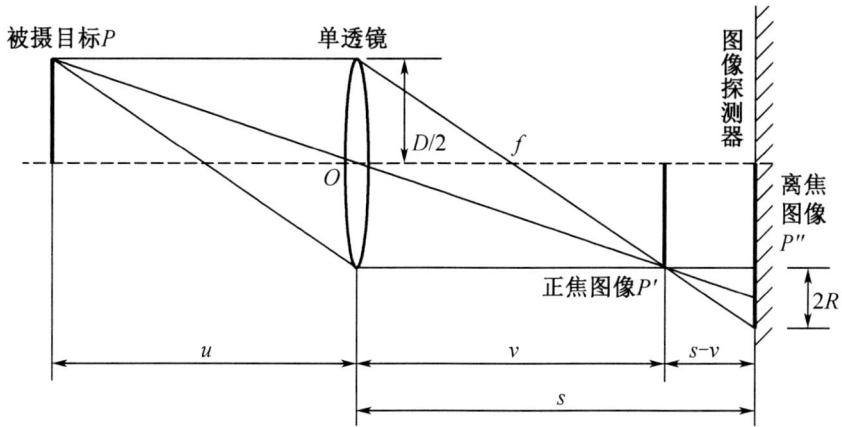

图 2-17　光学系统离焦几何光学模型

通过弥散圆半径的大小，就可以判断出图像清晰与否。这一过程可以简化为判断图像探测器与单透镜的距离 s 和像距 v 之间的大小。当 $s>v$ 时，$R>0$，此时图像探测器在正焦位置后方；当 $s<v$ 时，$R<0$，此时图像探测器在正焦位置前方；当 $s=v$ 时，$R=0$，此时图像探测器在正焦位置处，可以获得清晰图像。其中，在 R 不为 0 的情况下，都认为图像离焦，且 s 与 v 差值越大，图像越模糊。

（2）景深与焦深

由以上离焦模型以及镜头的光学原理可知，镜头在一个时刻的聚焦点只能有一个。但是在实际观测过程中，不在聚焦点的物点看起来也是清晰的，这种现象被称为景深。景深是一个连续的范围，分为前景深与后景深，与之对应的在像方有一段清晰范围，被称为焦深，焦深也分为前焦深与后焦深，如图 2-18 所示。

2-7　焦深

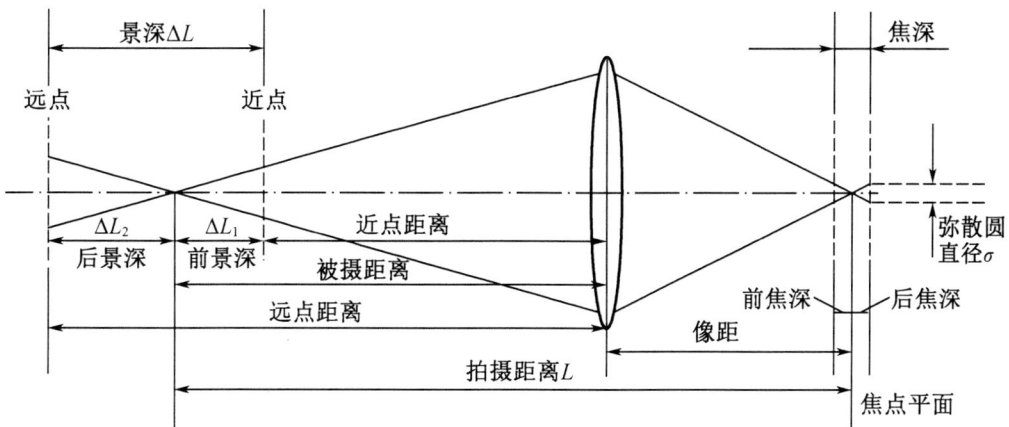

图 2-18　景深与焦深

前景深、后景深以及景深的计算方法分别为

$$\Delta L_1 = \frac{F\sigma L^2}{f^2 + F\sigma L} \tag{2-13}$$

$$\Delta L_2 = \frac{F\sigma L^2}{f^2 - F\sigma L} \tag{2-14}$$

$$\Delta L = \Delta L_1 + \Delta L_2 = \frac{2f^2 F\sigma L^2}{f^4 - F^2\sigma^2 L^2} \tag{2-15}$$

式中,ΔL_1 为前景深;ΔL_2 为后景深;ΔL 为景深;f 为焦距;σ 为弥散圆直径;F 为相对孔径的倒数;L 为拍摄距离。

假设像距为 L',透镜孔径为 D,前焦深为 $\Delta L_1'$,后焦深为 $\Delta L_2'$,焦深为 $\Delta L'$。根据图 2-18 所示的几何关系,可得到如下关系式:

$$\frac{\Delta L_1'}{L'} = \frac{\Delta L_2'}{L'} = \frac{\delta'}{D} \tag{2-16}$$

$$\Delta L' = \Delta L_1' + \Delta L_2' \tag{2-17}$$

经整理,焦深的表达式为

$$\Delta L' = \frac{2\sigma L'}{D} \tag{2-18}$$

在实际拍摄中,景深和焦深为搜索正焦位置提供了理论基础。一般来说,物方空间在景深范围内或像方空间在焦深范围内,都可认为图像清晰。

(3)光学系统允许最大离焦量

光电设备成像系统在拍摄目标时,无论目标距离还是环境因素都对光学系统产生影响,当目标未成像在焦平面上,并且成像点距离焦平面的位置大于某一阈值时,相机就无法拍出清晰图像。这一阈值在光学成像系统中被称为系统允许最大离焦量。根据光学波像差理论,系统光程差小于或等于 $\lambda/4$,则符合瑞利判据,系统成像被认为清晰且完善。由此推出,离焦量大于整个成像光学系统的半倍焦深时,可将离焦量当作系统允许最大离焦量,计算公式为

$$\delta = \Delta L'/2 = 2F^2\lambda \tag{2-19}$$

式中,δ 为 1/2 焦深;$\Delta L'$ 为整个成像系统焦深;F 为相机镜头相对孔径倒数;λ 为可见光波长。

由式(2-19)可知,可见光波长较短,一般在几百纳米的量级,且镜头相对孔径倒数也比较小,通常大小在 10 左右。而且对于大口径大光圈的光电成像设备,F 数更小。所以,光电设备成像光学系统所允许的最大离焦量也很小,故对调焦要求更高。若超出此允许范围,成像分辨率将显著下降。假设某一光电设备焦距为 2 000 mm,F 数为 4,可见光光谱为 400~700 nm,则由式(2-19)计算得到的系统允许最大离焦量只有 0.022 4 mm,大大增加了调焦难度。由此可见,光学领域对大口径光电设备能够精确调焦提出更高要求是大势所趋。

2.1.3.2 调焦方式

现有光电探测设备的调焦方式主要有手动调焦、半自动调焦和自动调焦。

手动调焦是一种传统的调焦方式,主要依靠人眼对目标的成像清晰程度进行判别,再手动控制调焦机构移动像面完成调焦。这种方式在判别成像清晰度时,受操作人员经验、熟悉程度等多方面的影响,主观性比较强,调焦效果不一。调焦的精度和速度也都无法满足靶场光测的要求。所以,手动调焦通常用于温度调焦和其他对实时性要求不高的跟踪场景辅助调焦。

半自动调焦通过手动输入或根据一定规律计算出目标距离,送入伺服系统驱动电机完成调焦。该方式需要已知目标距离信息,运用场景有限。

自动调焦通过精密光电器件以不同方式自动获取目标距离信息或光学系统离焦量,并将其及时送入伺服控制系统驱动电机,使目标成像在探测器靶面上完成调焦。

2.1.3.3　自动调焦

自动调焦技术可以分成两大类:一类是通过测量镜头与被摄目标之间的距离,然后根据正焦位置计算公式来反馈调焦的位移量,称为主动调焦(测距调焦);另一类是将像平面的成像质量实时反馈给调焦系统,驱动镜头向成像质量最优的方向运动,这类基于成像质量的调焦方式称为被动调焦(图像调焦)。

目前,在跟踪望远镜上运用最广泛的自动调焦方式是主动调焦的测距调焦法,其原理如图 2-19 所示。通过测距机构测得目标的距离 R,然后控制系统根据望远镜的正焦位置计算公式得出不同距离的目标相对于零点的正焦偏移量,进而调节次镜到达相应的位置。

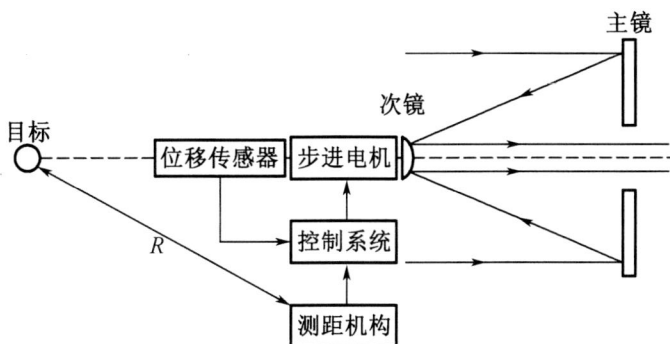

图 2-19　测距调焦法原理图

测距调焦法能根据目标的位置信息直接反馈调焦系统的位移量,所以测距调焦法对焦速度比较快。但是这类调焦方法往往因为调焦系统的装配误差产生一定量的对焦误差,有时候也因为低反射率或者物面吸收反射波无法测距而导致调焦失败。测距调焦系统是一个开环系统,由于没有像质信息的反馈,故无法自我校正。一旦环境变化,例如温度、空气对流等,将会出现离焦,所以在测距调焦时应保证外界环境的稳定性。测距调焦系统在保证正焦位置计算公式正确的情况下同样也有很高的对焦效果,可以满足一般性的对焦精度要求。系统除了受正焦公式的精度影响外,还受距离闭环的控制精度影响。

被动调焦是基于像质的调焦方法。也是目前绝大多数光学仪器采用的调焦方法,理论和应用成果也比较丰富,它主要有对比度法、相位法、离焦深度法和对焦深度法等。

对比度法主要是通过计算成像范围内图像的明暗对比度来调节镜头实现调焦的,对比度最高的位置为正焦位置。系统首先调节镜头按照一定方向搜索,再按照一定的频率采集图像,搜索过程中图像的明暗清晰对比度发生变化。若对比度增强则调节镜头正向搜索,若对比度降低则需要反向搜索,如此直至处于正焦位置。

相位法主要是通过光栅等分光元件将成像光束分成两束,再通过透镜分别聚焦到像面两点,计算两点的距离,并通过与事先标定好的正焦时位置距离的比较,来判断是前焦、后焦还是正焦,然后系统驱动镜头往正焦的方向移动。其原理相对复杂,如图 2-20 所示。

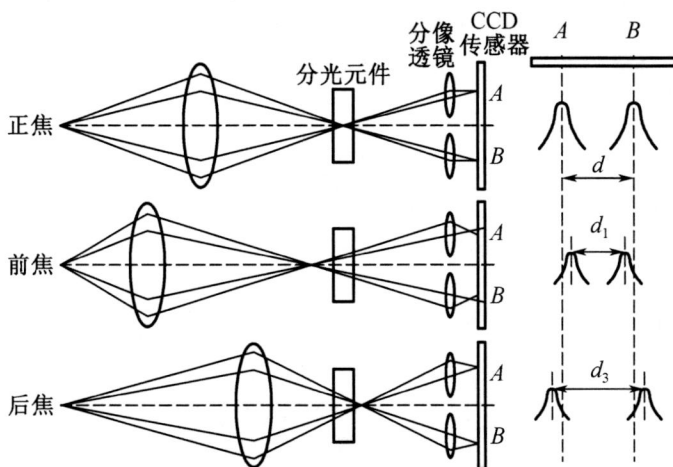

图 2-20　相位法调焦原理图

离焦深度法(depth from defocus,DFD)是一种从离焦的图像中可以直接获得目标离焦程度后直接找到准焦位置的方法。在 DFD 方法下,只需捕获 2~3 幅具有不同像面位置的图像,对这些图像的模糊程度进行评价和分析,即可确定当前光学系统的离焦程度,并驱动电机对焦或直接通过离焦量对图像进行复原。这种方法的应用主要有三个限制:

(1)需要对光学系统模型有正确的估计,且需要成像系统有较高的精确性;

(2)对用于评估图像的像面位置有一定要求,如果两个像面距离过近导致两幅图像的离焦量不足够大,则离焦深度法计算会出现很大误差;

(3)由于图像模糊量的计算需要考虑光学模型等复杂的数学因素,计算量较大,因此系统实时性差。

对焦深度法(depth from focus,DFF)是一种通过不断改变像面位置而后对每一个像面位置的图像进行评价,最后确定最佳对焦位置的方法。它通过驱动调焦电机改变像面位置,获得一组不同离焦程度的图像序列,并对每一幅图像都进行评价,最后通过一定的搜索方法,找到评价最佳图像所对应的像面位置,这种通过搜索方法进行调焦的过程是一个逐渐对焦的过程,故称为对焦深度法。

2.1.4　调光系统

在成像探测系统对空间目标进行跟踪探测的过程中,由于系统工作时间、地点、气候条件等的不同,背景的亮度一般是在不断变化的,导致成像探测器靶面的照度也随之变化,这将影响获取图像的对比度。调光系统的作用是维持像面背景的曝光量,使其在感光特性曲线的直线段所规定的范围之内,而不受外界背景光亮度变化的影响,避免因此产生对比度的降低,保证对远距离目标的精确判读。一个精密的调光系统是成像探测系统正常工作的重要保证。

2.1.4.1　调光方法

调光方法有中性滤光片、可变光阑、中性变密度盘、探测器的电子快门和增益控制等。

　　中性滤光片是根据不同背景亮度,在光学系统中加入不同透过率的滤光片,来达到控制像面照度的目的。"中性"是指这种滤光片工作在全光谱波段上。这种方法比较简单,但其调光比较粗略。

2-8　调光系统-滤光片

　　可变光阑是尺寸可控的光阑,也称为光圈。通过调节光圈的大小进行调光。当照度低时可以通过扩大光圈来增加单位时间内光通路中光线的数量,反之则减少。但是光圈过大或过小都会影响图像的质量,并且由于光学系统口径一般比较大,改变光圈大小会带来杂散光干扰,这种干扰难以抑制,且其调光过程会影响系统的成像分辨率。

　　中性变密度盘是利用两片透过率渐变的变密度盘的相对运动,来控制目标像面的照度,使探测器始终获得均匀的正确曝光量。这是一种效果比较好的调光方法。滤光片的透过率随其转角按一定函数关系连续变化(总的变化量相当于 6 级光圈)。如不用自动调光系统,也可用手动调节。

2-9　调光系统-孔径光阑

　　目前,成像探测器大多是基于 CCD 或互补金属氧化物半导体(CMOS)器件,可以改变成像探测器的电子快门,即积分时间(曝光时间)来控制目标像面的照度。因为进光量为曝光时间与光线照度的乘积,因而可以改变曝光时间的长短来控制进光量(曝光量)。曝光时间越长,成像探测器靶面上的光的照度就越大,反之则越小。成像探测器输出的信号幅值与电子快门的曝光时间成正比。改变曝光时间,也就改变了信号的幅值,从而达到调光的目的。电子快门的控制方法通常分为内同步和外同步两种。内同步不需要外部触发脉冲,可通过拨码开关或跳线设置。内同步时,电子快门的控制比较简单,缺点是快门时间的选择只有几挡,无法连续调整快门时间,调光能力的适应性差。外同步需要外部触发脉冲,电子快门可采用每帧图像调整一次快门值的方法,以实现快门时间的连续调整。

　　增益控制(gain setting)是通过改变成像探测器的增益进而改变其输出信号的幅值。它是基于相机的硬件放大电路调整图像传感器中每一个像素点的图像灰度值,在对图像信号进行放大的过程中同时也会放大噪声信号,因此只在曝光时间达到极限的情况下才考虑调整增益,而且一般情况下只会小幅度调整相机的增益。

2.1.4.2　自动调光

　　自动调光一般包括三个步骤,即光强测量、场景分析和曝光补偿。其中,光强测量主要是通过光敏电阻或图像传感器来完成;场景分析则是在成像系统中,通过对图像进行不同的分区等处理,评估感兴趣的区域,最终计算得到各区域亮度均值的加权平均,作为整幅图像的测光结果,或以光敏电阻测得的光强值作为测量值;曝光补偿则是将测光的结果与内置的标准值进行比较,根据与标准值的差异来调节相应元器件完成调光。

　　为了使图像传感器在自然光条件下可以获得质量较好的照片,一般需要几种方法联合使用,构成自动调光的闭环控制,如图 2-21 所示。

　　滤光片、可变光阑和密度盘这三种调光元件为外部调光,通过测光不断获取平均灰度值与所设定的灰度值进行比较,当获取的平均灰度值与预设灰度值相差超过一定的阈值时,就驱动电机旋转可变光阑、密度盘或滤光片使灰度差值回到阈值内。由于滤光片、可变光阑和密度盘是外部机械机构,其自身的调光速度上限受电机及传动机构的限制,如果电机驱动速度过快容易产生超调,反而降低了调光精度,为了减少超调现象提高调光精度就得降低电机驱动速度,但探测设备调光的实时性就无法得到保障。

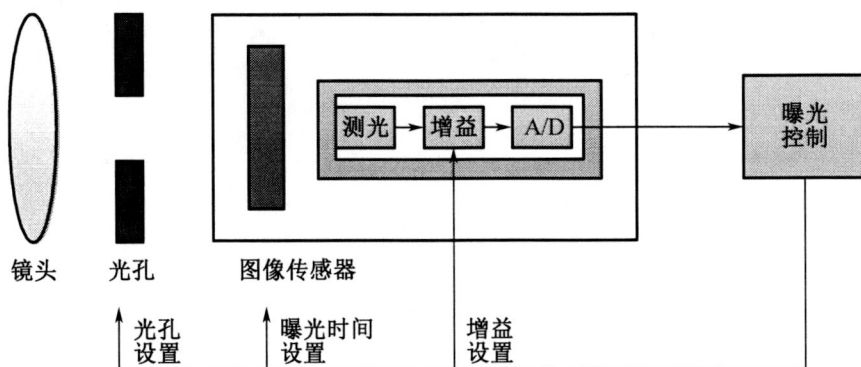

图 2-21　自动调光系统的闭环控制回路示意图

目前,普遍使用基于图像处理的自动曝光方法。如图 2-22 所示,自动调光系统在对电子快门进行自动调整前,相机主要经过四个流程:

①图像传感器捕获图像;

②选择合适的测光模式;

③计算捕获的当前图像的测光评价值;

④通过当前图像的测光评价值判断电子快门调整的幅度以及调整方向。

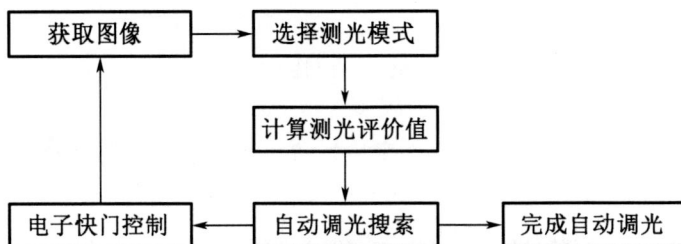

图 2-22　基于图像处理的自动曝光流程图

在相机获取图像后,为了提高相机自动调光系统的实时性,同时使相机可以应对不同的背景光照场景,相机系统首先需要选择合适的测光模式。目前相机中有三种感兴趣区域(region of interests,ROIs)提取模式:平均测光、点测光和多点测光。平均测光可以充分地表现整个画面的光照强度,在这种测光模式下,相机对整幅图像所有的像素点灰度值进行测量,并取平均值为参考对曝光时间进行调整。点测光的测光范围是以图像传感器中央的小范围区域作为曝光基准点,典型的点测光的区域位于场景的中央。多点测光是在图像中提取多个感兴趣区域,以减少测光计算量,降低测光时间。通常这些点平均地分布在整幅图像中。

测光评价函数是一种可以对相机捕获的图像进行亮度值评估的函数,它所获得的评估值可以为后续的调光搜索提供指导。目前测光评价函数主要分为三种:第一种是传统的通过平均亮度值直接对捕获图像进行亮度评价的平均亮度值函数。第二种是通过信息熵变换函数或二维频域函数变换得到的图像清晰度质量评价函数。后者由于是图像清晰度的评价函数,图像的曝光质量以及相机的对焦情况是构成图像清晰度的两个主要因素,所以图像清晰度质量评价函数可以作为测光评价函数的同时,也可以为检焦以及调焦提供参考。第三种是参考信息熵最大化的原则,采用直方图特征(histogram feature,HF)的测光评价函数,用于在背景光照快速、大范围变化的情况下对相机捕获的图像进行测光评价。

自动曝光搜索是通过定制合理的搜索策略,以测光评价函数为依据,利用搜索算法,快速且准确地搜寻测光评价函数来达到最佳的曝光时间的。基于图像直方图特征函数的自动调光方法,首先通过曝光粗调对相机的曝光时间进行大范围的调整,并实时监测图像的背景光照度是否出现超过预设范围变化,一旦背景过度变化,则通过模糊规则重新对曝光补偿值进行测算。反之,若背景光照变化较小,则通过固定步长爬山法和二分爬山法二者混合搜索的方式对曝光进行精调,以保证相机调光的精度。

2.2　光电探测器

在光电子技术领域,凡是把光辐射量转换成电量(电流或电压)的光探测器,都称为光电探测器。这里重点介绍空间目标光电探测系统中常用的光电二极管、CCD、CMOS 和红外焦平面阵列器件等典型光电探测器。

2.2.1　光电二极管

各种半导体光电二极管是在光电探测过程中使用最广泛的器件,它们的体积小、灵敏度高、响应速度快,且易于集成化。

2.2.1.1　PIN 型半导体光电二极管

2-10　光电
二极管

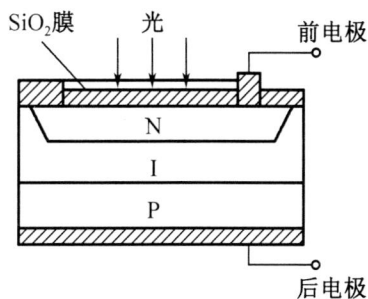

一般的光电二极管时间响应比较慢,主要是受到载流子漂移速度和结电容的限制。在 PN 结间加一层本征半导体层(I-intrinsic),即构成 PIN 型半导体光电二极管(图 2-23)。本征层首先是个高电场区,这是由于本征材料的电阻率很高,反偏电磁主要集中在这一区域。本征层中的均匀电场增加了载流子的漂移速度,同时由于本征层隔离了 PN 结,耗尽层的加厚明显降低了结电容,使得电路时间常数减小,因此 PIN 型半导体光电二极管的响应时间较快,通常可达 10^{-9} s,甚至可达 10^{-11} s。这一特性使其在快速光信号测量中得到广泛的使用,在激光测距系统中常用于激光主波信号的探测。

图 2-23　PIN 型半导体光电二极管的结构

2.2.1.2 线性模式 APD

基于载流子雪崩效应,从而提供电流内增益的光电二极管被称为雪崩光电二极管(avalanche photodiode,APD)。在 PN 结上加上几百伏甚至上千伏反向电压,光生载流子在强电场中被加速到很高的能量,与晶格原子碰撞可以产生新的载流子,形成雪崩过程,而具有一定的电流放大作用。

APD 除了增益特性和噪声特性外,其他特性与光电二极管基本相似。工作电压与增益、噪声性能关系很大。雪崩光电二极管的倍增因子 M 的计算公式很多,如下为一个常用的经验公式,给出了 APD 载流子的倍增因子 M 随反向偏压 U 的变化关系:

$$M = \frac{1}{1 - \left(\dfrac{U}{U_{\mathrm{B}}}\right)^n} \tag{2-20}$$

式中,U_{B} 为击穿电压;U 为外加电压;n 为 1~3 的常数。

外加电压为 100~200 V,倍增因子 M 只有 10 倍量级,但噪声很小。随着电压增大,M 明显增大,同时噪声变得明显起来。当 M 达到 100 左右,仍有良好的噪声性能。一般工作在此状态的 APD 增益与外加电压近似呈线性关系,称之为线性模式 APD。激光测距系统常采用这种 APD 探测激光回波能量。

当外加电压接近 U_{B} 时,雪崩二极管的增益很高,且量子效率很高,响应时间也很快,适于微弱和快速变化的光辐射信号的测量。

2.2.1.3 盖革模式 APD

当被探测的光信号极微弱时,光的粒子性就会显现出来,当光功率减小到一定程度时,光子呈现不连续的随机分布,继续减弱光信号,将出现单光子的情况。单光子是光的最小能量量子,普通光电探测器件难以提取有效信号。

盖革模式 APD(geiger mode avalanche photodiode,GM-APD)与线性模式 APD 基本原理类似,但其外加偏压一般略高于 PN 结的击穿电压,单个光生载流子即可触发雪崩效应。此时,增益是无限的,吸收的一个光子将会瞬间产

2-11 盖革模式 APD 原理

生一个极大的信号电流,响应时间一般不超过 1 ps,这种工作状态类似于探测电离辐射的盖革计数器,因此这种现象被称作盖革模式雪崩,盖革模式 APD 也因此得名。由于它能探测单光子,又被称作单光子雪崩二极管(single photon avalanche diode,SPAD)。

GM-APD 主要由光学系统、雪崩二极管 APD、高温制冷模块、门控电路、高压模块、信号转换及放大电路、信号采集等组成,结构框图如图 2-24 所示。激光器发出的高重复频率激光脉冲,经过目标角反射器返回,其回波通过光学系统聚焦到 GM-APD 探测器的光敏面上;然后高压模块供给 GM-APD 高压,信号发生系统产生门控信号,送到 GM-APD 门控模块使 GM-APD 开始工作;GM-APD 把光辐射转换成电量,同时高温制冷模块对探测系统进行温度控制;放大器将微弱电信号整形放大,作为输出信号送入信号采集进行记录。单光子即可使 GM-APD 产生一个很大的电流输出,极易击穿损坏 GM-APD。一般以主动淬灭门控电路外部获得的门控命令和内部产生的淬灭指令作为与门的两个输入端,与门输出端用于驱动淬灭电路,产生响应信号。当雪崩发生时,电路快速感测到雪崩信号,并尽快产生一个反馈信号与控制 GM-APD 的工作电压,主动使 GM-APD 两端电压迅速下降到雪崩电压以下,从而快速淬灭雪崩。

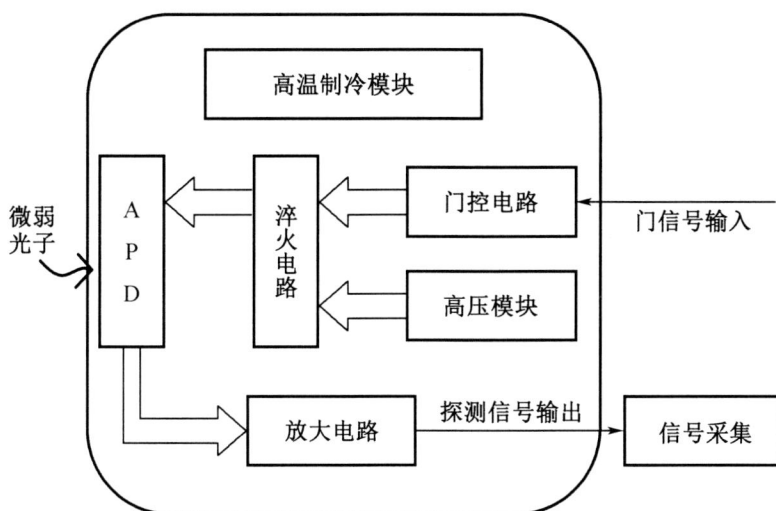

图 2-24　GM-APD 结构框图

　　GM-APD 输出信号的幅度不与入射光子数成正比,单个光子产生的电流可直接驱动后继电路,此时它不再是放大器件,而是作为触发器件。

　　目前,可以探测单光子量级光信号的探测器还有光电倍增管、超导纳米线探测器等器件。其中,GM-APD 具有成本低廉、小型化、高度集成、探测效率高、低功耗、兼容性好、稳定性好等优点,在远程空间目标激光探测中更具有应用价值。

2.2.2　CCD 和 CMOS

　　固体摄像器件的功能是把入射到传感器光敏面上按空间分布的光强信息(可见光、红外辐射等)转换为按时序串行输出的电信号——视频信号,而视频信号能再现入射的光辐射图像。固体摄像器件主要基于两种技术,即 CCD 和 CMOS。

2.2.2.1　CCD

　　与其他器件相比,CCD 最突出的优点是以电荷作为信号,而其他大多数器件以电流或者电压作为信号。CCD 的基本功能是电荷存储和电荷转移,因此,CCD 的工作过程就是信号电荷的产生、存储、传输和检测的过程,CCD 信号电荷的产生依靠半导体的光电特性,常采用光注入的办法。

2-12　CCD
成像器件原理

　　CCD 可以有多种分类方法,按结构可分为线阵 CCD 和面阵 CCD;按光谱可分为可见光 CCD、红外 CCD、X 光 CCD 和紫外 CCD。可见光 CCD 又可分为黑白 CCD、彩色 CCD 和微光 CCD。

　　常见的面阵 CCD 摄像器件有两种:行间转移面阵 CCD 与帧转移面阵 CCD。

　　行间转移面阵 CCD 如图 2-25 所示,采用了光敏区与转移区相间排列的方式。它的结构相当于将若干个单沟道传输的线阵 CCD 图像传感器按垂直方向并排,再在垂直阵列的尽头设置一条水平 CCD,水平 CCD 的每一位与垂直列 CCD 一一对应、相互衔接。在器件工作时,每当水平 CCD 驱动一行信息读完,就进入行消隐。在行消隐期间,垂直 CCD 向上传输一次,即

向水平 CCD 转移一行信号电荷,然后,水平 CCD 又开始新的一行信号读出。以此循环,直至将整个一场信号读完,进入场消隐。在场消隐期间,又将新的一场光信号电荷从光敏区转移到各自对应的垂直 CCD 中。然后,又开始新一场信号的逐行读出。

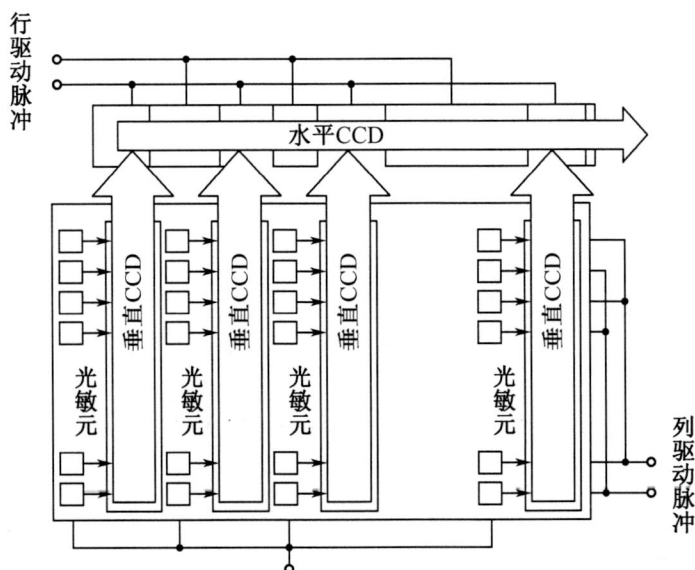

图 2-25　行间转移面阵 CCD

帧转移面阵 CCD 如图 2-26 所示,它由三部分组成:光敏区、存储区和水平读出区。这三部分都是 CCD 结构,存储区及水平读出区上面均由铝层覆盖,以实现光屏蔽。光敏区与存储区 CCD 的列数及位数均相同,而且每一列是相互衔接的。不同之处是光敏区面积略大于存储区,当光积分时间到后,时钟 A 与 B 均以同一速度快速驱动,将光敏区的一场信息转移到存储区。然后,光敏区重新开始另一场的积分。时钟 A 停止驱动,一相停在高电平,另一相停在低电平。同时,转移到存储区的光信号逐行向水平 CCD 转移,再由水平 CCD 快速读出。光信号由存储区到水平 CCD 的转移过程与行间转移面阵 CCD 相同。

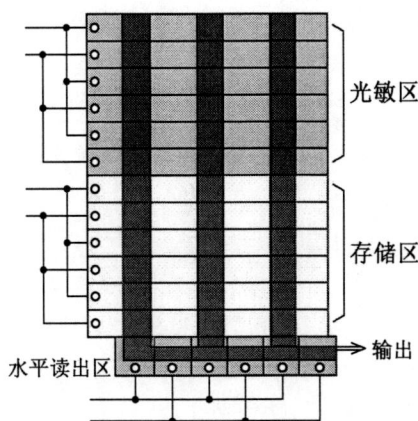

图 2-26　帧转移面阵 CCD

两种面阵结构各有优点:行间转移比帧转移的转移次数少;帧转移的光敏区占空因子比行间转移高。

2.2.2.2　EMCCD

空间目标往往距离较远,成像的像面辐照度较低,这对 CCD 进行微光成像提出了较高要求。目前应用较多的是电子倍增 CCD,即 EMCCD。

EMCCD 结构示意图如图 2-27 所示,光敏区、存储区和水平 CCD 都与传统帧转移面阵 CCD 结构相同,但是在水平读出 CCD 和输出放大器间多出了一个特殊的增益寄存器结构。该增益寄存器由数百个电极组成,当电子在两个电极之间传输时,存在巨大的电压差,这个巨大的电场强度足以使电子在转移过程中发生"撞击离子化效应",产生新的电子,这是一种雪崩效应。虽然每次的倍增率都非常小(约为 0.01),但总增益是单次增益的 n 次方的关系,经过几百次后几个光子的信号可被放大到几千倍,从而实现对微弱光信号的探测。

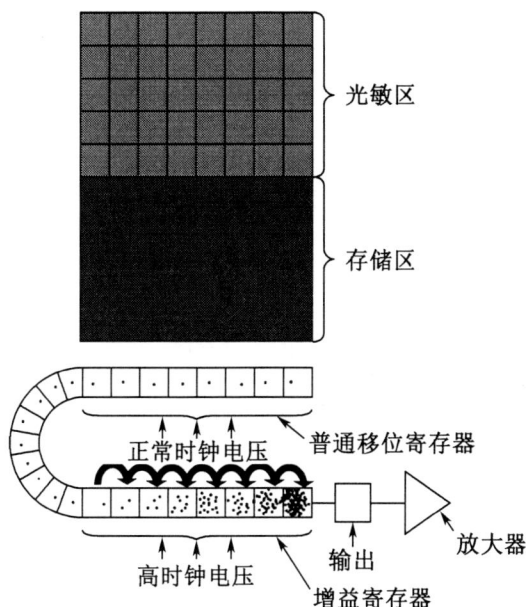

图 2-27　EMCCD 结构示意图

2.2.2.3　CMOS 摄像器件

采用 CMOS 技术可以将光电摄像器件阵列、驱动和控制电路、信号处理电路、模/数转换器、全数字接口电路等完全集成在一起,可以实现单芯片成像系统。这种片式摄像机用标准逻辑电源电压工作,仅消耗几十毫瓦的功率。

2-13　CMOS 成像传感器原理

CMOS 摄像器件的像素结构有多种形式,目前应用最多的是光栅型有源像素结构(PG-APS),如图 2-28 所示。其由光栅 PG、开关管 TX、复位管 RST、源极跟随器 T 和行选通管 RS 组成,像素输出端连接列总线 Col bus。当光照射像素单元时,在光栅 PG 处产生信号电荷,同时复位管 RST 打开,对势阱进行复位;复位完毕,复位管关闭,行选通管 RS 打开,势阱复位后的电势由此通路被读出并暂存起来;之后开

关管 TX 打开,光照产生的电荷进入势阱并经源极跟随器 T 后被读出。前后两次读出的电位差就是真正的图像信号。

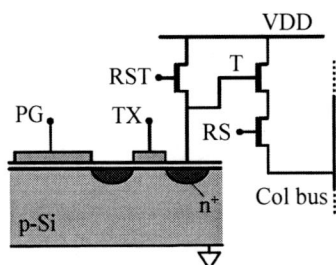

图 2-28 CMOS 光栅型有源像素结构

CMOS 摄像器件的总体结构如图 2-29 所示,一般由像素(光敏单元)阵列、行选通逻辑、列选通逻辑、A/D 变换器、定时和控制电路及模拟信号处理器(未画出)等部分组成。其工作过程:首先,外界光照射像素阵列,产生信号电荷,根据需要行选通逻辑单元,选通相应的行像素单元,行像素内的信号电荷通过各自所在列的信号总线传输到对应的模拟信号处理器及 A/D 变换器,转换成相应的数字图像信号输出。行选通逻辑单元可以对像素阵列逐行扫描,也可以隔行扫描。隔行扫描虽然可以提高图像的场频,但会降低图像的清晰度。行选通逻辑单元和列选通逻辑单元配合,可以实现图像的窗口提取功能,读出感兴趣窗口内像元的图像信息。

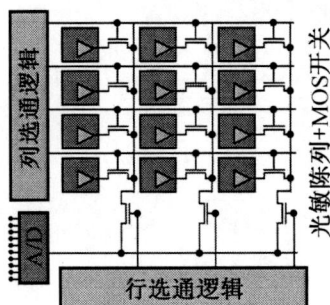

图 2-29 CMOS 摄像器件的总体结构

由于结构上的差异,传统 CMOS 相机与 CCD 相机相比存在噪声高、填充因子低、量子效率低、动态范围小等问题。随着手机行业的快速发展,CMOS 技术得到迅速提升,CMOS 的缺点得到了有效改善。

2.2.2.4 sCMOS 器件

sCMOS 是 Scientific CMOS 的简称,即科学级 CMOS。与传统 CMOS 器件不同的是,在 sCMOS 器件的每条列总线的两端各有一路可编程低噪声放大器,其中一路低增益、一路高增益,每个像素产生的信号分别经过这两个放大器独立放大输出,并分别经过两个通道放大后采用高精度的模数转换量化后编码输出。两个通道同时产生高低增益两路信号输出,采用低增益系数可以最大限度地利用势阱收集电荷,而采用高增益系数可以有效抑制噪声。最终图像是高增益和低增益两个通道的信号的重组,这样就可以从很小的芯片元获得高动态范围。另外,还采用了背照式设计、相关双采样技术、制冷技术等进一步降低噪声影响,从而实现高信噪比图像输出。

sCMOS 器件除了能克服传统 CMOS 芯片高暗电流、高读出噪声、低填充因数和一致性差等缺点外,还继承了 CMOS 器件高速、低功耗等优点,实现了低噪声、高帧频、高动态范围、高分辨率、大靶面等,在许多领域可以替代 EMCCD,是空间目标探测系统中重要的低照度探测器。目前,已经出现可媲美 EMCCD 成像信噪比的单光子量级灵敏度且能实现光子定量成像的 sCMOS 产品。

2.2.3　红外焦平面阵列器件

红外焦平面阵列(IRFPA)器件就是将 CCD、CMOS 技术引入红外波段所形成的新一代红外探测器,是现代红外成像系统的关键器件。IRFPA 建立在材料、探测器阵列、微电子、互连、封装等多项技术基础之上。

2-14　红外焦
平面阵列器件

2.2.3.1　IRFPA 的分类

IRFPA 有多种分类方式,按照红外辐射与探测器的作用方式可分为光热型和光子型;按照结构可分为单片式和混合式;按照光学系统扫描方式可分为扫描型和凝视型;按照读出电路可分为 CCD、MOSFET(金属-氧化物-半导体场效应晶体管)和 CID 等类型;按照制冷方式可分为制冷型和非制冷型;按照响应波段与材料可分为 1~3 μm 波段型、3~5 μm 波段型和 8~12 μm 波段型。

如图 2-30 所示为 IRFPA 按照红外辐射与探测器的作用方式和制冷方式的分类。

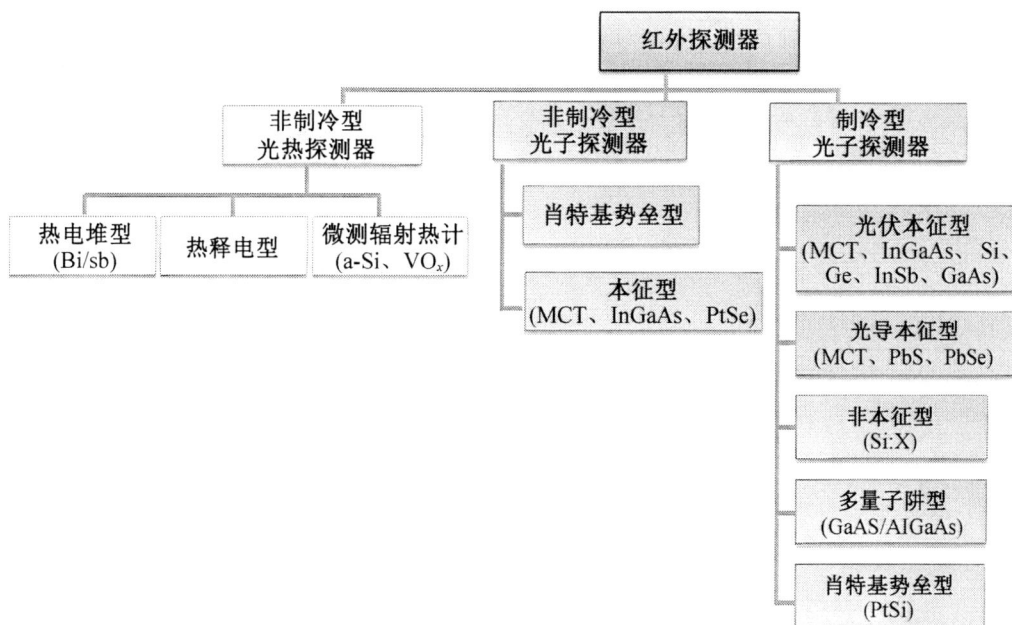

图 2-30　IRFPA 按照红外辐射与探测器的作用方式和制冷方式的分类

2.2.3.2 IRFPA 的结构

IRFPA 由红外光敏部分和信号处理部分组成,这两部分对材料的要求是不同的。红外光敏部分主要着眼于材料的红外光谱响应,而信号处理部分是从有利于电荷的存储与转移的角度考虑的。目前,没有一种能同时很好地满足二者要求的材料,因而导致了 IRFPA 结构的多样性。单片式 IRFPA 沿用可见光 CCD 的概念与结构,将红外光敏阵列与转移机构放在同一块窄禁带的本征半导体或掺杂的非本征半导体材料上。混合式 IRFPA 是将红外光敏部分放在窄禁带本征半导体中,信号处理部分则放在硅片上。这两部分之间用电学方法连接起来,连接方式有两种:一种是直接用导线连接,称为直接注入方式;另一种则是为了改善性能,在两部分之间通过缓冲级(含有源器件的电路)进行连接,称为间接注入方式。

2.2.3.3 典型的 IRFPA

(1)InGaAs IRFPA

目前,用于制造短波红外(SWIR)探测器的材料主要有 HgCdTe、InGaAs、PbS、PtSi 等,InGaAs 探测器凭借其优异性能成为 SWIR 探测器的首选。采用 InGaAs 材料制备的探测器量子效率高达 $80\% \sim 90\%$,室温下探测率可达到 $10^{13} \sim 10^{14}$ cm·$Hz^{1/2}$·W^{-1},暗电流密度低至约 2 nA/cm^2,是目前灵敏度最高的短波红外探测器。百万像素高性能、高密度 InGaAs 大面阵焦平面阵列技术在欧美先进国家以及日本已实现产业化,最小像元中心距达到 5 μm;目前国内的 InGaAs 产品规格主要是 15 μm 640×512,10 μm 1 280×1 024、15 μm 1 280×1 024 正在陆续推出,上海技术物理研究所已研制成功 2 560×2 048 大面阵器件。

(2)InSb IRFPA

InSb 是一种比较成熟的中波红外探测器材料。InSb IRFPA 是在 InSb 光伏型探测器基础上,采用多元器件工艺制成焦平面阵列,一般采用硅 MOSFET 开关电路通过铟柱与 InSb 探测器阵列进行倒装焊连接,然后与信号处理电路进行混合集成。

(3)HgCdTe IRFPA

HgCdTe 材料是目前最重要的红外探测器材料,它是由负禁带宽度的 HgTe 和正禁带宽度的 CdTe 混合而成的二元化合物半导体碲镉汞($Hg_{1-x}Cd_xTe$)。这两类半导体晶格常数非常接近,能够以任意比例混合成固溶体合金,通过改变配比 x 数值,可以获得不同的禁带宽度。由于能够引起半导体产生光电效应的光子波长取决于半导体禁带宽度,而 HgCdTe 的禁带宽度可以大范围调整,这使得 HgCdTe 材料响应波段覆盖了可见光、短波红外、中波、长波及甚长波段。利用该特性,已研制出可单阵列响应两个甚至三个红外波段的新型 HgCdTe 红外器件。通常,HgCdTe IRFPA 是由 HgCdTe 光伏探测器阵列和 CCD 或 MOSFET 读出电路,通过铟柱互连而组成混合式结构。HgCdTe 器件在低温环境下暗电流水平低,在中波和长波波段探测性能优越,多年来被广泛用于空间对地观测和天文领域,但是在大面阵和长波器件制造中面临较大困难。

(4)非制冷 IRFPA

非制冷器件有很多种类型,主要包括热释电型、热电堆型、微测辐射热计型等。微测辐射热计型工艺与半导体制造工艺兼容性好,适于大规模集成和生产,已成为主流技术研究方向。目前,应用最广泛、开发最充分的材料是氧化钒(VO_x)和非晶硅。近年来,国内厂商技术突飞猛进,非制冷 IRFPA 技术已处于国际领先水平,像素规模大于 1k×1k,像素尺寸可做到 10 μm×10 μm。

（5）多量子阱 IRFPA

20 世纪 70 年代，由于一些先进的晶体材料外延工艺的出现，如金属有机化学汽相沉积（MOCVD）和分子束外延（MBE），人们选择一定的衬底材料时，用这两种工艺在衬底上依次交替地淀积两种不同半导体 A 和 B 薄层，形成周期性结构，薄层的厚度从几个到几十个原子层不等，形成一种完全新颖的材料，称为超晶格材料，其性质取决于 A 和 B 的性质及它们的层厚。由于 A 和 B 及它们的厚度可有很大的选择余地，因而人为地创造了一大类具有与原材料完全不同特性的材料。根据 A 和 B 两种材料能带的差别，可将其分为 Ⅰ、Ⅱ、Ⅲ 类三种超晶格材料。目前，发展最快的为 Ⅰ 类 AlGaAs/GaAs 超晶格材料，其中 AlGaAs 为势垒，GaAs 为势阱。当势垒高度较高、较厚时，电子的运动被限制在势阱中，这种情况下的超晶格材料称为量子阱（QW）材料。如果有很多相同量子阱叠加就组成了多量子阱（MQW）材料。由量子阱构成的探测器，其探测机理不同于通常的半导体，它是发生在子带间的电子跃迁，并在外电场作用下运动形成光电流，由于子带间的能隙较窄，适宜于制作长波红外探测器。QW 材料具有稳定性好、抗辐射能力强、均匀性好的优点。多量子阱 IRFPA 是一种正在研究的新型 IRFPA。

量子阱探测器已被成功用于 Landsat 8/9 卫星、STSS 预警卫星，但其量子效率较低。Ⅱ 类超晶格探测器在中长波、大面阵器件制备中具有优势，但其量子效率低于 HgCdTe，尚未有空间应用的报道。

当前 2k×2k（波长 2.5 μm 或 5.2 μm）、3k×3k（波长 5.3 μm 或 14.5 μm）中长波红外探测器阵列、4k×4k（像元间距 10~15 μm）短波红外探测器阵列已在美国、法国等国家的航天、军事等领域得到应用，雷神视觉系统公司的 1~3 μm、3~5 μm 探测器规模达到 4 096×4 096（10/15 μm 像元间距），短波探测器面阵规模达到 8k×8k。整体上，红外探测器像元间距减小至 5 μm，热灵敏度（NETD）达到优于 20 mK，帧频从 1 kHz 提升至 10 kHz，探测波长达到甚长波，可实现多色和高光谱探测。

2.3　跟　踪　机　架

跟踪机架是光电探测设备机电一体化的承载平台，是探测系统的基础，为实现可视天区内对目标的精确指向，跟踪机架至少需要具有两维调节能力。跟踪机架的结构设计对目标跟踪精度、速度等指标至关重要，机架的设计要考虑诸多重要因素，如光学、动力学、强度、伺服驱动、材料、环境一体化及质量特性等。为了稳定支撑光电探测的多个测量头，同时保证探测设备的高机动性和快速响应，性能优良的跟踪机架应该具有转动惯量小、刚度大、机械谐振频率高、指向精确等特点。根据应用场景和技术指标要求的不同，光电探测设备的跟踪机架结构模式主要有赤道式结构、地平式结构、水平式结构。其中，前面两种都是两轴结构，后一种是三轴结构，如图 2-31 所示。

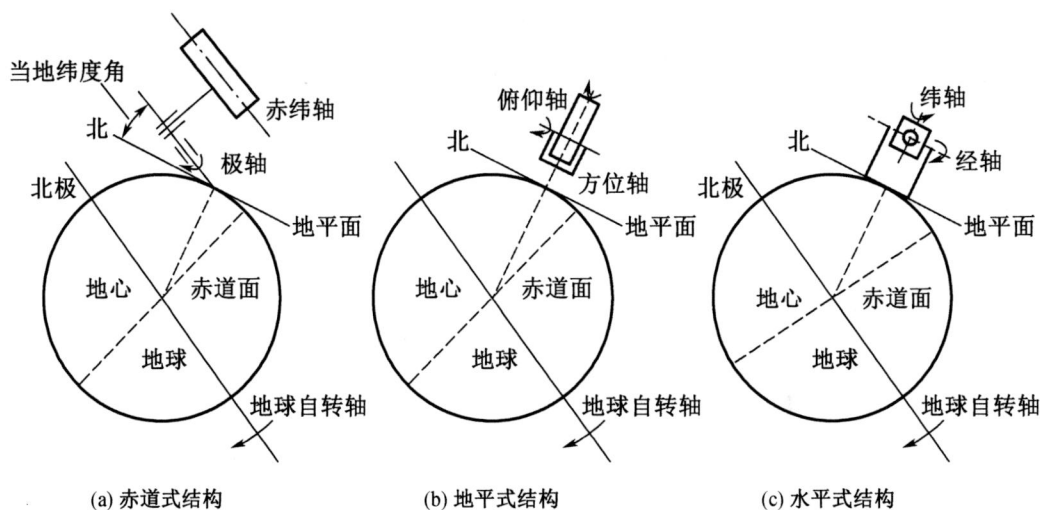

图 2-31　跟踪机架基本结构模式

(a) 赤道式结构　　　(b) 地平式结构　　　(c) 水平式结构

2.3.1　赤道式结构

1980 年前研制的望远镜,几乎都使用赤道式机架。赤道式结构又称为俯仰-俯仰(E-E)式,具有两根互相垂直的旋转轴,第一根轴与地球回转轴平行,与水平面的夹角为当地纬度值,称为极轴(赤经轴),第二根轴与赤经轴垂直,且能围绕赤经轴旋转,称为赤纬轴。绕赤经轴和赤纬轴旋转可以使望远镜指向不同的时角和赤纬的天区。对于某一特定天体观测,望远镜可同时旋转赤经和赤纬两根轴;而对于恒星等天体观测,往往只要赤经轴跟踪即可(赤纬轴仅在找星时旋转)。图 2-32 为赤道式望远镜。

2-15　赤道式结构

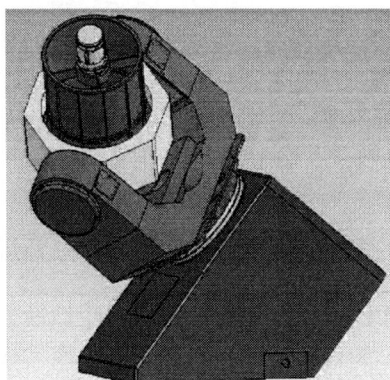

图 2-32　赤道式望远镜

赤道式结构的优点:一是天体的视运动可以很容易地利用赤经轴的匀速转动来补偿,当速度与地球自转速度一致时,可实现对恒星的稳定成像,降低了对控制系统的要求;二是跟踪区域覆盖所有天顶区,无天顶盲区,能更好地适应卫星跟踪的要求。

赤道式结构的缺点:结构不对称,纬轴支撑刚度低,其中一个俯仰机架过长,会影响跟踪机架的机械谐振频率。该结构跟踪盲区在极区、机械结构复杂、外场安装复杂且造价昂贵,在大口径系统中的应用受到限制。

2.3.2　地平式结构

地平式结构又称为俯仰-方位(E-A)式结构。地平式结构同样由两根互相垂直的轴组成——垂直于大地水平面的方位轴(又称为垂直轴)和平行于大地水平面的俯仰轴(又称为水平轴)。光学系统主光轴为视轴(又称为照准轴),与水平轴垂直。视轴绕垂直轴和水平轴旋转能使望远镜指向不同的方位和高度,是所有地基靶场光电探测系统最主要的结构模式,如图 2-33所示。

2-16　地平式结构

图 2-33　地平式望远镜

地平式结构的优点:由于该结构镜筒只在俯仰平面内运动,主镜受力情况好,结构对称,易安装维护,体积小,造价低,焦点位置众多,便于放置各类光电探测终端,承载对称且工况单一,轴承支撑可靠性高,在俯仰坐标系下即可完成对大气、弯沉等误差的修正,因此地平式结构具有体积小、质量轻、回转半径小、跟踪速度快、跟踪平稳及外场安装简单等特点。经过长期的发展与研究,控制这种结构运动的软件和硬件已经非常成熟、可靠。

地平式结构的缺点:在天顶有跟踪盲区。由于望远镜受到转动速度和加速度的限制,当目标处于天顶角 15° 左右时,测量头视轴与方位轴几近重合,方位角将变化 180°,此时跟踪目标方位角速度急速增大,跟踪机架方位角速度无法跟上,从而造成目标丢失,此即跟踪盲区。

1976 年,苏联首次采用地平式结构建造了口径为 6 m 的 BTA(bolshoi teleskop altazimutalnyi)望远镜,从此望远镜的设计和制造进入了一个新的时代。

根据水平轴系形状的不同,地平式结构又分为 U 形、T 形、球形三种。如图 2-34 所示,球形机架结构是一种新型的封闭式结构模式,主要运用于防潮、防腐等工作环境,对仪器能够起到很好的防护作用。这种结构将水平轴系做成封闭式的球状,将各探测用测量头按一定规律排在球体内。由于球体受到空间的限制,通常测量头之间的距离很小,视轴也难以保持平行。

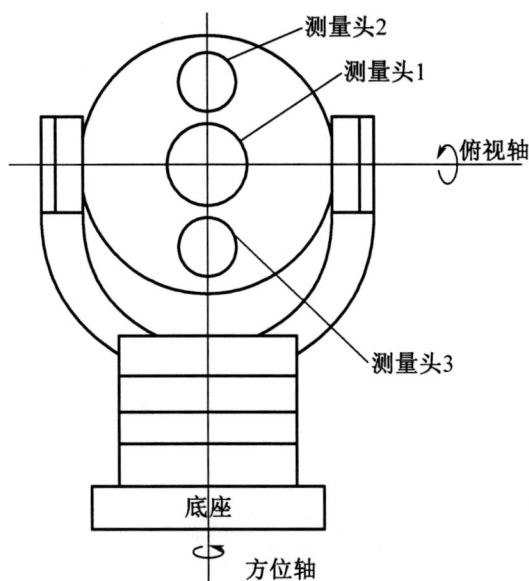

图 2-34　球形机架结构

相对于球形机架结构,U形和T形机架结构更加成熟和常用。如图 2-35 所示,U 形机架结构可以在水平方向做得比较长,可见光、红外等光电探测用测量头可分布在水平轴的左右两端或是 U 形架内,使得各测量头之间的基线有比较多的选择。同时,这种结构的轴系误差可以控制得更好,更利于保持视轴平行,跟踪精度更高。

另外,还有一种 T 形机架结构,如图 2-36 所示。

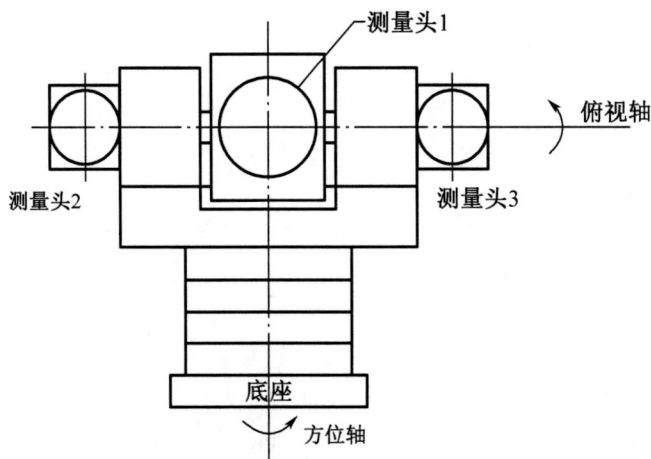

图 2-35　U 形机架结构

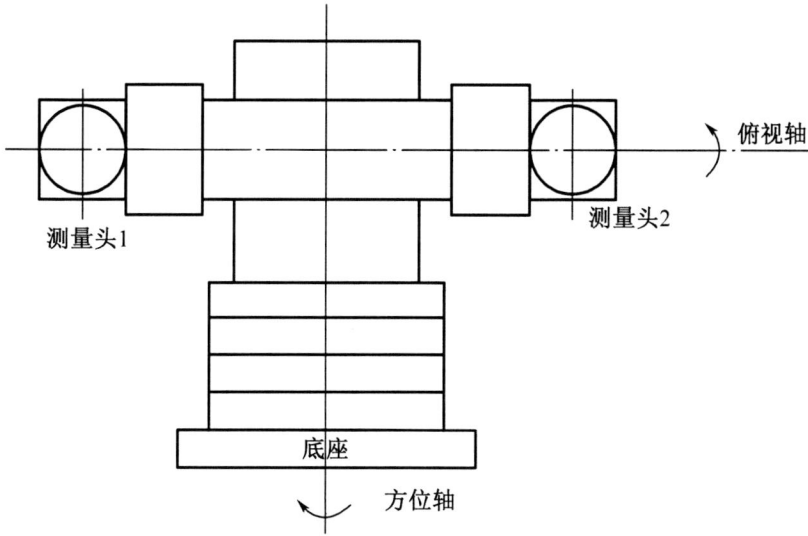

图 2-36　T 形机架结构

2.3.3　水平式结构

　　水平式结构又称俯仰-俯仰-方位(E-E-A)式。该结构中也有两根互相垂直的旋转轴,一根平行于南北方向,称为经轴,另一根垂直于经轴,称为纬轴。视轴绕着经轴和纬轴旋转,指向不同的天区,如图 2-37 所示。这种结构为解决普通 E-A 地平式结构有天顶盲区的状况,在主俯仰轴上添加了一个可转动一定角度的俯仰轴,以覆盖天顶盲区。

2-17　水平式结构

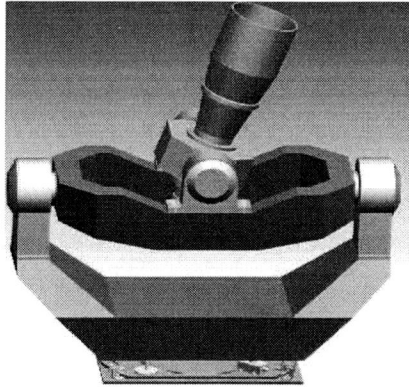

图 2-37　水平式望远镜

　　水平式结构的优点:在观测条件最好的天顶位置没有跟踪盲区。当把设备的经度和纬度的零位定为天顶时,经纬轴工作在 $-90° \sim 90°$ 范围内,即可覆盖空域中任一位置的运动目标,且在这个姿态下,视宁度最好;观测恒星时,轴系速度恒定;观察赤道附近天体时,基本没有像旋。

相比之下,地平式光电望远镜的方位轴需在 360° 范围内工作才能达到同样的效果,使设备的可靠性得到改善。

水平式结构的缺点:主镜受力工况较为复杂,可视天区受结构设计限制,回转半径大、外场安装调试复杂。由于这种结构新增了一个轴,增加了整机的质量和体积,同时需要新增伺服控制系统,软硬件也需要进一步跟进。

对于低轨(250~3 000 km)目标高分辨率成像的望远镜,因目标运动速度快,要克服因望远镜快速运动造成的图像抖动,需要望远镜系统运动速度快、跟踪精度高,因此一般选用水平式机架。水平式机架对电控要求较低,只要跟踪速度大于 4°/s,就可以跟踪所有的目标。对于高轨目标,由于跟踪速度要求非常低,一般选用地平式机架。

2.4　轴角测量系统

空间目标光电探测装备的任务大都用于完成对空间目标的跟踪测量,也就是实现对飞行目标方位角和俯仰角的测量。角度的测量是由轴角测量系统完成的,测角精度直接影响着装备的跟踪探测性能。测角系统的关键部件是轴角编码器,它把轴角信息转换成数字代码,常见的有传统金属和光学度盘、圆光栅编码器、旋转变压器、圆感应同步器、钢带编码器等。用于测量方位角的编码器称为方位编码器;用于测量俯仰角的编码器称为俯仰编码器。

衡量编码器的总体性能是测角分辨力,它指测角标准件所能分辨的最小角度,反映了编码器的测角能力,也是编码器的级差或角度量化单位。一般根据望远镜的口径大小、测量精度要求的不同有如下不同的测角系统。

(1)以金属度盘为轴角编码器的测角系统:多用于测量精度不高的望远镜系统,其测量精度在度或分级。

(2)以光学码盘或光电编码器为轴角编码器的测角系统:多用于测量精度较高的望远镜系统,其测量精度在秒级。

(3)以大尺寸圆周光栅尺为轴角编码器的测角系统:多用于大口径望远镜的测角系统,其测量精度在秒级。

轴角编码器的形式有许多种,按照光线走向分为透射式和反射式。透射式采用的轴角编码器一般为光学码盘,使用时把码盘安装在待测转角的转轴上,采用透射方式获得光电信号。反射式常采用具有强反射能力的金属盘,通过光电探测器接收反射光线的方式获得光电信号。透射式轴角编码器的相关技术已经发展了几十年,随着技术的进步,反射式光电信号读取方式将逐步趋于主流。

2.4.1　测量元素

在光电探测系统中,轴角测量元素有 2 个,即方位角 A 和俯仰角 E。在地平式跟踪机架上它们的几何关系如图 2-38 所示。

在法向测量坐标系中,测站中心为原点 O,X 轴指向大地北,Y 轴指向椭球法线方向,Z 轴按右手法则,指向正东方向为正。

设目标在法向测量坐标系的坐标为 (x,y,z),径向距离 R 是指目标到测站原点的距离:

$$x^2+y^2+z^2=R^2 \tag{2-21}$$

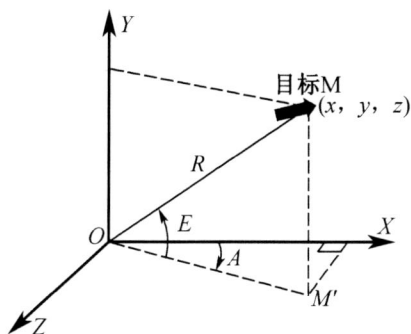

图 2-38　角度测量二元素的几何关系

照准轴绕垂直轴旋转的角度称为方位角(A);照准轴绕水平轴旋转的角度称为俯仰角或高低角(E)。只要照准轴瞄准目标就能得到光轴指向目标的方位角和俯仰角,三轴关系示意图如图 2-39 所示。

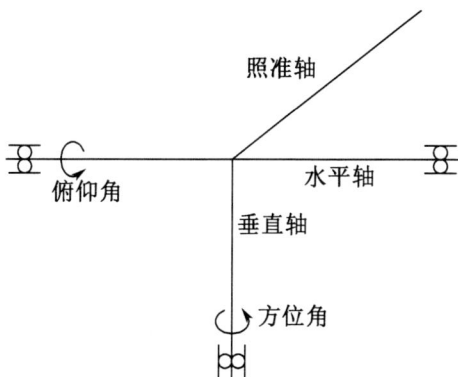

图 2-39　三轴关系示意图

目标方位角 A 指测站原点至空间目标点距离 R 在水平面(XOZ)的投影与 X 轴的夹角,以 X 轴为方位基准,顺时针为正,则目标方位角 A 与目标位置方程为

$$z = x\tan A \tag{2-22}$$

2-18　方位角

目标俯仰角 E 指从测站原点到空间目标点的指向与测站平面间的夹角,则目标俯仰角 E 与目标位置方程为

$$x^2 + z^2 = y^2\cot^2 E \tag{2-23}$$

当照准轴与水平轴构成的平面和测站水平面平行时,俯仰角规定为零,即 $E=0°$,偏离这个位置向上旋转时,俯仰角 $E>0°$,反之,$E<0°$;当 $E>90°$ 时为仪器的正镜,当 $E<90°$ 时为仪器的倒镜。

2-19　俯仰角

由天顶往下看,顺时针旋转方向为 A 的增大方向。当 $E=0°$ 时,照准轴指向地平面正北方向(大地北),规定为方位零位,即 $A=0°$。

2.4.2 透射式光电轴角编码器

透射式光电轴角编码器根据产生角脉冲的方式不同,可分为绝对式编码器和增量式编码器两种。绝对式编码器的轴角代码由一个具有多圈同心码道的码盘给出,具有固定的零位。这种编码器又可叫作空间编码器,或称为直读式编码器。对于一定的轴角位置,只有一个确定的数字代码与之对应。这类编码器的优点是具有固定的零位和单值性,无累计误差,抗干扰能力强;缺点是转换元件多,码盘的制造工艺复杂。增量式编码器没有固定的零位,其输出信号只对应原始位置的变化量,即增量。增量式编码器的优点是转换元件少、制造工艺简单、精度高;缺点是无固定零位、有累计误差。

2.4.2.1 绝对式光电轴角编码器

绝对式光电轴角编码器是一个光机电综合体,由光源、光学系统、码盘、狭缝、光电器件、记忆单元和逻辑处理电路构成,如图2-40所示。

两个码盘分别装在装备的垂直轴和水平轴上,其轴角输入来源于跟踪架的运转,水平轴转动带动俯仰码盘运转,垂直轴转动带动方位码盘运转,实现对目标方位角和俯仰角角度值的实时测量。每个编码器都有一个独立的光源和相应的光学系统来满足取数要求。

2-20 绝对式光电轴角编码器的组成

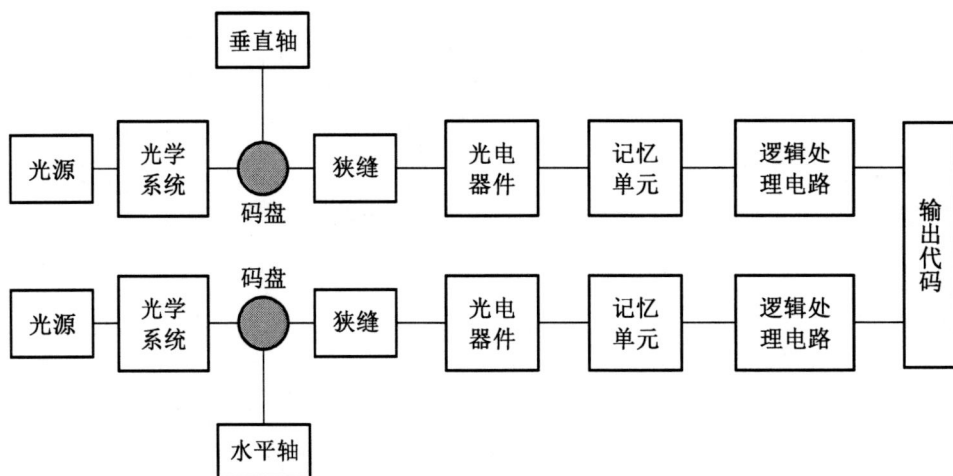

图2-40 绝对式光电轴角编码器组成示意图

光源有脉冲光源和恒值光源。采用脉冲光源(如闪光灯)的编码器,闪光时即进行数据采集;采用恒值光源的编码器,其采样工作在存储单元中完成。

光学系统把光源发出的光变成平行光,按编码器的读数方式改变光的走向,并投射到码盘上。

码盘是一种用光学玻璃制成的圆盘,码盘的直径大小视装备结构和测角精度要求而定。它有两个要求很严的平面,其中一面刻有若干同心码道,称为刻划面。每一条码道均由亮暗刻线组成,分为透光(亮区)和不透光(暗区)两部分,其相互关系和码道间的位置排列由码制决定。刻划面上的图案称为码道图案。码盘不采用自然码刻划,而采用格雷码(又称循环码)刻划。以发明者——贝尔电话公司的 Frank Gray 博士名字命名的格雷码(Gray code)是一种常用的编码法,其特点是在两个连续的相邻数之间代码的各个位中,仅有一位发生变化。

狭缝是一个光学部件,它是长度比宽度大得多的通光窄槽,狭缝宽度一般小于码盘最小分辨弧长的一半。对编码器的光学系统而言,它是一个出射光阑,限制光的尺寸,遮掉不同方向的光,保证由光学系统照射到码盘的光投射到光电器件上。

光电器件完成将光信号转换成电信号的工作。在编码器系统里,用作光电器件的可以是光敏电阻、光电池、光电二极管和光电三极管等。

记忆单元可对光电信号进行放大并存储。该单元的输出是与采样时刻相对应的角度值信息。

逻辑处理电路将存储单元的输出信号组成输出的代码,除了完成译码(码制变换)外,还完成校正纠错的工作。

光源、码盘、狭缝和光电器件的相互关系如图 2-41 所示。透过的光经狭缝照射到光电器件上,光电器件则相应地输出信号,即组成对应的输出代码,此代码反映了狭缝位置处码盘图案的状态,从而实现轴角测量的目的。

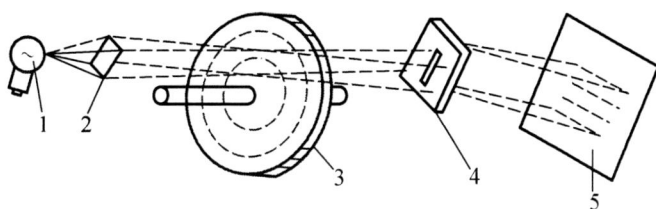

1—光源;2—光学系统;3—码盘;4—狭缝;5—光电器件。

图 2-41 光源、码盘、狭缝和光电器件的相互关系

绝对式码盘位数指编码时二进制码的位数。实质上就是用多少位二进制码来表示 $0° \sim 360°$ 的角度。把一个圆周分成 2^n 等份时,n 就是码盘的位数。

绝对式测角系统的分辨力是码盘的最小量化单位。分辨力的大小直接取决于码盘的位数多少。若 n 位码盘,其测角分辨力为

$$r = \frac{360°}{2^n} = \frac{1\ 296\ 000''}{2^n} \tag{2-24}$$

例如,18 位码盘编码器,将圆周分为 2^{18} 个等份,其分辨力为

$$r = \frac{360°}{2^{18}} = 4.95'' \tag{2-25}$$

综合描述绝对式编码器性能的指标有码盘参数、读数方式、光源类型、光学系统、轴系结构和轴精度。这些全是从不同角度,即设计、制造、装调和使用来描述编码器性能的。从使用角度出发,不需要这么多因素去描述编码器性能,如一个 18 位轴角编码器的主要性能指标主要有如下几项。

(1)位数:18 位。

(2)分辨力:4.95″(±2.5)。

(3)码制:二进制码,以二至八进制码显示。

(4)测角精度:±2.5″(均方值)。

(5)零位允差:±2.5″。

绝对式光电轴角编码器的特点是:测量点位置均由固定的零点标起,是在可运动的光学元件的各位置坐标上刻制出表示相应坐标的代码形式的绝对地址,在元件运动过程中读取这些代码,即能实时测得坐标的变化。在一个检测周期内对不同的角度有不同的编码,因此编码器输出的位置数据是唯一的。因使用机械连接的方式,在掉电时编码器的位置不会改变,上电后立即可以取得当前位置数据。但因测量装置结构复杂,分辨精度要求越高,量程越大,所要求的位数也越多,结构就越复杂。

2.4.2.2 增量式光电轴角编码器

增量式光电轴角编码器的测角标准件是光栅,利用在平行光照明下两组光栅相对运动时莫尔条纹的变化数测量角度。

(1)光栅测量原理

光栅是在一块光学玻璃上等间距地刻上许多透光和不透光的光栅刻线制成的。精密的光栅每毫米可刻 100 条刻线甚至更多。光栅有长条形和圆形两种形状。在测量线位移时,常采用长光栅。在测量仪中,一般称这个长条形的光栅为标尺光栅,另外一块比标尺光栅短得多的光栅为指示光栅。指示光栅上的刻线密度与标尺光栅是一样的,如图 2-42 所示。长光栅的主要特点是间距小、线条多,大多数情况下线宽度等于缝隙宽度。

2-21 透射光栅

| (a) 标尺光栅 | (b) 指示光栅 |

图 2-42 标尺光栅和指示光栅

相邻刻线之间的距离称为光栅栅距(又称为光栅常数)。设 d 为栅距,a 为线宽,b 为缝宽,通常 $a=b=d/2$,则有 $d=a+b$。

在测量角位移时,采用圆光栅(又称为辐射光栅或光栅度盘)。圆光栅是在玻璃圆盘上沿圆周等角间距地刻上许多透光和不透光的刻线制成的,刻线呈辐射状。圆光栅的栅距量使用"角栅距"来表示,指的是相邻的两刻线间的夹角。

光栅测量主要是利用莫尔条纹来进行的。形成莫尔条纹必须有两块光栅,常称之为光栅付,如图 2-43(a)所示。光源发出的光线经准直透镜后,变成平行光束,照亮接收区。将标尺光栅和指示光栅叠合在一起,并且使它们的栅线之间交成很小的夹角 θ,光线在经过两块叠合的光栅时,其中任何一块光栅的不透光狭缝都会对光起遮光作用。这样,在两光栅的透光狭缝和透光狭缝相交处形成亮带;而在不透光狭缝和透光狭缝相交处形成暗带。在与光栅刻线垂直的方向,将出现明暗相间的条纹,这些条纹就称为莫尔条纹,如图 2-43(b)所示。

指示光栅沿着主光栅刻线的垂直方向移动时,莫尔条纹将会沿着这两个光栅刻线夹角的平分线的平行方向移动,光栅每移动一个栅距,莫尔条纹也移动一个间距。由于两块光栅盘间的相对移动,光栅盘等间距的黑白刻线透光与不透光也相对移动,产生了光强度周期性的变化。此信号经光学系统会聚到光电接收器,并反应成具有莫尔条纹特征的电信号供光电计数使用。

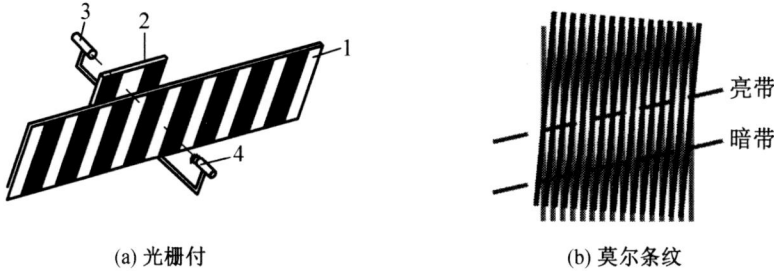

(a) 光栅付　　　　　　　　　　(b) 莫尔条纹

1—标尺光栅;2—指示光栅;3—光电元件;4—光源。

图 2-43　光栅付及莫尔条纹示意图

当一对光栅的夹角 θ 很小时,光栅中任一光栅沿垂直于刻线方向移动时,莫尔条纹就会沿垂直于光栅移动方向运动。当光栅移动一个栅距,莫尔条纹就移动一个条纹间隔。莫尔条纹的移动量与光栅的移动量成比例。并且,莫尔条纹的位移方向与光栅尺的位移方向具有对应关系。当光栅改变运动方向时,莫尔条纹也随之改变运动方向。因此,可以通过测量莫尔条纹的运动来判别光栅的运动。

当 θ 很小时,则有

$$W = \frac{d}{\sin\theta} \approx \frac{d}{\theta} \tag{2-26}$$

式中,d 为光栅栅距;θ 为两光栅线的夹角;W 为莫尔条纹宽度(间隔)。

令 $k = \frac{1}{\theta} = \frac{W}{d}$ 为放大系数。一般 θ 很小,所以放大系数 k 很大。

例如,$d = 0.02$ mm,$\theta = 0.001\ 745\ 32$ rad(即 $0.1'$),则 $W = 11.459\ 2$ mm。

$$k = \frac{1}{\theta} = \frac{1}{0.001\ 745\ 32} \approx 573 \tag{2-27}$$

此 k 值是利用一般光学和机械方法得不到的。

当光栅移动一个很小的位移,莫尔条纹就会相应地移动一个较大的间隔。读出莫尔条纹的数目比读取光栅刻线的数目要方便得多。通过光栅栅距的位移和莫尔条纹位移的对应关系,就可以容易地测量莫尔条纹移动数,获取光栅的微小位移量。因莫尔条纹移动方向与光栅移动方向垂直,可用检测垂直方向宽大的莫尔条纹代替光栅水平方向移动的微小距离。

莫尔条纹现象具有使栅距位移放大的作用。并且,莫尔条纹的宽度 W 由 θ 决定。通过调整 θ,可以使莫尔条纹宽度具有任何所需要的值,即可获得任意粗细的莫尔条纹。

光栅的刻线误差是不可避免的。由于莫尔条纹是由大量栅线共同产生的,光电元件感受的光通量是其视场覆盖的所有光栅光通量的总和,是接收区域所有刻线的综合结果,对误差起到了平均作用。因为栅距是随机误差,所以此误差可用统计规律来估计。

设单个栅距误差为 δ,形成莫尔条纹区域内有 N 条刻线,则综合误差可以近似用下列公式

估算,即

$$\Delta = \pm \frac{\delta}{\sqrt{N}} \tag{2-28}$$

以上讨论的长光栅莫尔条纹形成的理论基础及方法,同样适用于圆光栅所形成的莫尔条纹。两块角栅距相同的圆光栅以一个不大的偏心距重叠时,也会形成特有的莫尔条纹。通过计算莫尔条线的个数和方向,根据光栅的刻划角间距,就可以算出转动的角度值。

在理想情况下,令 $a=b=d/2$,间隙为 0。当一个光栅固定,另一个光栅有相对位移时,光栅的透光量与移动位置呈线性关系,亮度变化曲线理论上是一个三角形波形,如图 2-44(a)所示。但是,实际上两个光栅间总是存在一定间隙,则必有光的衍射作用。再加上刻线边缘总有一定毛刺和不直等因素存在,出现漏光和不能达到最大亮度,造成亮度不均等情况,这些原因又造成三角形被削顶、削底而形成近似一个正弦波曲线,如图 2-44(b)所示。

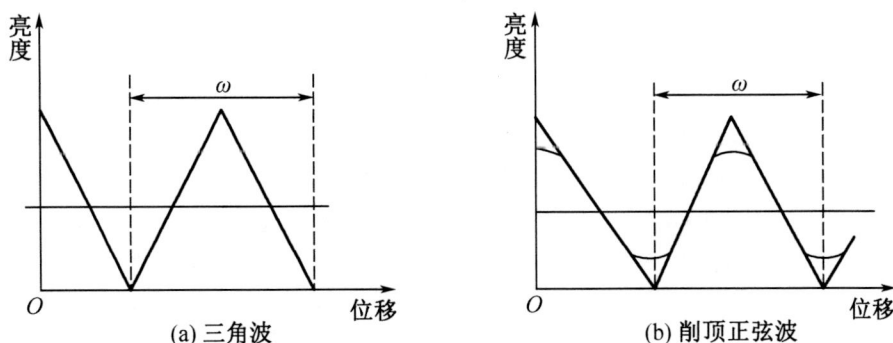

图 2-44　光栅亮度变化

当光电元件接收到图 2-44(b)所示的明暗相间的正弦信号时,便根据光-电转换原理将光信号转换为电信号。当光栅移动一个栅距 d 时,正是电信号(光的亮度)变化了一个周期。所以,如果光栅相对位移了 N 个栅距,此时位移 $x=Nd$。因此,只要能记录移动过的莫尔条纹数 N,就可以知道光栅的位移量 x,这就是利用莫尔条纹测量位移的原理。

由 $x=Nd$ 可知,位移 x 与莫尔条纹间距 d 是一一对应的。但此式尚不能反映其方向,也就是说,无论光栅是向左移动还是向右移动,莫尔条纹均做明暗交替变化,无法辨别移动方向。为了解决这个问题,就需要有两个具有相位差的莫尔条纹信号同时输入才能辨别移动方向。通常在 1/4 条纹间距位置处再设置两个狭缝 AB 和 CD,如图 2-45 所示,并在该位置处设置两个光电元件,当条纹移动时两个狭缝的亮度变化规律完全一样,但相差 90°,是滞后还是超前完全取决于光栅运动方向,这样利用两狭缝相位差便能区别运动方向,这种方法称为位置细分辨向原理。

如图 2-45 所示,AB 与 CD 两个狭缝在结构上相差 90°,所以它们在光电元件上取得的信号必是相差 90°,AB 为主信号,CD 为门控信号。当主光栅做正向运动时,CD 产生的信号只允许 AB 产生的正脉冲通过,门电路在可逆计数器中做加法运算;当主光栅做反向移动时,则 CD 产生的负值信号只让 AB 产生的负脉冲通过,门电路在可逆计数器中做减法运算,这样就完成了辨向任务。

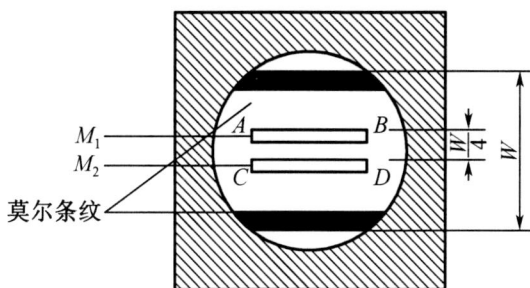

图 2-45　辨向原理示意图

高精度的计量和检测,通常要求长度精确到 $1 \sim 0.1~\mu m$,角度精确到 $1'' \sim 0.1''$。如果以光栅的栅距(或栅角)作为计量单位,则只能计数整条纹,其数值远大于上述要求。例如,光栅为每毫米 250 线时,移过一个栅距的位移量为 $4~\mu m$,即相当于最小读数值 $0.1~\mu m$ 的 40 倍。要达到上述要求的准确度数值,长光栅栅线密度必须达到每毫米刻千条线到万条线,圆光栅的圆周上要刻十几万到上百万条线。就目前工艺水平而言,每毫米刻千条线或圆周上十几万条线尚可达到,而每毫米刻上万条线或圆周刻上百万条线则无法实现,也没有必要,因为刻线密度如此大的光栅是不适宜作为标准器的。因此,在选取合适的光栅栅距(或栅角)的基础上,对栅距(或栅角)细分,读取栅距(或栅角)的分数值,即可得到所需要的最小读数值,提高"分辨"能力。

由莫尔条纹工作原理可知,位移 x 与扫过的栅距 d 成正比。即 $x = Nd$。式中 N 为移动过的栅距数。当 $N = 1$ 时,$x = d$,所以测量精度(即最小感应量)取决于栅距 d。为了提高灵敏度,必使栅距 d 缩小,这称为细分。

直接细分也称为位置细分或四倍频细分。四倍频细分逻辑图与四倍频波形图如图 2-46 所示。由前述辨向原理可知,在莫尔条纹间距 W 的 1/4 处再刻两个狭缝 AB 和 CD,它们相差 $90°$,在此两个位置上放置两个光电元件就可获得两个相差 $90°$ 的莫尔电信号。

由图 2-46(a)可知,AB 和 CD 两光电元件输出的 U_1 和 U_2 经方波发生器后变成方波,并相差 $90°$,在 1、3 点的方波经倒向器倒向一次,便得到 2、4 点两个方波倒向电压。这样就得到了四个相差 $90°$ 的电信号。

将它们分别微分后获得 5、6、7、8 四点的正脉冲,同时送到与非门得到 9 点的 12 个输出脉冲为原来任意一路的四倍,实现了四倍频细分,如图 2-46(b)所示。

这种四倍频细分的逻辑电路简单,但抗干扰能力差。为了解决这个问题可采用差动方法。因为 U_1、U_2 相差 $180°$,送到差分放大器后可消除直流分量;而 U_3、U_4 也相差 $180°$,送到差分放大器后也可消除直流分量,这样就有两个相差 $90°$ 的交流信号,用这两个信号就可以辨别位移方向和进行四倍频细分,且抗干扰性能也好。

(2)光栅盘和指示光栅

光栅盘和指示光栅是增量式光电轴角编码器的测角标准件,二者共同组成光栅付,它们做相对运动,在平行光的照明下形式莫尔条纹。

光栅盘是在玻璃圆盘的不同直径位置上刻划零位光栅、主光栅和通圈三部分。光栅盘的局部放大示意图如图 2-47(a)所示。

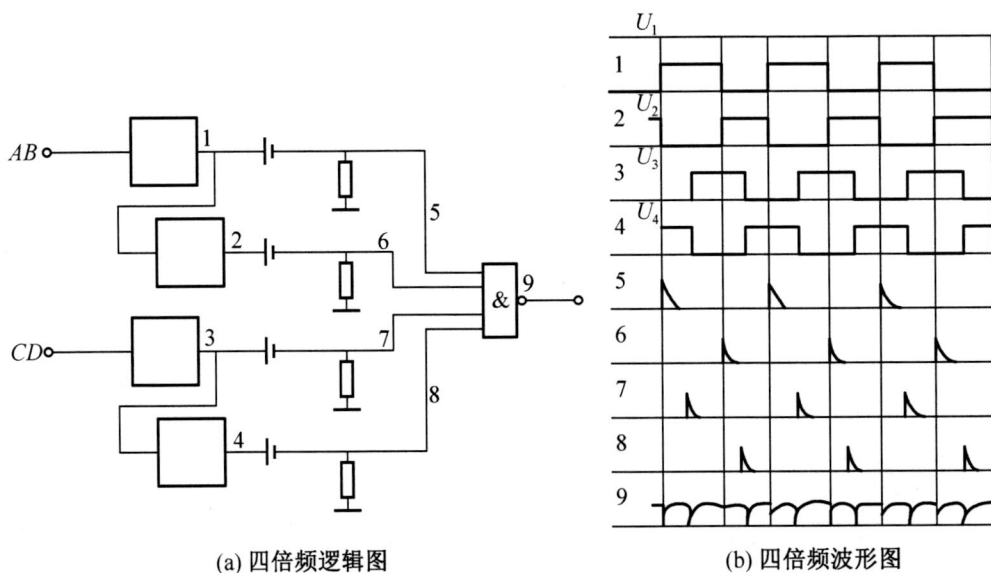

(a) 四倍频逻辑图   (b) 四倍频波形图

图 2-46　四倍频细分逻辑图与四倍频波形图

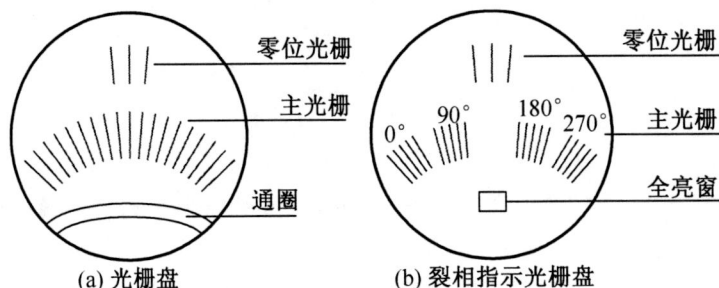

(a) 光栅盘   (b) 裂相指示光栅盘

图 2-47　两种光栅盘的局部放大示意图

主光栅是在整个圆周上刻划许多等角间距的透光与不透光的刻线。每个刻线间隔表示一个角度增量,即分辨率。零位光栅是在光栅盘外端处的扇形区内按一定规律排列若干条不等间隔的透光和不透光相间的刻线,作为零位标记使用。通圈是靠近刻线里端所刻划的圆环,在整个圆周都透光,作为安装或检测的粗定位。

指示光栅是在一块较小的圆形光学玻璃上刻有零位光栅、主光栅和全亮窗的光栅片。零位光栅、主光栅和全亮窗刻线位置处的直径与光栅盘的对应部分是相同的,而且指示光栅的角栅距与光栅盘的角栅距相同。如果将指示光栅上的主光栅刻划为四组相位分别相差 0°、90°、180°、270° 的光栅刻线,即每组刻线的起点位置相对于 0° 的刻线分别移位 $1/4T$、$1/2T$、$3/4T$,T 为角栅距,而 0° 的刻线与光栅盘的主光栅相位一致,每一组中刻线的角栅距与光栅盘的角栅距相同,这种指示光栅称为裂相指示光栅盘。裂相指示光栅盘结构局部放大示意图如图 2-47(b)所示。

当裂相指示光栅盘与光栅盘以微小的偏心距叠合时,各组刻线区各自形成莫尔条纹,但因各组刻线相位不同,可得到 0°、90°、180°、270°四个相位的信号输出,这相当于将与莫尔条纹对应的正弦波电信号分为四等份,从而使测角分辨率提高了 4 倍。

指示光栅的全亮窗与光栅盘的通圈在位置上相对应,全亮窗的作用是取出一恒定光信号,经光电转换后提供一参考电压,用来进行光强补偿。

增量式光电轴角编码器用圆光栅来测量角位移,测的只是相对初始位置的角度增量,没有绝对零点,必须用置零的方法来选择测量原点。零点位置可按需要随时选定,设置在任何位置,这既带来了方便,也带来了很多问题。如若在测量中突然停电,或因偶然的操作失误,把原点丢失,就再也无法找回,这将造成测量失败。不仅如此,由于光栅制造过程中的加工误差,或计数电路中受到外界的瞬间干扰造成的计数误差,特别是在长时间的测量过程中由于增量式光栅系统存在误差积累效应,随着测量次数的增加,测量误差越来越大,无法修正,使测量精度越来越低。针对以上问题,人们研制出了零位光栅。

零位光栅在增量式测量光栅上增加了一个专门的码道,并在其适当的位置上给出了一个零位参考标记。即在原光栅旁另刻一条透光狭缝,当主光栅和指示光栅的这两条透光狭缝对准时,光强最大。随着错开距离的增加,光强渐渐减小,形成一个对称的光强——相对位置的三角形信号输出,作为零位标记。

零位光栅的采用,使得增量式光电轴角编码器有了坐标零点,从而改善了其使用性能。全亮窗与光栅盘的通圈在位置上相对应,产生的信号可作参考使用。

(3)组成

增量式光电轴角编码器组成框图如图 2-48 所示。光栅盘装在输入转轴上,被测角位移通过输入轴输入。光栅盘的刻划面与指示光栅的刻划面以微小间隙叠合。指示光栅在轴的带动下,两者做相对转动,与此同时,光源通过聚光镜发出平行光,投射到光栅盘上,使之产生莫尔条纹光信号,光电器件接收莫尔条纹光信号,并转换为相应的电信号,送入差动放大器进行放大,再经细分、计数、相加平均等数码处理,从而得出对应于旋转角度的代码。为了使编码器能够有固定的零位,设置了零位光栅,它输出的零位信号经图 2-48 所示的零位信号处理电路处理得到对应的零位脉冲信号,该脉冲作为计数器的清零信号。

从图 2-48 中可以看到,增量式光电轴角编码器采用了在光栅盘对径两边分别放置指示光栅,对径两边的读数再进行相加平均以消除轴晃动的影响,减小读数误差。增量式光电轴角编码器制造工艺简单,所需元件少,由于莫尔条纹是由光栅的大量刻线共同形成的,对光栅刻线的刻划误差有平均作用,从而能在很大程度上消除刻线的局部误差和短周期误差对测量精度的影响。因此可以获得比光栅刻线精度更高的测量精度,这也是光栅用于轴角编码器的重要优点。

增量式光电轴角编码器的特点是:旋转角度的起始位可以任意设定,从该点开始将转角按一定的量化单位检测,计量脉冲数即可折算为转角。测量装置较简单,而轴角的转动是由测量信号计数累加所得,一旦计数有误,以后测量所得结果完全错误。采用数字编码,编码器每转动一个预先设定的角度将输出一个脉冲信号,通过统计脉冲信号的数量来计算旋转的角度,因此编码器输出的位置数据是相对的。由于采用相对编码,因此掉电后旋转角度数据会丢失,需要重新复位。

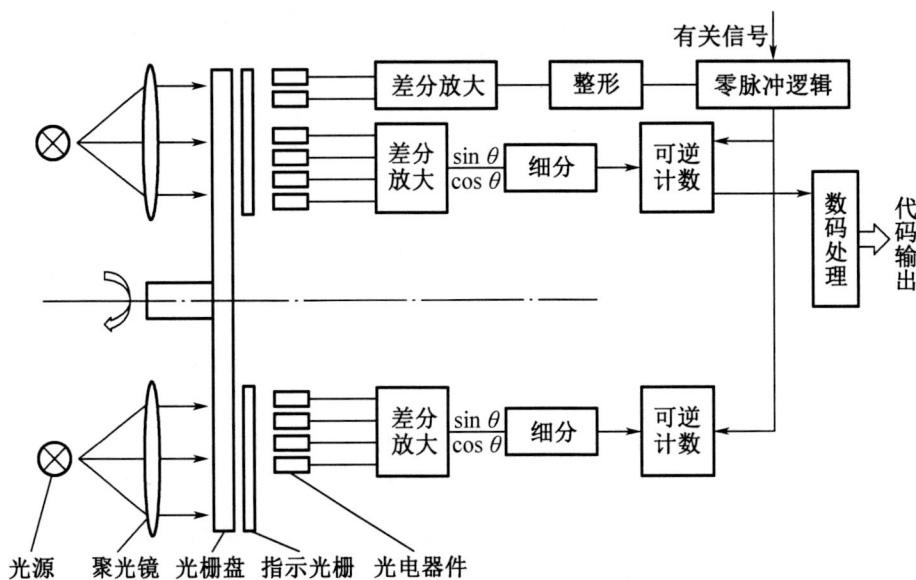

图 2-48　增量式光电轴角编码器组成框图

2.4.3　反射式光电轴角编码器

透射式编码器,对狭缝间隙和光栅付相对位置精度要求较高,若读数狭缝位置变动,容易产生较大误差。当栅距较小时,对平行光、间隙的要求较高,同时对影响间隙变化的晃动、形差的要求提高,较难获得高质量的光电信号。当光栅受到污染,信号变化较大。

随着技术的发展,光栅精度越来越高,刻线密度越来越大,反射式光电信号读取方式逐步趋于主流。

反射式增量式光栅的信号提取方式是基于衍射的原理获取光电信号的,其线宽越小衍射效果越好,而线宽的减小对动光栅和静光栅之间的间隙无明显影响。这个间隙大于透射式(10 倍甚至更高),可以适应较为恶劣的环境。

反射式光栅采用具有强反射能力的金属盘,通过光电探测器接收反射光线的方式获得光电信号。最常用的钢圈反射式光栅是将高精度光栅直接刻划在不锈钢金属环外侧环面上,其信号提取采用非接触反射方式。德国 Heidenhain 公司的钢带式光栅和英国 Renishaw 公司的钢圈式光栅均是在金属基底上刻划光栅,且均采用反射式提取光栅信号的方法,其多应用在轴系要求中孔直径比较大的地面设备中,如空间探测用望远镜,其测角的分辨力可达 0.001 2″。由于钢圈反射式光栅结构是金属圆环形式的,适用于轴系径向尺寸有限而中孔又相对要求较大的结构设计形式,同时其抗振性能大大优于玻璃基底的光栅码盘,克服了玻璃码盘受到大的振动后易碎的致命缺点,具有很高的可靠性,因此应用前景较好。

钢圈反射式光栅的结构示意图如图 2-49(a)所示,它由金属光栅环、非接触式读数头和处理电路组成。

光栅是在不锈钢圆环外侧的柱面上镀金后,采用激光光刻的方法刻上光栅暗条纹,剩下的镀金部分组成光栅的亮条纹,并由非接触式读数头读取光栅莫尔条纹信号,根据信号移动的周期数和在一个周期中信号的相位关系来确定角位移信息。

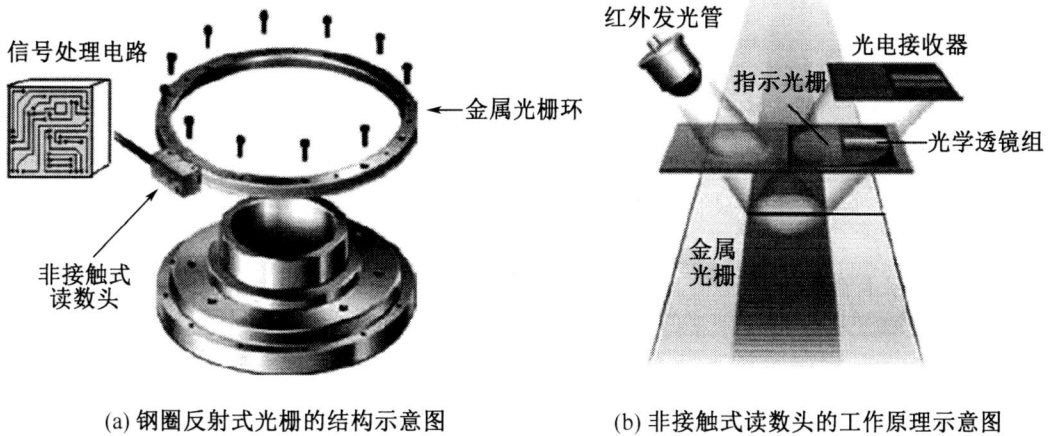

(a) 钢圈反射式光栅的结构示意图　　　　　(b) 非接触式读数头的工作原理示意图

图 2-49　钢圈反射式光栅的结构示意图及非接触式读数头的工作原理示意图

非接触式读数头的工作原理示意图如图 2-49(b)所示。读数头中红外发光管发出的光照射到金属环带的光栅上,当光栅环与指示光栅产生相对运动时,将反射的光线切割成强弱变化的莫尔条纹光信号,经光电接收器转换成相位相差为 90°的四路电信号。这些电信号包含了转动轴与不动基础间的相对角度位移信息。这四路信号经过差分放大形成 sin 和 cos 两路信号,经过计数逻辑单元,对脉冲采用软件中断方式进行计数;同时,sin 和 cos 两路信号通过 A/D 转换,由 CPU 对信号进行补偿和电子学插值细分及校正处理等得到二进制角度代码,作为伺服控制系统的位置环的反馈信息。其中的光学系统采用对很多条纹进行均分的技术,有效滤掉了与光栅尺刻划周期不匹配的信号,即使在光栅尺受到污染或轻微损坏的情况下也能确保信号的稳定性。

反射式的绝对式光栅,把高精度刻线度直接刻划到坚硬的工程材料(如低膨胀镍合金)上,开启后可立即确定绝对位置。Renishaw 公司的绝对式光栅读数头工作原理示意图如图 2-50所示。

该读数头采用类似超快微型数字摄像头,用来拍摄编码栅尺的图像,图像经过高速数字信息处理器(DSP)处理以确定绝对位置。内置的位置校验算法持续监控计算,提供了极佳的可靠性和安全性;先进的光学滤波系统和独特算法实现了低噪声和低电子细分误差。

2.4.4　电磁式编码器

电磁式编码器是近几年发展起来的新型传感器,它主要由磁鼓与磁阻探头组成。如图 2-51所示,电磁式编码器的码盘按照一定的编码图形做成磁化区(导磁率高)和非磁化区(导磁率低),采用小型磁环或微型马蹄形磁芯作磁头。磁环或磁头紧靠码盘,但又不与码盘表面接触。每个磁头上绕两组绕组,原边绕组用恒幅恒频的正弦信号激励,副边绕组用作输出信号。副边绕组感应码盘上的磁化信号转化为电信号,其感应电势与两绕组匝数比和整个磁路的磁导有关。当磁头对准磁化区时,磁路饱和,输出电压很低;当磁头对准非磁化区时,类似于变压器,输出电压很高,因此可以区分状态"1"和"0"。几个磁头同时输出,就形成了数码。

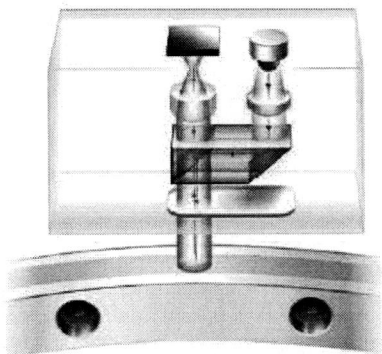

图 2-50　Renishaw 公司的绝对式
光栅读数头工作原理示意图

图 2-51　电磁式编码
器码盘示意图

电磁式编码器具有精度高、寿命长、工作可靠等特点,对环境条件要求较低,但成本较高。电磁式编码器对应增量式和绝对式两种类型。增量式电磁编码器码盘只有一个数据环,且由等宽度的黑白径向条纹构成,码盘转动时可产生串行光脉冲,用脉冲计数器将脉冲数累加起来反映转过的角度大小,一旦遇停电就会将累加脉冲数丢失,因此必须要有停电记忆措施。绝对式电磁编码器应用于被测转角不超过 360° 的情况,这种编码器所提供的是转角的绝对值,即从起始位置(对应于输出各位皆为 0° 的位置)开始转动的角度。在使用中如遇停电,恢复供电后的显示值仍然能正确地反映当时的角度。

2.5　跟踪控制系统

空间目标光电探测设备的跟踪控制系统是空间目标光电探测设备的核心系统。跟踪控制系统的作用,就是在一定精度范围内,根据不同的控制指令分别驱动探测系统垂直轴做方位方向、水平轴做俯仰方向的复合运动,使探测系统各光轴连续、稳定地跟踪空间目标,以保证影像摄取和测量。

2.5.1　跟踪控制系统的组成及原理

跟踪控制系统又称伺服系统。光学装备靠两个轴绕原心 O 做圆周运动,使光轴指向空中任意方向,所以其又叫作角度跟踪或角度伺服系统。

跟踪控制系统主要组成部分有位置传感器(编码器)、伺服控制器、驱动系统链(放大器和电机)等。伺服控制器引导跟踪机架进行运动,在捕获空间目标后控制跟踪机架转入跟踪状态,对跟踪过程中的数据和图像进行记录和分析,将位置传感器(编码器)获得的目标相对于探测器中心的位置偏差转化为跟踪机架瞄准轴与目标视线之间的角偏差,再通过驱动系统链(放大器和电机)驱动瞄准轴,使瞄准轴对准目标位置视线,以达到空间目标光电探测设备能对空间目标进行快速捕获、平稳跟踪和精确测量。

2-22　跟踪
控制系统

跟踪控制系统由方位和俯仰两套独立的位置随动系统组成,一套系统负责方位方向的跟踪,另一套系统负责俯仰方向的跟踪。以俯仰跟踪为例,跟踪系统与目标的运动关系如图 2-52 所示。跟踪控制系统对空间目标进行跟踪的工作原理为:空间目标与光轴光心的连线称为视线,视线、光轴与基准线之间的夹角分别为 q_M 和 q_t。当目标位于光轴上时,$q_t = q_M$,俯仰角位置传感器无误差信号输出。空间目标的运动使目标偏离光轴,即 $q_t \neq q_M$,系统便输出与失调角 $\Delta q = q_M - q_t$ 相对应的俯仰角误差信号。该误差信号被送入伺服控制器,便驱动电机向减小失调角 Δq 的方向运动。当 $q_t = q_M$ 时,电机停止运动。此时若由于目标的运动再次出现失调角 Δq 时,则跟踪系统的运动又重复上述过程。如此不断进行,系统便自动跟踪上了目标。

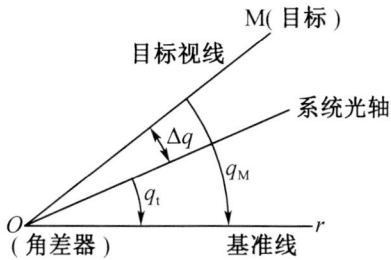

图 2-52　跟踪系统与目标的运动关系

跟踪机架是光电探测设备机电一体化的承载平台,它形成方位轴线和俯仰轴线,通过各轴转动,可使光电探测系统瞄准轴对准目标位置视线;光电探测系统是光电跟踪控制系统的重要载荷,位于跟踪机架的末端,由望远光学系统和光电探测器组成,光电探测器位于望远镜光学系统的焦面位置,可以将目标辐射或反射的光子能量转化为电信号,从而捕获目标的当前位置。

从控制工程角度讲,两套跟踪控制系统的结构基本相同,都是带有速度内回路的双闭环自动控制的随动系统,如图 2-53 所示。通常把由速度回路校正及放大、功率放大、转速反馈等部分所构成的回路称为调速系统,或称为速度回路、速度环、内环;把由位置回路校正及放大、内回路及位置信息反馈单元构成的回路称为位置随动系统,或称为位置回路、位置环、外环。

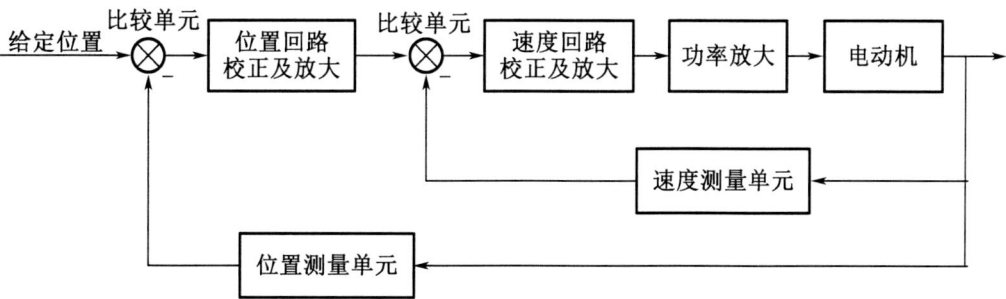

图 2-53　跟踪控制系统框图

调速系统和位置随动系统一样,都是反馈控制系统,即通过对系统的输出量和给定量进行比较,组成闭环控制,因此两者的控制原理是相同的。调速系统的给定量是恒值,不管外界扰动情况如何,希望输出量能够稳定,因此系统的抗扰性能往往显得十分重要。而位置随动系统中的位置指令是经常变化的,是一个随机变量。要求输出量准确跟随给定量的变化,输出响应的快速性、灵活性、准确性成了位置跟踪系统的主要特征。也就是说,系统的跟随性能成了衡量位置跟踪系统优劣的主要指标。

跟踪控制系统具体包括下列几部分。

(1)位置与速度测量单元

在跟踪空间目标过程中,位置与速度测量单元不断对目标运动轨迹进行检测,测量出主光轴转动的方位角、俯仰角位置及电机的转动速度,作为反馈量,分别送入位置回路、速度回路的比较单元,形成跟踪系统的控制信号。

主光轴转动的方位角、俯仰角位置的检测由轴角测量系统实现。速度测量单元早期是利用直流测速机得到与电机转速相对应的电压,现在都是利用码盘进行数字测速。

(2)比较单元

位置环中的比较单元是将目标位置输入量与位置测量单元得到的主光轴转动角位置进行比较,求取位置差值,经放大执行环节去校正主镜的位置,使其向位置偏差减小的方向移动。速度环中的比较单元是将给定速度值与速度测量单元测出的电机转动速度进行比较,求取速度误差电压,经放大输出给执行元件,控制电动机的转速。

在半自动跟踪中,操作员瞄准镜就是位置检测比较单元,不断地将位置偏差电压通过单杆送往系统。在激光、电视、红外自动跟踪系统中,位置差是由它们的传感器等测量装置自动完成的。在引导系统中,将引导源的给定值和编码器输出的光电探测设备的位置量在比较器中进行比较,以求取位置偏差。

(3)校正及放大单元

对于一个角跟踪控制系统,为了提高系统的动态质量和稳态指标,必须加入校正环节。校正环节是一个可变参数的环节,通过调节校正环节的参数达到最优控制状态。校正单元的作用是提高系统的动态品质和系统的稳态质量,通过调节校正环节的参数使系统达到最优控制状态。

放大单元一般指电压放大器和功率放大器,它们可为执行电动机提供足够的驱动功率。在现代装备中,均采用大功率晶体管组成桥路作为功率放大器。

(4)执行单元

执行单元主要是指电动机。执行元件在功放机的推动下输出力矩,驱动经纬仪向误差减小方向旋转。早期的执行元件为直流电动机,现代装备均采用力矩电动机。

目前,跟踪控制系统已经实现了对跟踪机架俯仰和方位的全数字化、高精度控制功能,由高性能 DSP 和现场可编程门阵列(FPGA)构成全数字化控制处理平台。接收多传感器数据源(可见光/高灵敏度电视脱靶量、近红外脱靶量、中波红外脱靶量、实时引导数据、理论引导数据、星体引导数据、单杆数据等),通过各种先进控制及数据融合算法,实现系统所需捕获速度快、跟踪精度高和稳定性能好的要求。

2.5.2 功能要求

跟踪控制系统具有捕获、跟踪、瞄准三种基本功能。

2.5.2.1 捕获

捕获即对所观测目标进行识别,把目标从背景和假目标中区分出来,并探测出目标的粗略方向、波长或频谱、通量密度、角度尺寸等。捕获的基本技术问题主要有捕获距离、捕获视场、捕获时间、捕获目标的光学特性以及背景特性等。增大捕获距离和捕获视场、减小捕获时间是对捕获的主要技术要求。捕获视场即捕获系统所监视的范围,为可靠捕获目标并对其进行精确跟踪,系统应具备几个不同视场的传感器:大视场用于捕获;中视场用于粗跟踪;小视场用于精跟踪。捕获时间是指从目标进入捕获传感器视场直至传感器输出目标位置信息所需的时间,主要由传感器响应和信号处理所需的时间确定。

影响目标捕获的主要因素是大气扰动、背景辐射和干扰、目标辐射和几何特性以及传感器灵敏度等。

2.5.2.2 跟踪

跟踪技术问题可以概括为以下几个方面:

(1)目标特性(目标形状、运动轨迹、速度和加速度等);

(2)跟踪角度范围(方位角、俯仰角、横倾角等);

(3)跟踪角速度、角加速度;

(4)跟踪精度;

(5)过渡特性等。

这些指标均要求跟踪系统能够精确测量出目标与跟踪瞄准轴之间的偏差,实现对目标的快速跟踪;同时减小由于目标运动以及各种扰动引起的跟踪误差,提高跟踪精度和响应速度,保证系统跟踪的稳定性。其中,跟踪精度和响应速度不仅是跟踪系统的关键指标,也是决定整个跟踪系统设计的重要因素;而跟踪稳定性则是保证系统可靠工作的必要前提。如何在系统稳定的前提下提高系统的跟踪精度和响应速度,是跟踪系统中的重要问题之一。

2.5.2.3 瞄准

瞄准是在跟踪的基础上,输入有关跟踪数据,并基于设定的跟踪策略,通过伺服系统调整各转动轴的位置,减小瞄准误差,使得瞄准轴最终对准目标。瞄准系统的误差来源主要有以下几方面:跟踪轴与瞄准轴之间的视差、轴系或者结构变形引起的误差、大气折射引起的误差、测量点与跟踪点之间的偏差;光束传输时间引起的误差等。因此,如何减小瞄准误差,是提升系统最终跟踪精度和跟踪性能的关键。

为使跟踪系统成功捕获目标并高精度跟踪目标,大多数跟踪控制系统都具有多种捕获跟踪方式,如何在不同跟踪条件下正确选择捕获方式,以及选择不同跟踪方式是非常重要的。不同跟踪条件下的捕获方式之间、捕获与跟踪之间以及各种跟踪方式之间的平滑切换,是实现系统精密跟踪的重要条件之一,也是影响跟踪控制系统跟踪性能的重要因素。

实现平滑切换的关键有两点:一是正确判断当前的工作状态,确保切换信号的有效性,以避免切换失误;二是在状态转换前后,施加到速度回路输入点的电压不能跃变。

2.5.3 跟踪方式

跟踪系统一般有自动跟踪、引导跟踪、半自动跟踪三种工作方式。目前,空间目标光电探测设备的跟踪控制系统是多手段、高精度的自动跟踪系统。

2.5.3.1 自动跟踪

自动跟踪是指既没有人直接参与也没有外部装备引导的情况下,自动对目标进行跟踪的过程。典型的自动跟踪工作方式有红外跟踪、可见光跟踪和激光跟踪等。

以可见光、红外、激光等自动跟踪器作为角差器,求出目标偏离光轴的脱靶量 ΔA 和 ΔE,

自动跟踪时脱靶量信息经接口电路送至跟踪控制系统。经过校正放大驱动方位和电机转动，带动仪器光轴指向目标，以保证对目标的摄影、摄像和测量。

自动跟踪原理框图如图 2-54 所示。

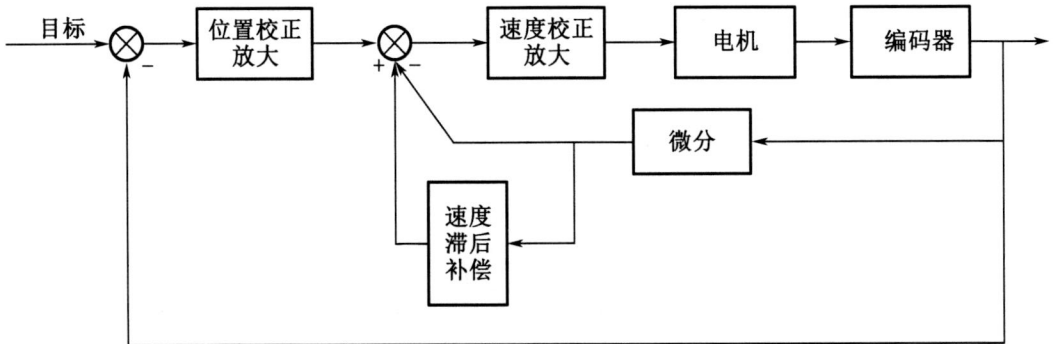

图 2-54　自动跟踪原理框图

自动跟踪系统的工作原理是：电视、红外、激光跟踪器的望远镜瞄准目标，由光电器件把目标位置$(A、E)$与光轴位置$(A_0、E_0)$进行比较，经处理电路求得目标偏离光轴的脱靶量 $\Delta A = A - A_0, \Delta E = E - E_0$。自动跟踪器输出 $\Delta A、\Delta E$，经过跟踪方式切换电路，把其中之一送给角伺服系统，经位置校正单元送入速度回路驱动力矩电机，带动仪器光轴转动，减小 $\Delta A、\Delta E$，从而达到自动跟踪的目的。

在自动跟踪方式中，由于目标运动速度信息难以提前获得，为了减小跟踪误差，在系统中加入了滞后补偿技术。在引入速度负反馈的同时，由并联引入经时间滞后的速度正反馈。即把测量出的速度信号取出，延迟一定时间以正馈的形式加入调速回路，使系统品质因数提高。

红外自动跟踪系统一般由红外探测器（包括红外镜头、红外探测器组件）和红外成像跟踪器组成。对光电探测系统来讲，红外自动跟踪系统与可见光自动跟踪系统一样，是一个跟踪测量分系统。目前，凝视型红外焦平面器件已广泛应用于靶场红外成像测量和跟踪领域。航天发射场常用的红外自动跟踪和辐射特性测量系统工作波段是中波红外和长波红外，通常一套测量系统中同时具有两种波段探测能力。

可见光自动跟踪系统既能使探测系统观察和记录空间目标的姿态，又能实现对空间目标的自动跟踪。

激光自动跟踪系统是一个主动跟踪的过程，首先由激光器产生一束激光，通过发射光学系统发往目标，再用接收光学系统接收目标反射回来的回波；然后由激光探测器把光信号转换成电信号，再配合电信号处理算法计算出脱靶量。光电转换器件一般有四象限二极管、CCD 器件、四象限调制盘等。由于激光具有光束窄、单色性好、功率高、作用距离远等特点，可用于主动识别目标以达到精跟踪的目的。

2.5.3.2　引导跟踪

引导跟踪是指由外设备将目标运动的信息送给光电探测系统，控制随动系统工作的跟踪方式。外设备有程序引导、雷达引导、实时测量数据和中心计算机引导。引导跟踪工作方式中，引导信息经过采样、保持、量化后，以数字形式进行传输。引导量是数字式的，跟踪机架角

度测量环节测出光轴的角度,即目标飞行的角位置信息,通过角差元件,又称数字比较器,得到
角差量的数字表达形式。

引导跟踪在空间目标光电探测设备中是一种很重要的工作方式,任务大致有:

(1)与外界通信,接收引导信息,实时输出信息。

(2)进行坐标变换,构成随动系统,完成位置回路和速度回路功能。

(3)分发引导信息至相应环节,采集实时输出信息以备输出用。

引导跟踪系统的工作原理是:引导信息由通信设备送到光测装备。光测装备在接收引导
信息后,将方位、俯仰的角度信息与测角环节的角度信息进行比较,求出角度差值。按事先规
定好的捷径选择规则,由差值确定电机的转动方向;又将方位、俯仰的引导速度信息与角差信
息综合起来,送给位置、速度校正放大环节。另一部分工作是把引导信息中的斜距数据送到调
焦系统工作。另外,在测角环节中,轴角编码器取出角位置信号,由通信送出,以实现实时
输出。

引导跟踪方式原理框图如图 2-55 所示。在引导跟踪方式中,由于引导信息中可以给出
目标运动速度信息,系统采用了速度顺馈,与速度反馈相结合,组成了复合控制方式。速度顺
馈环节不需要等到输出量发生变化并形成偏差之后才产生纠正偏差的控制作用,而是在控制
作用施加于系统的同时,顺馈作用就产生,比反馈更及时,不受系统延迟的影响。但速度顺馈
本身有误差,或对外作用产生误差,将全部加入系统造成输入误差。因此,一般速度顺馈不单
独使用,而与反馈结合组成复合控制,消除顺馈引入的误差。

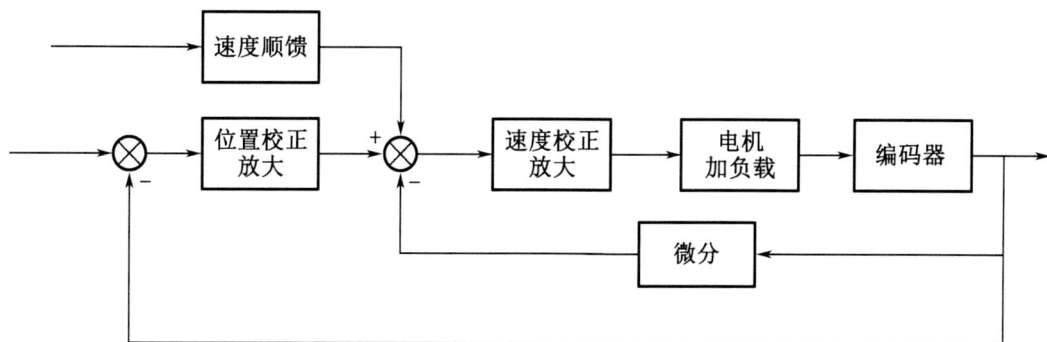

图 2-55 引导跟踪方式原理框图

引导跟踪的方法可以解决地平式跟踪"盲区"的问题,其原理是目标在盲区之外飞行时,
系统可以连续自动跟踪;目标进入盲区后,系统方位轴的跟踪速度低于目标相对于观测站的角
速度,从而会丢失目标。所以当目标穿过盲区时,就不能保证系统在目标穿出盲区的同时恢复
自动跟踪,但是在盲区之外跟踪系统的可跟踪角速度高于目标相对于观测站的角速度。那么
当目标要穿过盲区时,在进入盲区之前一段时间开始(在此以前保持自动跟踪),跟踪架在程
序的引导下加速并以其最快速度通过盲区,在冲出盲区一段时间后减速恢复到与跟踪所需的
方位角速度、角加速度的数值相匹配时,再恢复自动跟踪。这样在目标丢失后,在最短的时间
内重新捕获、跟踪和瞄准,最大限度地减少丢失目标的总时间。在引导跟踪过程中会产生较大
的跟踪误差,如果小于最大的允许跟踪误差,则目标相当于一直位于跟踪系统的观测视场内。

引导跟踪依据复合控制理论。复合控制主要用于计算机引导及瞄准控制,目前许多高精度望远镜对轨道固定的目标如卫星都采用了这种控制方式,即由计算机输出目标的位置和速度信息引导随动系统。对所要跟踪目标信息的了解程度决定了应用何种方案进行引导跟踪。例如当设备执行卫星轨道复核任务时,卫星的轨道是已知的,设备所在观测点的位置也可精确测出。卫星处于以地心为原点的地心坐标系中,需要通过计算机转换到以观测点为原点的地理坐标系中,并由计算机计算出指令数据输入控制系统,即可完成卫星过顶的程序引导。当设备对未知运动轨迹的目标进行捕获、跟踪、测量时,由于先验资料很少甚至根本没有,无法计算出它的轨迹,这时就要求系统能边跟踪边预测轨迹,即系统必须具备对目标运动轨迹进行实时预测的能力。

目标轨迹预测属于目标运动状态估计问题。状态估计的目的是对目标过去的运动状态进行平滑、对目标现在的运动状态进行滤波和对目标未来的运动状态进行预测,这些运动状态包括目标位置、速度和加速度等。状态估计技术是跟踪控制系统的最基本要素,也是形成目标跟踪滤波的前提和基础,主要有递推最小二乘法、$\alpha-\beta$ 滤波、$\alpha-\beta-\gamma$ 滤波与 Kalman 滤波等。

2.5.3.3 半自动跟踪

半自动跟踪是指有人参与工作的自动跟踪控制,目前采用较普遍的操纵器是单杆控制器,由一名操作手操纵控制仪器的方位、俯仰两个方向的运动,使光轴对准目标,实现对目标的跟踪。单杆输出电压经转换后送控制器,经校正补偿送至速度回路,再经速度回路校正,送脉宽到功率级驱动电机。单杆半自动跟踪控制原理框图如图 2-56 所示。

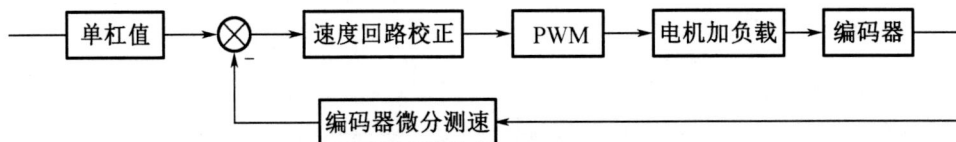

图 2-56 单杆半自动跟踪控制原理框图

在空间目标相对仪器角速度不是很快的情况下,可采用半自动跟踪。因为人参与的半自动跟踪比较平稳,可控制目标的跟踪点位置,即使在数字引导和自动跟踪的情况下,当目标进入视场稳定后,也可以转入半自动跟踪。

2.5.4 跟踪性能

2.5.4.1 工作范围

为适应各种场合的使用,一般要求跟踪架的方位角转动范围为无限,高低角转动为 $-5° \sim 185°$。

2.5.4.2 工作角速度和角加速度

根据目标飞行的轨道参数和设备布站情况,计算出跟踪系统工作时转动的角速度和角加速度。一般将理论结果乘上一个系数作为跟踪系统精度的工作角速度和角加速度的指标。

2.5.4.3 最小角速度

在跟踪过程中,跟踪角速度和目标相对于测量站的运动角速度完全一致,即两者之间没有相对速度时,就能拍摄到清晰的目标图像。但在实际跟踪中,受设备性能和操作手跟踪技术水平所限,很难拍摄到清晰的目标图像。因此,只能把相对速度限制在某个范围内,在此范围内可以认为相对速度对成像质量没有影响或影响很小。另外,在跟踪远距离目标或跟踪星体时,目标相对于测量站的运动角速度很小,若设备的最小角速度不匹配,则会造成目标像在光电接收面上来回摆动,产生像移,使像点弥散。根据上述要求可提出跟踪系统最小角速度指标,常取每秒 0. 01°~0. 005°。

2.5.4.4　最大角速度和最大角加速度

最大角速度和最大角加速度直接影响设备对意外情况的快速响应能力。从测量要求出发,跟踪系统的最大角速度和最大角加速度应越大越好,但考虑到实现的可能性,只能取适当值。该值一般远大于工作角速度和角加速度,但此时设备的测量精度也会随之降低。

2.5.4.5　跟踪精度

光电探测系统高的测角精度需靠高跟踪精度确保目标维持在视场内。要求保证在工作角速度和角加速度范围内跟踪系统的跟踪最大误差,这就是跟踪精度要求。为确保自动跟踪精度,则需系统的速度品质因素 $Kv \geqslant \dot{\theta}_{max}/\Delta\theta_{max}$($\dot{\theta}_{max}$ 为保精度角速度最大值,$\Delta\theta_{max}$ 为最大跟踪误差)、加速度品质因素 $Ka \geqslant \ddot{\theta}_{max}/\Delta\theta_{max}$($\ddot{\theta}_{max}$ 为保精度角加速度最大值)。

2.5.4.6　跟踪误差源

影响跟踪精度的误差源主要有四项,即传感器误差、动态滞后误差、力矩误差以及其他各种扰动误差。

传感器是跟踪系统检测目标位置(即跟踪误差)的元件,其误差值应小于跟踪精度值的 1/3。传感器静态精度主要由下列因素决定:

(1)光电探测器的分辨率、线性、信噪比;

(2)光电系统的口径、焦距、畸变等;

(3)电子学系统偏差、漂移、检测、量化误差及噪声等;

(4)探测器视轴安装偏差等。

传感器动态精度还要增加下列因素:

(1)探测器惰性、滞后;

(2)信号处理电路的延迟、滞后;

(3)视轴动态稳定性等。

当目标运动时,由于跟踪系统响应速度有限,仪器将滞后于目标,这便是动态滞后误差。

力矩误差主要由风力矩、摩擦力矩以及不平衡力矩(重力矩)等产生。

除风力矩以外,系统内外还存在以下扰动和噪声:

(1)电子学噪声;

(2)大气扰动;

(3)光机结构变动、噪声;

(4)基座运动等。

这些扰动和噪声都会引起跟踪误差,所以降低它们的影响也是非常重要的。

2.5.5 精密跟踪控制技术

跟踪系统产生误差的原因很多,而且既有系统误差又有随机误差,所以要提高跟踪瞄准的精度必须从元件性能尤其是传感器性能、结构方案、系统特性等几方面着手。其主要途径如下:改善跟踪瞄准系统的结构(包括提高刚度、降低摩擦力矩以及采用复合轴结构等);采用高精度光电跟踪探测器、传感器;采用高精度视轴稳定技术;采用高精度跟踪控制技术,如前馈控制与共轴跟踪、滤波预测技术、时间最佳控制、自适应控制;采用自适应光学与跟踪控制相结合等。

2.5.5.1 复合轴及双重复合轴控制

探测系统对于大加速度目标实现微秒级的高精度跟踪,按一般的控制理论,采用单轴(单变量)伺服控制是很难做到的。这不仅受跟踪架结构谐振频率的限制,还很难满足快速捕获与再跟踪捕获(目标丢失后)的要求。目前,国内外普遍采用的复合轴和双重复合轴控制结构是解决上述问题的一种行之有效的途径。

复合轴伺服控制结构是由控制两轴主望远镜跟踪架及在其上安装的一个两轴可调子反射镜跟踪结构组成。该伺服控制的坐标系中每一个坐标都有两根轴,主伺服跟踪的视场大,频带较窄,跟踪精度差,但动态范围宽,可完成目标的捕获与粗跟踪。子伺服的视场小、频带宽、响应快且跟踪精度高,能在主伺服粗跟踪的基础上完成精跟踪。两个系统的作用是相加的,所以可实现大范围的快速高精度跟踪。复合轴结构如图 2-57 所示,子伺服采用快反镜 FSM 实现精跟踪。

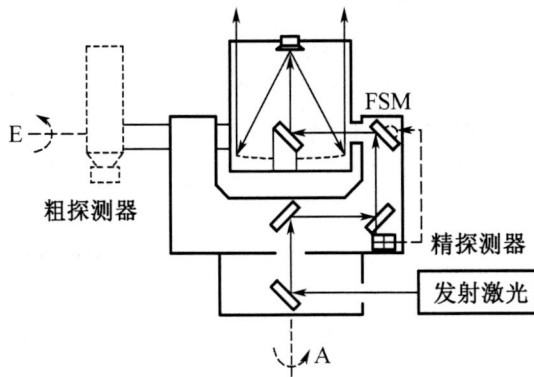

图 2-57 复合轴结构

当前复合轴跟踪控制技术已广泛应用于光测系统上,获得了角秒级或更高的跟踪精度。美国林肯实验室设计的"火池"激光探测系统,采用了串联型复合轴伺服控制技术,对飞机的跟踪精度达到了 1.03″~2.06″。

双重复合轴控制结构是在复合轴的结构上,再增加一个反应更快的微调反射镜,以再次补偿复合轴控制的残余误差,使跟踪精度进入亚角秒数量级。若微调反射镜系统(或称精子伺服系统)带宽足够宽,其探测器分辨率足够高,那么它完全具备调节复合轴系统随机误差的能力。双重复合轴控制的设计,仍遵循复合轴控制的设计原则。日本的光学空间通信设备采用双重复合轴控制,跟踪精度已达 0.39″。

在一般闭环控制系统中,要提高跟踪精度则必须提高增益或者增加积分环节以提高无静差度。但这样将使系统稳定性受到影响,甚至破坏。复合控制就是在闭环控制系统中再增加一开环控制支路,用以提供输入信号的一次微分或二次微分。该系统被称为复合控制系统或前馈控制系统。利用复合控制可以较好地解决一般闭环伺服系统普遍存在的跟踪精度与稳定性之间的矛盾,很容易将跟踪精度提高几倍乃至几十倍,而又不影响原闭环系统的稳定性。复合控制主要用于计算机引导及瞄准控制,国内外均已应用多年。目前,许多高精度望远镜对轨道固定的目标如卫星的跟踪均采用复合控制,即由计算机输出目标的位置和速度信息引导随动系统。

复合控制不仅可以降低由于目标运动所引起的动态滞后误差,还可以降低由于其他扰动如不平衡力矩引起的误差,只要将扰动测出并通过适当模型馈入即可,所以复合控制也称为扰动调节控制。

在红外和可见光等光电跟踪系统中,传感器只能提供目标与传感器视轴之间的偏差,即跟踪误差,无法给出目标的空间坐标位置,因此也无法给出目标的速度与加速度,且直接复合控制是无法实现的。解决办法有两种:一种是等效复合控制,即采用速度滞后补偿的办法。因目标位置 θ_i 为仪器位置 θ_0 与 $\Delta\theta$ 跟踪误差之和,即 $\theta_i = \theta_0 + \Delta\theta$,则 $\mathrm{d}\theta_i/\mathrm{d}t = \mathrm{d}\theta_0/\mathrm{d}t + \mathrm{d}\Delta\theta/\mathrm{d}t$,$\Delta\theta$ 是传感器系统测得的偏差,所以用计算机进行上述运算就可近似得到目标速度,进而构成复合控制。显然传感器系统测得的误差 $\Delta\theta$ 并不是 θ_i 与 θ_0 的实时差(传感器系统滞后误差),因而不能简单地将 θ_i 与 θ_0 合成。所以这种计算机辅助的等效复合控制系统提高跟踪精度是有限的。另一种是采用滤波预测技术。用滤波预测技术可在跟踪中预测目标位置和速度等运动参数。常用的数据滤波有 4 种,即有限记忆最小平方滤波、常增益最优递推滤波、卡尔曼滤波和自适应滤波。前两种滤波方法简单,但精度有限,适于中等精度系统和计算速度有限时应用。卡尔曼滤波也称最佳线性递推滤波,其主要特点是精度高。美国光测系统曾采用卡尔曼滤波计算目标运动轨迹做瞄准修正等工作。但卡尔曼滤波计算量大,且要求目标运动轨迹已知,目标模型建立应比较准确,否则不仅滤波精度低,而且容易导致计算发散。自适应滤波则是对上述滤波方法的修正。

共轴跟踪是利用计算机的预测滤波技术引导伺服基座转向目标即将出现的位置,使目标处于瞄准轴上。计算机能够同时提供目标位置和速度等指令信息,后面完全是一个数字随动系统。这种共轴跟踪系统将跟踪器与随动系统分成各自独立的回路,随动系统的带宽选择可以不受跟踪器带宽的限制,反之亦然,二者均可选择最佳参数。此外,滤波预测技术不仅可以预测目标位置,还可以修正动态滞后误差等,所以共轴跟踪系统的跟踪精度很高,特别适合干扰严重的环境。

国外共轴跟踪技术多数应用于复合轴系统的子伺服控制上。子伺服系统正常工作时,复合轴系统已经获得了稳定的距离信息,据此计算机可以对目标位置和速度进行最佳预测。美国的"火池"雷达复合轴系统的子伺服采用卡尔曼滤波器构成共轴跟踪系统,对测地卫星进行跟踪,将粗跟踪误差由 20.6″减小到 0.21″。美国空军东靶场的两部 EPS-16 雷达,随机误差降到 5.4″,系统误差降到 11″。所以采用共轴跟踪的复合轴控制技术是实现光电精密跟踪的重要技术途径之一。

跟踪控制系统要求尽快捕获目标并且过渡过程无超调,也就是系统从一个状态转换到另一个状态,目标函数 J(对时间的积分)为最小,这便是时间最优控制问题。例如在捕获目标时,计算机要根据目标运动速度,用最优控制理论在位置误差 $\Delta\theta$ 和速度误差 $d\Delta\theta/dt$ 平面上确定一条最佳转换曲线,然后再根据仪器与目标之间相对运动参数求出加速时间及减速时间,再控制电机动作,以实现最佳捕获。

最优控制虽然理论上是可行的,但由于跟踪对象模型误差和数字采样时间等原因使系统实际上很难在时间上达到最优,而且此时系统的稳态精度不高。为了实现过渡过程快而稳且精度高,人们提出了一种"双模控制"方法,即对调节对象按线性和开关两种方式工作。当误差超出一定范围时系统按开关方式工作,或称非线性控制,以便迅速减小误差;当系统进入转换区后转入线性控制,使误差迅速接近 0。在稳态跟踪时,由于处于线性跟踪状态,故误差很小。这样既保证了系统的快速性和定位精度,又避免了开关时滞所造成的极限环振荡。实践证明,此种算法在实际应用中是有效的。美国的多反射镜 MMT 系统,就应用了双模控制系统。当系统误差较小时,采用了位置和速度误差积分器进行控制,精度很高;当误差超出给定值时积分器不工作,而是用位置误差平方根值控制速度回路,产生一个只有恒定加速度的抛物线轨迹,使位置误差和速度误差同时为 0。MMT 系统的过渡过程十分平稳,跟踪精度为 $1.5''$,是地面光电探测设备的最高水平。

2.5.5.2 视轴瞄准线的精确自稳定控制技术

舰载、天基乃至陆基跟踪控制系统的跟踪精度由于受载体的摇摆、振动及光机结构变形和抖动等作用,使视轴瞄准在空间指向位置上附加一定的变量,因而系统无法获得较高的瞄准精度,所以必须采用有力的视轴瞄准线稳定措施。

速度陀螺的自稳回路是目前通用的一种自稳定技术。充分利用载体本身提供的姿态数据,将其引入系统中,增加一个控制环路,可以很好地提高系统对载体摇摆和低频振动基座的隔离度。

2.5.5.3 自适应控制技术

自适应控制技术采用一种控制器,其结构和参数能够随着控制对象的参数变化而自动变化。对于星跟踪器这类探测设备,其工作速度及加速度都比较小,如 $0.005°/s$ 的工作速度。从理论上讲,要保证一定的跟踪精度,所需要的系统开环增量并不大,不难实现。但由于受到干摩擦、库仑摩擦以及电机力矩波动等因素影响,系统低速运动时会产生抖动现象,难以达到高精度跟踪。可以采用自适应控制技术来减小摩擦力矩的影响,如采用摩擦力矩参考模型前馈就可以明显降低摩擦力矩的影响。

2.5.5.4 热点跟踪技术

精密跟踪系统的关键是跟踪定位,现有的技术主要是用雷达搜索目标,再引导粗可见或红外跟踪器,图像稳定后切换到精可见跟踪上。这几种跟踪方法均是以整个目标物体作为跟踪对象范围的。若想进一步提高跟踪系统的跟踪能力,让前后跟踪的目标位置完全重合,需要在目标上寻找一特殊点,这就是热点跟踪技术。可以用一束激光探测目标,在目标上建立稳定的热点,利用其反向辐射能量作为跟踪信号。若第二束激光不能准确重合第一束激光照射点,则进行补偿调节,从而跟踪点被牢牢固定,这就是热点跟踪技术的原理。

热点跟踪技术最重要的问题是瞄准点稳定问题。跟踪架基座振动、大气干扰、热晕、跟踪误差等多种因素会使目标基准点偏移,此时,必须加一闭环补偿系统。

2.6　系统误差分析与修正

光电探测系统由于制造、安装、调试上的缺陷,可能产生轴系误差和定位误差。轴系误差包括垂直轴倾斜误差、水平轴倾斜误差和照准轴系差。定位误差为轴角编码器定向差和高低零位差。出厂前各轴之间的相互垂直关系,比如两轴机架的垂直轴与水平轴的垂直度、多轴机架的各轴间的相互垂直度,一般依靠加工或厂内调整予以保证,且须将望远镜视轴与光学系统像面的交点,即像面的坐标原点确定好,这一点将是图像的坐标原点,它将是各测角系统在标校中的基准点。

在工作现场所要调整的是各轴中最关键的基准轴的位置。如两轴机架的垂直轴位置、赤道式机架的极轴位置、水平式机架的经轴位置等。一般垂直轴、经轴使用高精度水泡(水准仪)进行现场调整,极轴则用北极星进行调整。在基准轴位置调整好后即可进行各轴测角系统的标校,测角系统的标校主要是零点的校准。

2.6.1　轴系误差与修正

图 2-58 是地平式轴系误差示意图。假设 Z 为天顶,OZ 为垂直轴,QQ' 为水平轴,与 OZ、QQ' 同时垂直的轴 OA 为照准轴(又称视准轴)。跟踪架垂直轴、水平轴、照准轴三轴交于点 O,三个轴系误差的定义如下:

假定垂直轴不在 OZ 上(不过地心),而在倾斜一定角度的 OZ' 上,这个倾斜误差称为垂直轴倾斜误差,习惯上用字母 v 表示。

假定水平轴不在 QQ' 上,而是倾斜到 Q_1Q_1' 上,即水平轴与垂直轴不垂直,该项误差称为水平轴倾斜误差,习惯上用字母 b 表示。一般规定,面向照准轴(正镜情况)看过去,若水平轴向右倾斜,则 b 为负,反之则为正。

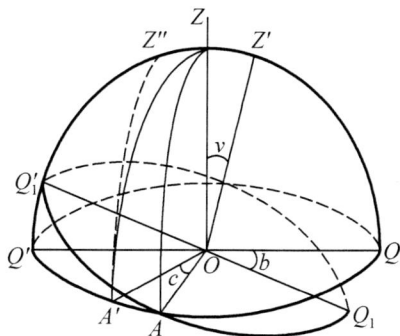

图 2-58　地平式轴系误差示意图

假定照准轴不在 OA 上,而偏向 OA' 位置,即照准轴与水平轴不垂直(与垂直轴也不垂直),这一误差称为照准差,习惯上用字母 c 表示。照准差 c 的大小和符号表示了实际照准轴与理想照准轴不重合的程度和方向,从顺时针方向看(即方位角增大方向),$c>0$ 表示实际照准轴滞后于理想照准轴,$c<0$ 表示实际照准轴超前于理想照准轴。

2.6.1.1　照准差与修正

如图 2-59 所示,当没有照准差时,随着高低角的增大,照准轴所画的大圆为弧 $\overset{\frown}{AZ}$;有照准差时,照准轴已不是 OA,而是 OA',当高低角增大时,它所画的大圆在弧 $\overset{\frown}{A'M'}$ 上。当目标点 M 的观测高低角 $\angle AOM = E$ 时,方位轴需转过 $\angle M'ZM$ 角才能对准目标 M,故 $\angle M'ZM$ 即为照准差 c 造成的方位角误差,记为 ΔA_c;当目标点 M 的观测存在照准差时,$\angle AOM$ 不等于 $\angle A'OM'$,造成俯仰角误差,记为 ΔE_c。由球面三角函数关系可推导出:

$$\begin{cases} \Delta A_c = (\sec E - 1)c \\ \Delta E_c = \dfrac{c^2}{2\xi}\tan E \end{cases} \tag{2-29}$$

式中,ΔA_c 为由 c 引起的方位测量误差;ΔE_c 为由 c 引起的俯仰测量误差;E 为被测目标的俯仰角;ξ 为弧度转化成角秒的变换系数。

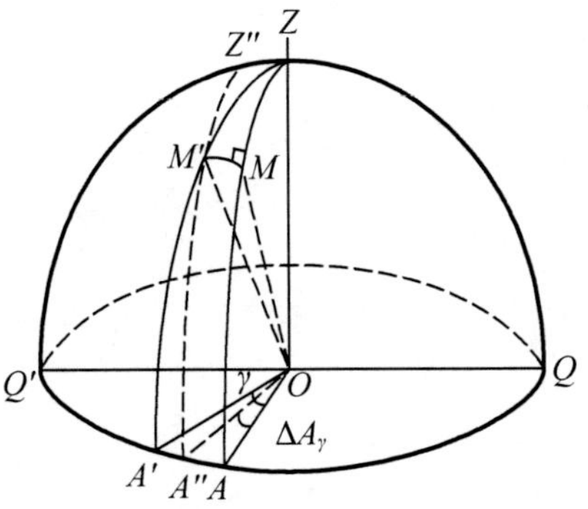

图 2-59　照准轴误差

在非天顶测量情况下(一般保精度测量俯仰角 $E < 65°$),ΔE_c 为二阶小量,可忽略不计。也就是说,照准轴带来的测量误差主要影响方位角测量精度,且目标俯仰角越大,影响越严重。

照准差的静态系统误差可以检测出来。图 2-60 为探测系统的顶视图,O 为三轴交点,俯仰角 $E = 0$,OZ 为正镜状态下理想照准轴位置,OZ_1 为正镜时的实际照准轴位置,其与 OZ 轴的夹角为照准差 c;OZ_2 为倒镜时的实际照准轴的位置,它与 OZ 轴的夹角为 $(180° + c)$,则实际照准轴在仪器方位转动 $180°$ 时,扫过的张角 $\angle Z_1OZ_2 = 2c$。因而可以用正倒镜拍照同一目标(如方位标和水平位置的平行光管模拟无穷远目标),计算出照准差。

$$c = \frac{A_1 - A_2 \pm 180°}{2} \tag{2-30}$$

设某目标的理论方位为 A_0,正镜读数为 A_1,倒镜读数为 A_2,则正镜时,$A_0 = A_1 - c$;倒镜时,$A_0 = A_2 \pm 180° + c$,由两次测量结果计算可得

2.6.1.2　水平轴误差与修正

如图 2-61 所示,假定 O 为三轴交点,Z 为天顶。如果水平轴没有倾斜,水平轴 QQ' 和水平面重合,照准轴 OA 随高低角的变化画出的大圆为 $\overset{\frown}{AZ}$,而且大圆与水平轴 QQ' 垂直;当水平轴

有倾斜误差时,水平轴为 Q_1Q_1',而水平轴的垂直轴为 OZ'。此时,$\angle ZOZ' = \angle QOQ_1 = b$,照准轴 OA 随高低角变化所画出的大圆弧为 $\widehat{AZ'}$,且与 Q_1Q_1' 垂直。

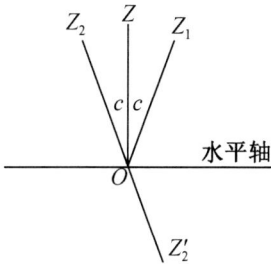

图 2-60 探测系统的顶视图

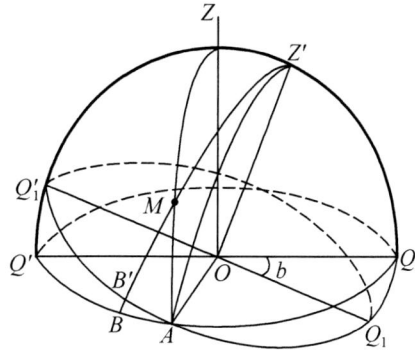

图 2-61 水平轴误差

假设空间目标位于点 M,当 $b=0$ 时,高低角 $E = \angle AOM$,当对准 M 点时,方位角为 A。如果水平轴倾斜误差为 b,照准轴随高低角变化所画出的大圆弧为 $\widehat{AZ'}$,目标偏离十字丝中心,瞄准目标后,方位角的误差记为 ΔA_b,俯仰角的误差记为 ΔE_b。由球面三角函数关系推导出:

$$\begin{cases} \Delta A_b = b\tan E \\ \Delta E_b = \dfrac{b^2}{2\xi}\tan E \end{cases} \tag{2-31}$$

式中,ΔA_b 为由 b 引起的方位测量误差;ΔE_b 为由 b 引起的俯仰测量误差;E 为被测目标的俯仰角;ξ 为弧度转化成角秒的变换系数。

在非天顶测量情况下(一般保精度测量俯仰角 $E<65°$),ΔE_b 为二阶小量,可忽略不计。也就是说,水平轴带来的测量误差主要影响方位角测量精度,且目标俯仰角越大,影响越严重。由于水平轴倾斜误差仅影响方位角,因此,亦可以用正、倒镜测量同一目标的方法来检测。

由式(2-31)可以看出,当目标置于水平位置时(即 $E=0$),$\Delta A_b=0$,故不能反映出 b 值,所以对被测目标的俯仰角有一定要求,通常选 $E=65°$(最恶劣的工作角度)。检测时除了 b 外,假定其他误差均为 0,因此,在对准目标时,编码器的读出值仅包括 ΔA_b 一项误差,且正、倒镜时符号相反。

设目标方位角为 A,正镜读数为 A_1,倒镜读数为 A_2,则下列关系式成立。

正镜时:

$$A = A_1 - \Delta A_b$$

倒镜时:

$$A \pm 180° = A_2 + \Delta A_b$$

则

$$\Delta A_b = \frac{A_1 - A_2 \pm 180°}{2}$$

代入式(2-31)得

$$b = \frac{A_1 - A_2 \pm 180°}{2\tan E} \qquad (2-32)$$

2.6.1.3 垂直轴误差与修正

如图2-62所示,假设没有垂直轴倾斜误差时,垂直轴和铅垂线重合,照准轴OW随高低角增大所画出的大圆弧为$\overset{\frown}{WZ}$。此时,照准轴瞄向空间目标位置M,码盘所指的方位角为A。

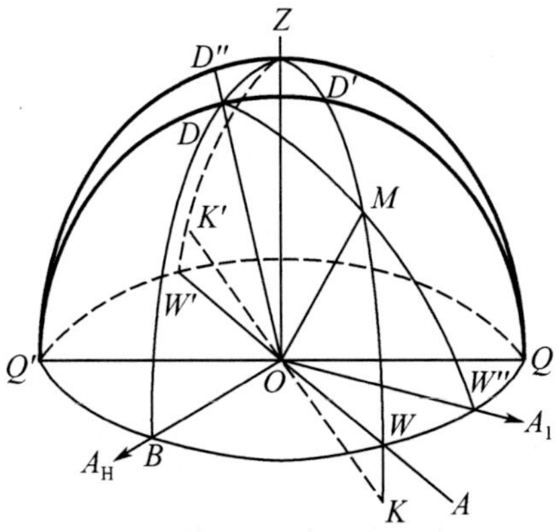

图2-62 垂直轴倾斜误差

假设有垂直轴倾斜误差时,垂直轴为OD且不与铅垂线重合。由D点作ZOW平面的垂面$Q'DD'Q$,与ZOW平面在球面上相交于点D';由点D作$Q'ZQ$平面的垂面,与$Q'ZQ$平面在球面上的交点为D''。弧$\overset{\frown}{ZD}$是垂直轴倾斜误差v,如果$\overset{\frown}{ZD}$所在的大圆和$Q'WQW'$大圆相交于B点,则垂直轴倾斜误差方向的方位角即为OB所指的方位角A_H。垂直轴倾斜误差可分解为两个分量:一为方位分量,即$\overset{\frown}{ZD''} = v_2$;另一为高低分量,即$\overset{\frown}{ZD'} = v_1$。

在球面直角三角形$ZD'D$中,过O点在WOZ平面上作OD'的垂线交天球于K点。如果目标对准十字丝中心,此时高低角码盘的零标记不是指向OW位置,而是指向OK位置;方位角也是指向OW''位置,方位角为A_1,故有

$$\overset{\frown}{WK} = \overset{\frown}{ZD'} = v_1 = v\cos(A_H - A) \approx v\cos(A_H - A_1) \qquad (2-33)$$

假若空间目标点为M,当没有垂直轴倾斜误差时,高低角$\angle MOW = E$;当垂直轴有倾斜误差时,则正镜高低角为$\angle MOK = E_1$,因此有

$$E = E_1 - v_1 = E_1 - v\cos(A_H - A_1) \qquad (2-34)$$

记

$$\Delta E_v = E - E_1 = -v\cos(A_H - A_1) \qquad (2-35)$$

又在球面三角形$D''ZD$中,由于$\angle ZD''D = 90°$,可以得到

$$\sin v_1 = \tan v_2 \cot(A_H - A_1) \qquad (2-36)$$

将式(2-36)泰勒展开,取一阶微分,则有

$$v_2 = v_1\tan(A_H - A_1) = v\cos(A_H - A_1) \times \tan(A_H - A_1) = v\sin(A_H - A_1) \qquad (2-37)$$

与水平轴倾斜误差一样,垂直轴倾斜误差引起的方位角误差可近似为

$$\Delta A_v \approx v_2 \tan E = v \sin(A_H - A_1) \tan E \tag{2-38}$$

从式（2-37）、式（2-38）可以看出，垂直轴倾斜误差 v 对目标方位、俯仰的测角影响为 $(A_H - A)$ 周期函数，周期为 2π。若 $v = 0$，则仪器的水平调整也不存在系统误差，如果仪器绕垂直轴转动（方位角变化 $360°$），垂直轴始终与铅垂线重合；若 $v \neq 0$，垂直轴线将围绕调平误差的方向扫出一个锥角。如果将调平水泡安放在垂直轴的垂直位置上，并且水泡轴线与水平轴保持平行，则 $v(A)$ 由 $0° \sim 360°$ 的变化规律将反映在水泡值的变化上。

应用谐波分析方法，将连续周期函数 $v(A)$ 展开成傅里叶级数，且略去高次项，有

$$v(A) = \frac{a_0}{2} + (a_1 \cos A_1 + b_1 \sin A_1) = v_0 + v(A_1) \tag{2-39}$$

式中，$v_0 = a_0/2$ 为水泡本身的倾斜误差（常量）；$v(A_1) = a_1 \cos A_1 + b_1 \sin A_1$ 为垂直轴误差。

测量调平曲线（水泡格值随方位角的变化曲线）可以首先计算出 a_0、a_1、b_1，进而计算出水泡本身的倾斜误差和垂直误差。为了减小调平曲线测量中随机误差的影响，在方位角 2π 范围内做 n 次等间隔测量，则

$$\begin{cases} a_0 = \dfrac{2}{n} \displaystyle\sum_{i=1}^{n} v(A_i) \\[2mm] a_1 = \dfrac{2}{n} \displaystyle\sum_{i=1}^{n} v(A_i) \cos A_i \\[2mm] b_1 = \dfrac{2}{n} \displaystyle\sum_{i=1}^{n} v(A_i) \sin A_i \end{cases} \tag{2-40}$$

式中，A_i 是第 i 次测量方位角；$v(A_i)$ 为对应 A_i 的倾斜角度值（为水泡在 A_i 时的格数与格的角度值乘积）。

2.6.2 定位误差与修正

2.6.2.1 定向误差与修正

从理论上说，测站坐标系的 X 轴均指向大地北，即均以大地北定向。也就是说，测站测到的目标方位角统以大地北为零。但事实上，仪器在定向时，由于操作手视差和仪器本身误差会存在定向误差。当仪器光轴指向定向方向线（通常以大地北定向）时，方位编码器零位线与定向线之间的夹角，即方位编码器读数，称为定向误差，以字母 α 表示。

定向误差有正负之分，如图 2-63 所示。以 OX 方向为方位角的起始边，顺时针方位角增加，当主光轴指向 OX 方向时，若角编码器零位线位于 O_1 位置，此时方位编码器读数为 $360° - \alpha_1$，即 $\alpha_1 < 0$；若角编码器零位线位于 O_2 位置，此时方位编码器读数为 α_2，即 $\alpha_2 > 0$，修正量与误差符号相反，即 $\Delta A_\alpha = -\alpha$。

一般，利用仪器周围架设的方位标可直接测得定向差。假设第 i 个方位标的真值为 a_i^0，多次用正、倒镜瞄准第 i 个方位标，并记录方位编码器的读数，求取正镜读数的平均值 $\overline{A}_{\text{正}i}$ 和倒镜读数的平均值 $\overline{A}_{\text{倒}i}$，则单个方位标的定向误差为

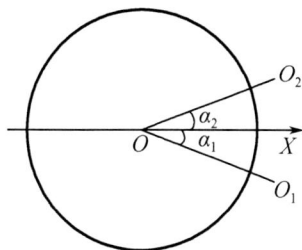

图 2-63 方位定向误差

$$\alpha_i = \frac{(\overline{A}_{\text{正}i} + \overline{A}_{\text{倒}i}) \pm 180°}{2} - \alpha_i^0 \qquad (2-41)$$

N 个方位的定向差求光电探测设备的定向误差为

$$\alpha = \frac{1}{N} \sum_{i=l}^{N} \alpha_i \qquad (2-42)$$

除了用方位标修正外,也可以利用系统对空间已知坐标位置的恒星进行瞄准,将此恒星相对于探测系统站点的方位角确定的正北位置作为基准校准方位测角系统的零点位置。

2.6.2.2 零位差与修正

零位差是指水平轴上高低编码器的安装误差,是当仪器视轴正镜指向水平方向(与铅垂线垂直)时,高低编码器的读数。该值也就是高低编码器零位线与水平面的夹角,用 β 表示。

如图 2-64 所示,OQ' 为水平面,当视轴指向水平方向时,如果高低码盘零位线在 O_1 位置,高低编码器的读数应为 $\beta_1 < 0$;如果零位线在 O_2 位置,高低编码器的读数 $\beta_2 > 0$。

零位差的检测可用相对设备 $E = 0$ 的目标检测。即用设备的正镜瞄准目标,读取仪器的高低角 $E_{\text{正}}$,再用设备倒镜瞄准目标,读取仪器的变低角 $E_{\text{倒}}$,由于正镜测量和倒镜测量均含有零位差 β,于是有

$$(E_{\text{正}} + \beta) + (E_{\text{倒}} + \beta) = 180°$$

对单个目标计算零位差:

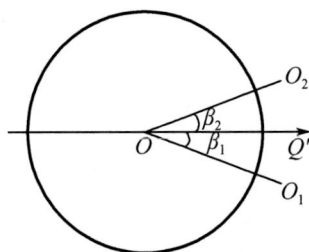

图 2-64 零位差

$$\beta_i = \frac{(\overline{E}_{\text{正}i} + \overline{E}_{\text{倒}i}) \pm 180°}{2} \qquad (2-43)$$

式中,$\overline{E}_{\text{正}i}$ 和 $\overline{E}_{\text{倒}i}$ 分别为多次正、倒镜测量的算数平均值。

用 N 个方位标或平行光检测零位差,则

$$\beta = \frac{1}{N} \sum_{i=1}^{N} \beta_i \qquad (2-44)$$

除了用方位标修正外,也可以利用北极星为基准。在正镜状态下对北极星瞄准,记下目标的高角。以此角度为基准与北极星实际高角对比,其差值为高角零点的校准值。

由于定向误差和零位差均是由零位不准而产生的,在每次任务中,它不随测量时间而改变,即是一个固定误差,因而在指定测站坐标系所测到的方位角、高低角均应加上这个固定偏差。

轴系误差、定向误差和零位差对方位角和俯仰角的总测角误差修正如下。

(1)方位角系统误差修正

将上述各单项误差引起的方位角误差进行综合,即可得方位角 A 系统误差的表达式:

$$\begin{aligned}
\Delta A &= \alpha + \Delta A_c + \Delta A_b + \Delta A_v = \alpha + c\sec(E+\beta) + b\tan(E+\beta) + \\
&\quad v\sin(A_H - A - \alpha)\tan(E+\beta) \\
&= \alpha + \tan(E+\beta)\big[b + v\sin(A_H - A - \alpha)\big] + c\sec(E+\beta) \qquad (2-45)
\end{aligned}$$

式中,α、β 分别为方位角、俯仰角的定向误差,v 为垂直轴倾斜误差,b 为水平轴倾斜误差,c 为照准差,A_H 为垂直轴倾斜方位角,A、E 为脱靶量修正后的方位角、俯仰角。

（2）俯仰角系统误差修正

由垂直码盘定向误差和轴系误差带来的俯仰角误差可得俯仰角的系统误差修正公式：

$$\Delta E = \beta - v\cos(A_{\mathrm{H}} - A - \alpha) \tag{2-46}$$

式中，符号含义同上。

习　　题

1. 望远光学系统有哪些类型？每个类型的特点是什么？

2. 简述各种望远光学系统的适用场合。简述典型望远光学系统参数的确定原则。

3. 简述自动调焦光学系统的工作原理。

4. 有哪些调光方法？简述调光的工作原理。

5. 简述雪崩光电二极管的雪崩效应。

6. 为什么 PIN 管比普通光电二极管好？

7. 简述 CCD 器件的结构和工作原理。

8. 总结选用光电探测器的一般原则。

9. 红外焦平面器件结构多样性的原因是什么？简述两类基本的典型结构。

10. 跟踪机架有哪些类型？各自的特点和适用场合是什么？

11. 轴角测量系统的测量元素有哪些？分别代表什么意义？

12. 轴角编码器的作用是什么？

13. 绝对式光电轴角编码器的码盘特点、组成和工作原理是什么？

14. 光栅盘是如何利用莫尔条纹进行测角的？简述增量式光电轴角编码器的组成和特点。

15. 试简述反射式光电编码器的原理及特点。

16. 跟踪控制系统的作用是什么？有哪几种跟踪方式？各有什么特点？

17. 简述引导跟踪、半自动、自动跟踪等几种跟踪方式的工作原理。

18. 画出跟踪控制系统组成框图，并解释每个部分的作用。

19. 简述系统误差。

20. 轴系误差有哪些？均是什么原因产生的？如何进行修正？

21. 定向误差和零位差是如何产生的？如何修正？

第3章 空间目标可见光探测技术

可见光探测技术是利用空间目标反射太阳光等自然光源进行探测,通过成像的形状特征和光度特征可以直接识别出空间目标的功能、状态和正在执行的任务等信息。可见光探测对运行在光照区的空间目标具有良好的观测能力,但当目标进入地影区域时难以被观测,又由于白天有较强的天光背景与大气湍流,也限制了对空间目标的成像探测能力。

本章在分析空间目标可见光特性的基础上,介绍可见光成像探测的基本原理、空间目标定位方法以及空间目标光度和姿态测量原理。

3.1 空间目标可见光特性

空间目标可见光特性所含信息最为丰富,不仅描述几何构形,而且能够描述出结构特征,是目前应用最为广泛的目标信息。

3.1.1 空间目标可见光散射特性分析

3-1 空间目标光学特性基础

空间目标可见光散射特性的复杂性主要体现在几何结构复杂、表面材料多样、材料散射特性不同等方面。

物体表面对电磁波的反射有三种形式(图 3-1)。

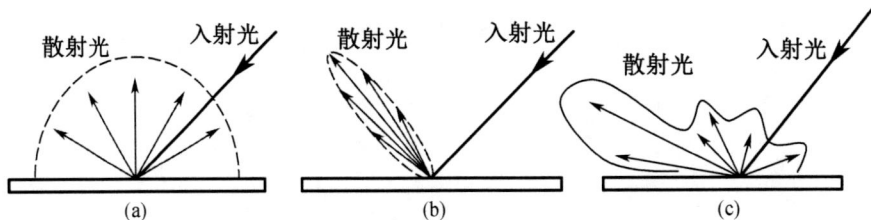

图 3-1 物体表面对电磁波的反射

(1)镜面反射(mirror reflection):反射能量集中在一个方向,反射角等于入射角。

(2)漫反射(diffuse reflection):整个表面都均匀地向各向反射。

当一束平行的入射光线射到粗糙表面时,因表面凹凸不平,表面各点的法线方向不一致,造成反射光线向不同的方向无规则地反射,也即发生漫反射,相应的反射光称为漫射光。漫反射又称为朗伯(Lambert)反射或各向同性反射。

(3)方向反射(directional reflection):介于漫反射和镜面反射之间,各向都有反射,但各向反射强度不均匀,也称为非朗伯反射。

多数自然表面对不同波长的辐射而言都是粗糙表面。当目标的表面足够粗糙,以致于对太阳短波辐射的反射辐射亮度在以目标物为中心的 2π 空间中呈常数,即反射辐射亮度不随观测角度而变,可以称该物体为漫反射体,亦称朗伯体。对于朗伯表面,在某一方向上的辐射强度随着与该方向和表面法线之间夹角的余弦而变化,反射光强度只与观测角度(反射角)有关,而与观测方位(方位角)无关。

产生方向反射的物体在自然界中占绝大多数,即它们对太阳短波辐射的散射具有各向异性。描述方向反射不能简单用反射率表述,因为各方向的反射率都不一样。对非朗伯体而言,它对光波段辐射的反射、散射能力不仅随波长而变,同时亦随空间方向而变。

比较准确地描述目标表面材料的光学散射特性的方式之一是利用表面材质的双向反射分布函数 BRDF(bi-directional reflectance distribution function)进行描述。BRDF 的概念最早由美国学者 Nicodemus 于 1970 年正式提出。BRDF 的物理意义是:来自方向辐照度的微增量与其所引起的方向上反射辐射亮度增量之间的比值。它是表面材质的一个基本光学特性,反映了对于某一入射方向的波,在材料表面上半球空间的反射能量的分布情况。它由表面粗糙度、介电常数、辐射波长、偏振等因素决定。

如图 3-2 所示,在表面小面元 dA 上,入射光源立体角为 ω_i、方向为 $s(\theta_i,\varphi_i)$,探测器的观测立体角为 ω_r、方向为 $r(\theta_r,\varphi_r)$。其中,θ、φ 分别代表天顶角和方位角,z 代表表面的法线方向。双向反射分布函数定义为沿 $r(\theta_r,\varphi_r)$ 方向出射的辐射亮度 $dL_r(\theta_i,\varphi_i;\theta_r,\varphi_r)$ 与沿 $s(\theta_i,\varphi_i)$ 方向入射到被测表面的辐射照度 $dE_i(\theta_i,\varphi_i)$ 之比,定义式如式(3-1)所示,量纲为 sr^{-1}。

$$f_r(\theta_i,\varphi_i;\theta_r,\varphi_r) = \frac{dL_r(\theta_i,\varphi_i;\theta_r,\varphi_r)}{dE_i(\theta_i,\varphi_i)} \tag{3-1}$$

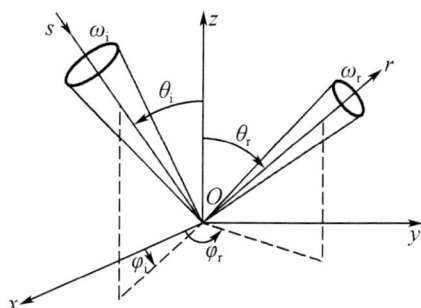

图 3-2　双向反射分布函数的几何关系

辐射亮度定义为沿辐射方向单位面积、单位立体角的辐射通量:

$$L_r(\theta_i,\varphi_i;\theta_r,\varphi_r) = \frac{d\Phi_r(\theta_i,\varphi_i;\theta_r,\varphi_r)}{dA\cos\theta_r d\omega_r} \tag{3-2}$$

辐射照度定义为单位面积的辐射通量:

$$E_i(\theta_i,\varphi_i) = \frac{d\Phi_r(\theta_i,\varphi_i;\theta_r\varphi_r)}{dA\cos\theta_r d\omega_r} \tag{3-3}$$

入射辐射照度还可以表示为对半球空间的入射亮度进行积分的形式:

$$E_i = \int_0^{2\pi} \int_0^{\pi/2} L_i \cos\theta \sin\theta \mathrm{d}\theta \mathrm{d}\varphi \tag{3-4}$$

目标表面的 BRDF 也可用入射功率与散射功率表示,即

$$f_r = \frac{\mathrm{d}P_r}{P_i \cos\theta_r \mathrm{d}\omega_r} \tag{3-5}$$

除少数情况外,一般 BRDF 是相当复杂的函数,难以表示成解析形式,但对于一些特殊情况,可以简化。

BRDF 具有互易性。根据亥姆霍兹的互易原理也即方向可逆性原理,将入射与出射方向互换,得到的散射情况应该是相同的,用数学形式表示为

$$f_r(\boldsymbol{k}_i, \boldsymbol{k}_r) = f_r(\boldsymbol{k}_r, \boldsymbol{k}_i) \tag{3-6}$$

式中,$\boldsymbol{k}_i = (\theta_i, \varphi_i)$,为入射方向;$\boldsymbol{k}_r = (\theta_r, \varphi_r)$,为探测方向。

当入射光是一段具有一定照度分布的光谱时,材料在某一波长的辐射亮度为

$$\begin{aligned} L_{rs}(\theta_i, \varphi_i, \theta_r, \varphi_r, \lambda) &= f_{rs}(\theta_i, \varphi_i, \theta_r, \varphi_r, \lambda) E_i(\theta_i, \varphi_i, \lambda) \\ &= f_{rs}(\theta_i, \varphi_i, \theta_r, \varphi_r, \lambda) E_i(0°, \varphi_i, \lambda) \cos\theta_i \end{aligned} \tag{3-7}$$

式(3-7)中 $E_i(0°, \varphi_i, \lambda)$ 是 0°入射时入射光的光谱辐照度。对式(3-7)中的辐射亮度在入射光的光谱范围内积分,用 L_{spectrum} 表示为

$$\begin{aligned} L_{\text{spectrum}}(\theta_i, \varphi_i, \theta_r, \varphi_r) &= \int_{\lambda_1}^{\lambda_2} L_{rs}(\theta_i, \varphi_i, \theta_r, \varphi_r, \lambda) \mathrm{d}\lambda \\ &= \int_{\lambda_1}^{\lambda_2} f_{rs}(\theta_i, \varphi_i, \theta_r, \varphi_r, \lambda) E_i(0°, \varphi_i, \lambda) \cos\theta_i \mathrm{d}\lambda \\ &= \cos\theta_i \int_{\lambda_1}^{\lambda_2} f_{rs}(\theta_i, \varphi_i, \theta_r, \varphi_r, \lambda) E_i(0°, \varphi_i, \lambda) \mathrm{d}\lambda \end{aligned} \tag{3-8}$$

式中,λ_1 至 λ_2 为入射光的光谱范围,单位为 nm。

而入射光的辐照度则可以由入射光的光谱辐照度直接积分求得,即

$$\begin{aligned} E_{\text{spectrum}}(\theta_i, \varphi_i) &= \int_{\lambda_1}^{\lambda_2} E_i(\theta_i, \varphi_i, \lambda) \mathrm{d}\lambda \\ &= \int_{\lambda_1}^{\lambda_2} E_i(0°, \varphi_i, \lambda) \cos\theta_i \mathrm{d}\lambda \\ &= \cos\theta_i \int_{\lambda_1}^{\lambda_2} E_i(0°, \varphi_i, \lambda) \mathrm{d}\lambda \end{aligned} \tag{3-9}$$

根据 BRDF 定义式 $f_r(\theta_i, \varphi_i; \theta_r, \varphi_r) = \dfrac{\mathrm{d}L_r(\theta_i, \varphi_i; \theta_r, \varphi_r)}{\mathrm{d}E_i(\theta_i, \varphi_i)}$,可得

$$f_{\text{spectrum}}(\theta_i, \varphi_i; \theta_r, \varphi_r) = \frac{\displaystyle\int_{\lambda_1}^{\lambda_2} f_{rs}(\theta_i, \varphi_i, \theta_r, \varphi_r, \lambda) E_i(0°, \varphi_i, \lambda) \mathrm{d}\lambda}{\displaystyle\int_{\lambda_1}^{\lambda_2} E_i(0°, \varphi_i, \lambda) \mathrm{d}\lambda} \tag{3-10}$$

设光谱分辨率是 1 nm,将式(3-10)中的积分化为求和,得

$$f_{\text{spectrum}}(\theta_i, \varphi_i; \theta_r, \varphi_r) = \frac{\displaystyle\sum_{\lambda=\lambda_1}^{\lambda_2} f_{rs}(\theta_i, \varphi_i, \theta_r, \varphi_r, \lambda) E_i(0°, \varphi_i, \lambda)}{\displaystyle\sum_{\lambda=\lambda_1}^{\lambda_2} E_i(0°, \varphi_i, \lambda)} \tag{3-11}$$

从推导过程中可以看到$f_{spectrum}(\theta_i,\varphi_i;\theta_r,\varphi_r)$综合考虑了整个入射光谱对 BRDF 的影响,能够反映目标材料在入射光谱照射下的反射特性。从推导过程中还可以看到,$E_i(0°,\varphi_i,\lambda)$可以是具有任意照度分布的光谱。只要改变$E_i(0°,\varphi_i,\lambda)$就可以得到目标材料在不同光源照射条件下的光谱 BRDF,这在研究目标的光散射时将起到很重要的作用。

研究目标在太阳光可见光范围的散射特性时,仅取材料光谱 BRDF 数据中 380~780 nm 部分的光谱 BRDF 与相应波段内的太阳光谱进行加权积分即可。

BRDF 有如下三个特点:

(1)与辐射环境无关,仅与该目标的反射辐射特性有关,并且具有 sr^{-1} 因次。

(2)是$(\theta_i,\varphi_i,\theta_r,\varphi_r,\lambda)$五个自变量的函数,在 2π 空间中无论是入射还是反射均有无穷多个方向。从概念上说要完整地表达一个物体的非朗伯体特性需要有无穷多个测量数据,而且这组无穷多个测量数据仅与一个具体对象相联系。实际上它使得对物体的非朗伯体的描述几乎成为不可能。所以重要的问题是能否对一类地物建立一种模型,从无穷多个测量数据集中找到一组个数有限的子集,它足以表征这类地物共同的对入射辐射的反射、散射特性,并且它与这类地物的空间结构特征有着稳定的函数关系。

(3)这样定义的 BRDF,虽然从理论上能较好地表征目标的非朗伯体特性,但在实际测量上困难较大,精确测量 $dE_r(\theta_i,\varphi_i,\lambda)$ 很困难。

BRDF 法比漫反射法更能准确地反映材料与目标的散射特性,因此得到越来越多的应用。然而,目前还没有一个得到公认的、全面而准确地 BRDF 模型表达式。应用于卫星表面材料比较典型的 BRDF 模型主要有 Maxwell Beard 模型、Davies 模型、Torrance Sparrow 模型、五参数半经验统计模型、Sun 模型、四参数单站模型和 Phong 模型等。这些模型主要用于研究太阳光照射条件下的目标散射情况以及激光单站、双站探测的情况,但表达式复杂,精确的材质模型参数获取比较困难;四参数单站模型适合于激光单站探测的情况,针对性较强,不适合描述目标的可见光散射特性;Phong 模型具有形象、直观、公式简单等优点,被广泛使用。

Phong 模型表达式为

$$f_r = \frac{k_d}{\pi} + k_s \cos^n\theta \tag{3-12}$$

式中,第一项为漫反射分量;第二项为镜向反射分量;k_d 为漫反射系数;k_s 为镜向反射系数;θ 为入射方向和面元法向之间的夹角;n 为镜向指数。

作为光照模型,Phong 模型被计算机图形学广泛使用。

3.1.2　空间目标 OCS 与星等

3.1.2.1　OCS

通常采用光学横截面积(optical cross section,OCS)来表征太阳光照条件下空间目标的光学散射特性。

空间目标可见光散射计算需要计算每个可见面元的散射强度,可以由可见光入射时目标材料的平均 BRDF 计算得到。假设太阳、目标卫星与探测器之间的光照几何关系如图 3-3 所示,目标表面由大量的微小面元组成。面元 dA 对可见光波段太阳辐射的平均 BRDF 为 f_r,dA 的单位法向矢量为 **n**,由面元 dA 至太阳的单位矢量为 **L**,由 dA 至探测器的单位矢量为 **S**,**n** 与

L 之间的夹角为 θ_i,n 与 S 之间的夹角为 θ_r。

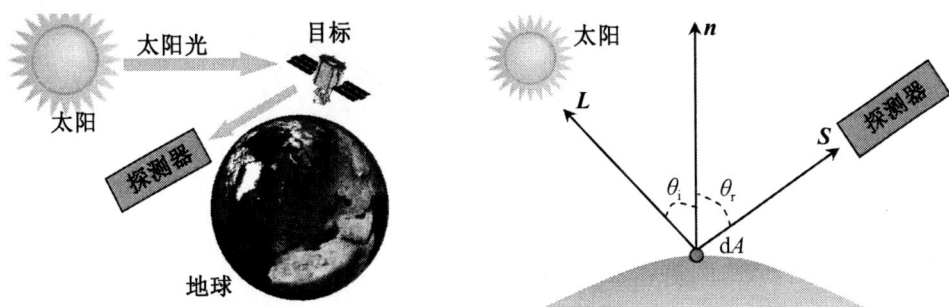

图 3-3　太阳、目标卫星与探测器之间的光照几何关系

目标卫星面元 dA 接收到的太阳光辐射照度 $dE_i = E_{sun}\cos\theta_i$。设 dA 在矢量 S 方向上的辐射亮度为 dL_r,辐射强度为 I_r。

根据 BRDF 的定义式可知 $dL_r = f_r(\theta_i,\theta_r)$,故有

$$I_r = dL_r dA\cos\theta_r = E_{sun}f_r(\theta_i,\theta_r)\cos\theta_i\cos\theta_r dA \qquad (3-13)$$

设 S_0 为探测器入瞳的面积,目标的距离为 R_1,不考虑大气影响,整个目标对探测器入瞳的光通量为

$$\Phi_d = \int_{S_0} I_r d\Omega = \int_{S_0}\int_A E_{sun}f_r(\theta_i,\theta_r)\cos\theta_i\cos\theta_r dA\frac{ds}{\pi R_1^2} \qquad (3-14)$$

式中,$d\Omega$ 为位于 S 方向上的入瞳面元 ds 所成的立体角。

通常情况下距离 R_1 远大于入瞳半径,因此探测器接收到的目标总辐照度为

$$E_d = \frac{\Phi_d}{S_0} = \frac{E_{sun}}{\pi R_1^2}\Big[\int_A f_r(\theta_i,\theta_r)\cos\theta_i\cos\theta_r dA\Big] \qquad (3-15)$$

由于式(3-15)中括号内的表达式仅与目标表面材料种类、外形结构和尺寸以及太阳光入射方向和观测接收方向有关,而与可见光探测系统的具体参数以及距离无关,因此将其作为空间目标可见光学散射截面 OCS 的定义式:

$$OCS = \int_A f_r(\theta_i,\theta_r)\cos\theta_i\cos\theta_r dA \qquad (3-16)$$

从 OCS 的定义式可以看出,OCS 与 BRDF 和目标尺寸、表面结构有关。一方面,可见光波段的双站 BRDF(探测接收不在同一方向上,即 f_r 与入射角 θ_i 和出射角 θ_r 有关)是比较复杂的函数,且三维目标形状复杂,OCS 也通常不具有解析的表达式。对于标准的朗伯体,因为 $f_r = \rho'_{2\pi}$ 为常量,其中 $\rho'_{2\pi}$ 为可见光波段的半球反射率,故有

$$OCS = \frac{\rho'_{2\pi}}{\pi}\int_A \cos\theta_i\cos\theta_r dA \qquad (3-17)$$

在计算复杂目标 OCS 时,需要用到物体表面各点位置、外法线方向、面元面积、面元表示的材质种类等数据。为了能在计算中方便地得到上述数据,必须在建立目标几何模型的基础上对其进行消隐。在对目标进行消隐的过程中,必须考虑目标各个部分是否能被入射波照射、从观察方向是否能观测到(双站),对复杂目标还必须考虑不同部件之间的遮蔽关系,即遮挡消隐。

OCS 能够全面反映多种因素对目标可见光散射特性的影响,通过对长期观测数据的分析,

可以根据某空间目标在探测器入瞳处的辐射照度随时间的变化规律,也即是目标亮度变化的规律,计算或估算出其 OCS 随时间的变化规律,进而确定目标的形状、在轨状态等某些特性,为目标的关联、分类识别甚至个体识别提供支持。OCS 是衡量目标可见光散射特性的重要参数,也是光学测量设备总体论证过程中作用距离计算及其他相关论证的重要参数之一。

3.1.2.2　星等

在天体光度学里,天体的亮度以星等表示。星等是喜帕恰斯在编制星表时采用的。视星等是以人眼视见函数为基准,是人们用肉眼观察到的星体的亮度,相当于光学中的光度量。喜帕恰斯将肉眼能见的星星,分为六个亮度等级,天空上最亮的 15 个星叫作一等星,肉眼刚刚能看见的星叫作六等星。由于星体距离地球远近不同,相同视星等的星体发出的光不一定是一样的,把从距离星体十个秒差距的地点观测到的视星等叫作星体的绝对星等。每个空间目标的星等一般都是通过光电设备测量所得,称为仪器星等。仪器星等值是空间目标反射太阳光的辐射经探测设备测量到的星等值。由于空间目标的运动特点,在不同时刻、不同地点、不同太阳相角的情况下,目标的光度特征也不尽相同。另外,目标本身的材料不同,形状大小不同也导致了目标仪器星等的不同。正是有了这些变化因素,才可以从不同的光变曲线中区分目标的各自特征。根据不同的测光系统,相应地也有不同滤光片波段的星等值。如 UBVRI 五色测光系统都有相应的 U 波段星等、B 波段星等、V 波段星等、R 波段星等、I 波段星等。

亮度 E 是单位时间内天体(空间目标)发出(反射)的所有波长的辐射总能量。星等 m 和亮度 E 之间有着如下的线性关系:

$$m = a + b\lg E \tag{3-18}$$

式中,b 是负常数。

式(3-18)规定星等差和亮度的关系为 $m - m_0 = a + b\lg\dfrac{E}{E_0}$,即

$$\frac{E}{E_0} = 10^{-(m_0-m)/b} = \left(10^{-\frac{1}{b}}\right)^{m_0-m} = \rho^{m_0-m} \tag{3-19}$$

这里 ρ 是一个正的常数。式(3-19)表示,星等每增加一个单位,恒星的亮度就要降低 ρ 倍。1850 年,普森(N. R. F. Pogson)把古代和中世纪估计的星等同用光度计测出的亮度进行了比较,结果发现星等相差 5 等时,亮度的比率约为 100,于是普森建议 $100 = \rho^5$,即 $\rho = 2.512$,由此得 $\dfrac{E}{E_0} = 2.512^{m_0-m}$,即 $\lg E - \lg E_0 = -0.4(m_0-m)$,则

$$m_0 - m = 2.5(\lg E - \lg E_0) \tag{3-20}$$

在天体光度学里常取零等星的照度为单位照度,即当 $m_0 = 0$ 时,取 $E_0 = 1$,这样上式可简化为

$$m = -2.5\lg E \tag{3-21}$$

式(3-21)称为普森公式。它确定了星等和亮度的关系,即规定了一个星等标度。

取太阳为参考星,太阳的星等 m_s 为 -26.74,其辐照度值为 E_{sun},则空间目标的星等为

$$m = -26.74 - 2.5\lg\left(\frac{E}{E_{sun}}\right) = -26.74 - 2.5\lg\left(\frac{OCS}{\pi R^2}\right) \tag{3-22}$$

从式(3-22)可以看出,目标的星等值与目标 OCS 和距离有关。通过分析目标 OCS 的影响因素和变化规律,即可得到其亮度或星等的变化规律。

图 3-4 所示为 Rubin 2 卫星模型及其光度信号图。分析图上数据,可以得出结论:该卫星

目前处于不稳定的翻滚状态。光度测量数据除了可以区分目标以及工作状态之外,如果进一步进行挖掘,还可以获得目标更加细微的特征,如表面反射率、材质、形状等,从而提高对目标个体的识别能力。

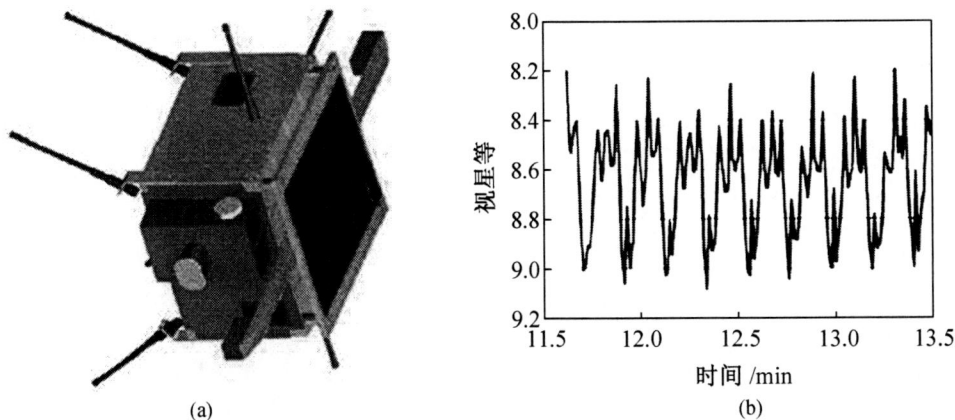

图 3-4　Rubin 2 卫星模型及其光度信号图

3.2　可见光成像探测基本原理

3.2.1　可见光成像探测系统组成

可见光成像探测系统主要由光学系统、可见光成像探测器、轴角测量系统、跟踪控制系统、数字图像获取与处理系统、计算机控制终端等组成,如图 3-5 所示。

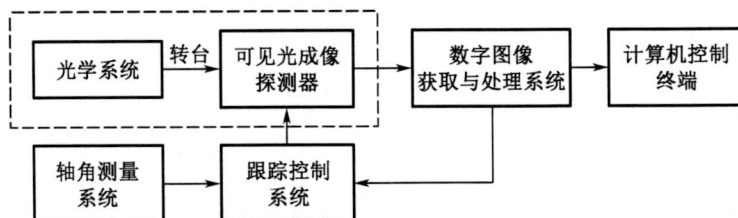

图 3-5　可见光成像探测系统组成示意图

空间目标经过光学系统后,在可见光成像探测器面上将目标的光信号转换为电信号,由数字图像获取与处理系统将目标从图像中检测出来,获取的目标图像和提取出的目标脱靶量信息传送给跟踪控制系统。跟踪控制系统对接收的脱靶量进行位置回路和速度回路的调节运算后产生控制信号,控制跟踪架指向空间目标,实现空间目标的可见光成像跟踪探测。计算机控制终端接收目标的轨道数据和数字图像获取与处理的图像及脱靶量数据,完成观测目标位置解算,并对目标影像进行模式识别。

在对空间目标进行可见光探测的过程中,需要待测量的目标具备可见性。光学可见性预测就是计算可见光成像探测系统在什么时间内、在什么位置能够观测到空间目标。要保证观测条件,首先必须保证空间目标与测站的相对高度符合观测条件;其次,空间目标本身是不发光的,必须反射太阳光,所以该空间目标必须被太阳直接照射;最后,还需要在天空背景足够暗的情况下,空间目标才能被可见光探测设备所捕获。因此为准确预测空间目标的可见区间须全面考虑高度、天光、地影等约束条件的限制。

也就是说,目标可见必须满足以下三个条件:

(1)高度条件,即目标必须在测站上空,其仰角要大于给定的最小仰角。

(2)天光条件,即目标飞临测站时,测站必须天光充分黑,用数学语言表示,即为太阳的天顶距必须大于某个值。

(3)地影条件,即目标必须被太阳照亮,目标不能在地影之中。

对于空间碎片来说,观测时只有可见条件是不够的,由于碎片的预报精度差、运动速度快,需要在观测时进行实时、稳定跟踪和指向修正,这就要求从监视 CCD 上采集的图像信息,能够进行图像识别后处理应用。因此,预报的空间碎片需满足一定亮度,即视星等。

3.2.2　工作过程

对人造卫星探测任务来说,空间目标可见光成像探测系统输入的是目标的两行轨道根数 TLE 数据,输出的是观测目标的可见光学影像。系统工作过程如图 3-6 所示,主要包括指向定位、空间目标检测、空间目标跟踪和成像三个工作过程。

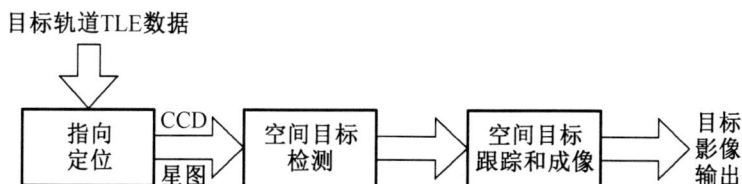

图 3-6　系统工作过程

(1)指向定位

人造卫星等非自然天体,其空间位置是相对变化的,权威网站(Heaven-Above 等)通常会给定人造卫星的轨道 TLE 数据。由于人造卫星等非自然天体空间目标的监测具有一定的时效性,所以在对目标进行监测时,需要事先输入该目标的轨道 TLE 数据,结合观测者的地理位置解算出地平坐标系下的高度角和方位角,设备能够在指定时间精确地指向指定的天区位置,等待空间目标出现。为了达到这一要求,通常需要在使用探测设备之前,对其指向进行精确定位。

(2)空间目标检测

这个过程是探测的核心步骤。当空间目标出现在视场内时,检测算法能快速、准确地检测和识别出空间目标并对其进行精确定位。运动目标检测是后续进行目标跟踪、轨道参数校正等的前提。一般采用大视场相机来检测运动的空间目标,空间目标的检测算法需要满足如下几点:一是在保证目标检测率的前提下,尽可能降低漏检和误检率;二是能够去除星体和噪声的干扰;三是空间目标可观测时间短,需要算法具备较好的实时性。

(3)空间目标跟踪和成像过程需要对目标进行持续的观测,按目标运动的规律调整望远镜指向,准确地跟踪目标,连续获取目标成像影像,为后续进行目标识别等提供数据支持。为了获得清晰度的目标图像,一般采用小视场进行空间目标跟踪。小视场目标跟踪的难点体现在:一是目标在运动过程中会出现旋转导致尺度和形状变化等情况;二是目标图像的灰度会发生变化,通常表现为忽明忽暗,且跨度特别大;三是由于探测系统要随着目标的运动调整自身的指向,因此对跟踪算法的实时性要求很高。

典型的可见光成像探测器有 CCD、EMCCD、CMOS 图像传感器、sCMOS 图像传感器、增强电荷耦合器件(ICCD)图像传感器等,空间目标光电探测望远镜在光学系统选定的前提下,要尽可能地选择高量子效率、低读出噪声和较高帧频的成像探测器。

全帧转移结构的 CCD 速度一般比较慢,不适合高速探测,易造成图像拖影;帧传输 CCD 具有更快的速度,在曝光时间很短时,易造成图像的信噪比下降。行间转移 CCD 的读出速度最快,缺点是满阱容量比较低。EMCCD 克服了传统 CCD 的固有缺陷,能够在保持较高灵敏度的前提下实现高速的图像采集。CMOS 图像传感器是将后续处理电路集成在一块硅片板上,传统 CMOS 图像传感器无论是灵敏度、分辨率,还是噪声及响应均匀性等性能都比 CCD 要逊色。sCMOS 图像传感器是新一代科学级成像芯片,减少了暗电流、噪声,同时又具备高速、低消耗等优点,适合低对比度条件下的跟踪测量。ICCD 图像传感器采用的是增强型的电荷耦合器件,可以实现超快速探测和单光子探测,缺点是噪声大、空间分辨率有些损失、强背景下不能使用。EMCCD 的读出噪声低,在极其微弱光探测领域具有优势。与普通 CCD 相比,sCMOS 图像传感器成像的背景噪声较小,图像清晰,信噪比高于 CCD。但与开启增益的 EMCCD 相比,sCMOS 图像传感器成像的背景噪点明显偏多,信噪比偏低。在微弱光照的环境下,EMCCD 和 ICCD 图像传感器具有更高的探测灵敏度,可以开启光子计数模式,普通 CCD 在信号较强时才能探测。在光照度更小时背照式 EMCCD 具有更好的信噪比。在可见光波段,CCD 保持了较高的量子效率,背照式的峰值量子效率在 90% 以上。sCMOS 图像传感器器件的量子效率可达 60%,第三代 ICCD 图像传感器的量子效率可达 50% 左右。

对于跟踪低轨目标的探测望远镜,由于低轨目标视运动较快,成像探测器选择不但要考虑成像探测器的量子效率,而且要考虑成像探测器的读出速度,一般每秒 3~4 帧就可以实现目标的自动跟踪。对于跟踪高轨目标的探测望远镜,由于高轨目标的视运动很慢,对成像探测器的帧频要求不高,考虑到大椭圆轨道的高轨目标预报精度,观测视场最好在 0.5°×0.5° 以上。对于搜索目标的探测望远镜,成像探测器选择主要考虑高量子效率提高系统探测能力,大尺寸靶面保证大的观测视场,从而有利于发现目标。

在选择成像探测器时,一方面要注意成像探测器机械外端面到靶面的距离在光学系统机械后截距之内,并且要留有一定的余量供调焦使用;另一方面要注意成像探测器机械外端面到靶面的通光口径是否大于光学系统的中光路的高度,否则造成光学渐晕,影响星象质量。

探测器性能评估检测的内容主要包括:

(1)量子效率:表征探测器光电转换效率和光谱响应的重要参数,定义为探测器读出的光电子数与入射探测器表面的光子数之比。

(2)增益:探测器读出的一个数字单位(ADU)所对应的光电子数,是将测量数据转换为电子数的重要参数。

(3)读出噪声:在所有读出图像中所附加的探测器本身造成的噪声。

(4)转移效率:电荷包在探测器中每转移一个像元位置后被成功转移的电荷数占原电荷包电子数的比例,是探测器图像读出过程中对原图像信息保真能力的评估参数。

（5）线性:入射到探测器表面的信号强度与探测器读出的信号强度之间的线性关系。

（6）满阱电荷:探测器单位像元内所能容纳的最大电子数。

（7）均匀性:探测器各像元响应的差异,是考虑平场处理必要性的重要指标。

3.3　空间目标定位

对遥远空间目标进行探测,需要知道目标的准确位置,知道未来目标在何时出现在何处。空间目标定位是指从拍摄的含有观测目标的星图中,精确提取出观测目标,并通过计算得到待测目标的位置(赤经、赤纬或方位角、俯仰角)。

3.3.1　天文定位

天文定位技术是以标准导航星库中位置已知的恒星坐标为基准,通过探测设备获得图像中空间目标与已知恒星的相对位置,从而解算出空间目标实际位置的技术。

现代天文定位方法最早由 John 和 Jean 提出,经由 Chris 和 Dustin 等的发展形成。天文定位就是根据目标图像上空间目标和定标恒星的相对位置,给出空间目标位置信息的一种定位方式,通过建立定标恒星的理想坐标(ζ,η)和量度坐标(x,y)之间映射关系来实现的。天文定位工作流程如图 3-7 所示,主要环节包括目标图像获取、星点质心提取、星图识别和坐标转换等。

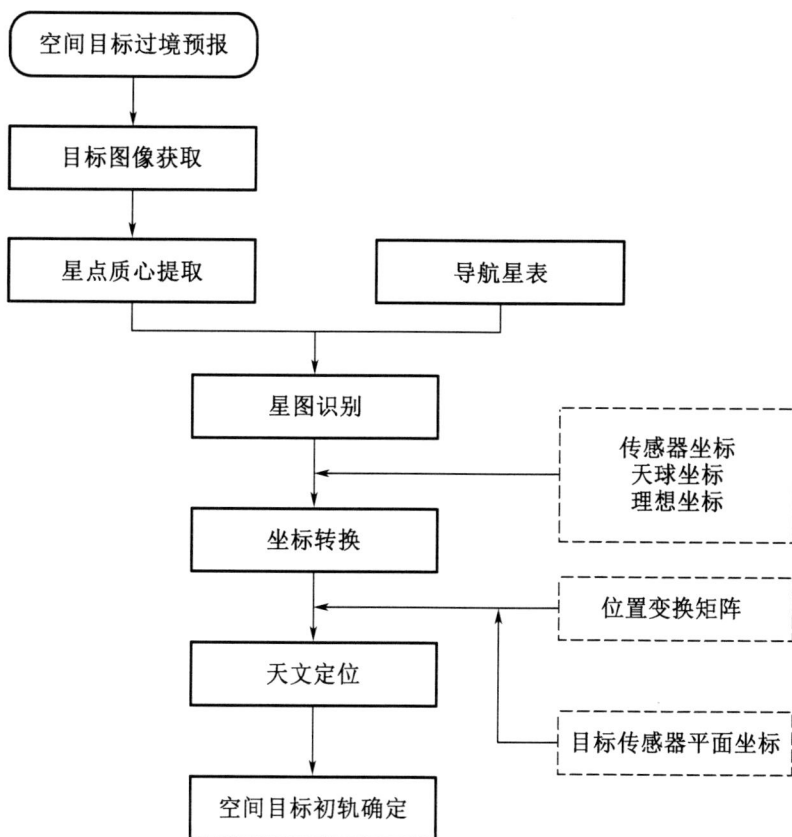

图 3-7　天文定工作位流程图

3.3.1.1 星图预处理

星图预处理是空间目标检测的首要工作。星图底层处理的显著特点是数据量大,以 1 024×1 024 分辨率、8 位灰度图像为例,每帧图像的数据量为 1 M 字节。为了实现星图预处理的实时性,底层处理算法必须不能过于复杂。星图图像的预处理主要包括去噪处理和星体目标的粗识别。

星图去噪的目的主要是为了消除图像噪声的影响。CCD 传感器的噪声由随机噪声和固定模式噪声组成。随机噪声主要包含散粒噪声和热噪声等,固定噪声主要由感光元件生产过程中的污染等因素造成。这些噪声会对接下来的星点质心提取产生难以预测的不良影响,因此在使用系统拍摄的图像之前必须进行预处理。结合系统实际,CCD 成像过程可简化为如下形式:

$$I(t_0,x,y) = \int \big[S_{\text{source}}(t_0,x,y) + S_{\text{sky}}(t_0,x,y) \big] \cdot$$
$$S_{\text{flat}}(t_0,x,y)\mathrm{d}t + S_{\text{bias}}(t_0,x,y) + S_{\text{dark}}(t_0,x,y) \qquad (3-23)$$

式中,I 表示观测后探测器的二维输出;t_0 为观测时刻;S_{source} 和 S_{sky} 分别代表单位时间内采集到 CCD 窗口的天体和天光背景辐射的强度;S_{flat} 反映了 CCD 芯片本身的量子响应函数分布,S_{bias} 和 S_{dark} 分别为本底场和暗场的影响。

总的来说,预处理过程可表示为

$$I' = \frac{I - S_{\text{dark}} - S_{\text{bias}}}{S_{\text{flat}} - S_{\text{dark}} - S_{\text{bias}}} \overline{(S_{\text{flat}} - S_{\text{dark}} - S_{\text{bias}})} \qquad (3-24)$$

式中,I' 为预处理后的图像。

常用的去噪算法包括中值滤波、均值滤波、维纳滤波、高斯滤波、小波变换等。

星图去噪后需对星图中的星点目标进行粗识别,即图像分割。

由于星点的图像特征与背景图像存在十分显著的区别,因此可采取基于灰度阈值的分割算法对星点与背景进行分离,阈值的大小由式(3-25)计算:

$$V_{\text{th}} = E + \alpha\sigma \qquad (3-25)$$

E 为图形的灰度期望值:

$$E = \frac{\sum\limits_{x=1}^{m}\sum\limits_{y=1}^{n} I_{xy}}{mn} \qquad (3-26)$$

σ 为灰度值标准差:

$$\sigma = \sqrt{\frac{\sum\limits_{x=1}^{m}\sum\limits_{y=1}^{n}(I_{xy}-E)^2}{mn-1}} \qquad (3-27)$$

在式(3-25)中,α 为与信噪比有关的系数,可根据图像的实际情况调整,阈值随着 α 的增大而增高,对噪声的滤除能力也随之增强,但同时会降低对暗弱目标的检测能力。

3.3.1.2 星点提取

图像预处理完成之后,就可以对星点的图像坐标进行计算。通过处理实际观测的目标图像,提取空间目标星像质心,得到空间目标在图像上的精确位置,以计算空间目标观测时刻的赤道坐标,供定初轨或轨道改正使用。

空间目标的直径一般为几个像元大小,且灰度分布近似符合高斯分布,对于空间目标的亚像素定位宜采用基于灰度的方法。基于灰度的亚像素定位方法主要有二维修正矩方法、Gauss 函数拟合法和中值方法三种。相关研究结果表明,上述三种方法计算星像质心精度从高向低排列顺序为:Gauss 函数拟合法、二维修正矩方法、中值方法。此外,二维修正矩算法复杂度较低,实时性最佳;而 Gauss 函数拟合法算法复杂,计算量最大。由于空间目标光电探测设备 CCD 视场较大,数据处理实时性要求较高,空间目标和定标恒星的星像质心计算推荐采用二维修正矩方法。

二维修正矩法的基本公式如下:

$$\begin{cases} x_0 = \dfrac{\sum\limits_{x=1}^{m} \sum\limits_{y=1}^{n} x \left[I(x,y) - V_{th} \right]}{\sum\limits_{x=1}^{m} \sum\limits_{y=1}^{n} \left[I(x,y) - V_{th} \right]} \\[4ex] y_0 = \dfrac{\sum\limits_{x=1}^{m} \sum\limits_{y=1}^{n} y \left[I(x,y) - V_{th} \right]}{\sum\limits_{x=1}^{m} \sum\limits_{y=1}^{n} \left[I(x,y) - V_{th} \right]} \end{cases} \tag{3-28}$$

式中,m、n 分别为图像在 x、y 方向上的像素数;V_{th} 表示图像的全局阈值,由式(3-25)计算。

通过式(3-28)可得到每颗恒星对应的图像坐标值。

3.3.1.3　星图识别

星图识别以太空中的恒星作为导航星,利用星体的特征(如星等、角距等)作为匹配组并存储为导航星表,用图像中的观测目标与导航星表中的导航星进行特征比对,从而确定观测目标在星空中的位置。

星图识别的目的是要找到导航星与高精度星表的对应关系,以实现获取导航星的赤道坐标 (α_i, δ_i),从而为后续建立图像坐标系与惯性坐标系之间的变换关系提供数据基础。星图识别过程主要包括星表的选取、星图识别数据库的建立、星像质心计算、星图匹配算法等。

星表就是记载恒星各种参数,如位置、运动、星等、光谱型等的表册。星表的选取主要是为星图匹配提供模板。恒星星表精度远高于观测设备的测量精度,星表信息的精度直接决定了天文定位的精度,选择的星表中应包含足够的定标恒星,且全天分布均匀。选择一个合适的高精度星表是天文定位的基础工作。常用的星表包括 SAO 星表、FK 星表、依巴谷星表(Hipparcos Catalog)、第谷星表(Tycho Catalog)、SKY2000 星表等。

地基式光电探测系统推荐采用 Tycho-2 星表。与其他星表相比,Tycho-2 星表的优势在于:Tycho-2 星表包含的恒星数量为 2 539 913 颗,总星数远多于其他星表;极限星等达到了 15.1 mag,在实用性上具有优势;Tycho-2 星表天空平均恒星分布密度达到了 25 颗/平方度,可最大限度保证星图捕获的概率;Tycho-2 星表增加了对可能双星或聚星的测量,能辨识的双星或聚星系统达到了 23 000 余颗;Tycho-2 星表中包含了详细的恒星自行信息,对自行较大的恒星能够较易识别;Tycho-2 星表在星表预处理过程中更加方便。

由于观测技术的发展,星表库中恒星数量非常庞大,例如 Tycho-2 星表中亮于 11 等的恒星个数达到 90 万。若选取 Tycho-2 星库中的所有恒星作为星图计算时的候选星进行检索,必将花费计算机大量的时间。这既不利于星图识别的快速实现,更不利于星图计算的快速实现,而且在实践中也没有必要。在实际应用中,总是选取光电探测系统的探测极限星等作为一个条件来选取恒星,做成一个子星表。此外,为了进一步减少定标恒星检索的时间,提高天文定位的实时性,以及进一步降低定标恒星测量坐标的误差,常常剔除那些角距小于某一给定值的恒星。

一般结合系统实际,利用伺服系统在采集图像时反馈的指向信息(方位俯仰)(A,h),对其进行坐标变换,得到系统在 J2000.0 坐标系下的指向信息(赤经、赤纬)(α,δ)。之后,假设系统的最大对角视场为 x,易得视场内待匹配的导航星的赤经范围在 $(\alpha-x,\alpha+x)$ 内,赤纬范围在 $(\delta-x,\delta+x)$ 内。按这样的角度范围对星表进行筛选得到导航星库后,既可以保证视场内的导航星必定存在于导航星库内,又很大限度地减小了导航星库的数据量,提高了星图匹配的效率。

在建立了导航星库后,需要使用相应的星图匹配算法找到视场内导航星与星库的一一对应关系。

常用的星图匹配算法有三角形匹配算法、多边形角距匹配算法和栅格算法等。三角形算法因其结构简单、单一计算量小,是目前使用最广泛、工程领域应用最广的算法。

三角形匹配算法利用了恒星间角距不变且唯一的特性,其基本原理是在实测图像中选择几颗星组成一些等待识别的观测三角形后,在导航星库中对同一视场下三颗恒星组成的三角形的角距进行匹配。

如图 3-8 所示,对于导航星库中的三颗恒星 i、j、k,假设它们的赤经赤纬分别为 (α_i,δ_i)、(α_j,δ_j)、(α_k,δ_k),以 i、j 两颗恒星为例,星角距定义为

$$d(i,j) = \arccos\left(\frac{S_i S_j}{|S_i||S_j|}\right) \tag{3-29}$$

式中

$$S_i = \begin{bmatrix} \cos\alpha_i\cos\delta_i \\ \cos\alpha_i\sin\delta_i \\ \sin\delta_i \end{bmatrix}$$

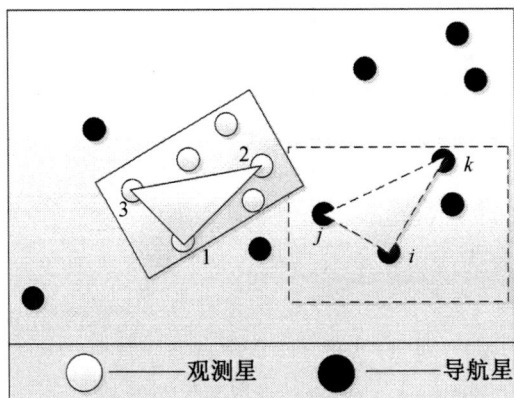

图 3-8　三角形匹配法示意

对于实测图像中的三颗恒星,假设其图像坐标分别为(x_1,y_1)、(x_2,y_2)、(x_3,y_3),以 1、2 两颗恒星为例,星角距定义为

$$d(1,2) = \arccos\left(\frac{S_1 S_2}{|S_1||S_2|}\right) \tag{3-30}$$

式中

$$S_1 = \frac{1}{\sqrt{x_1^2+y_1^2+f^2}}\begin{bmatrix} x_1 \\ y_1 \\ -f \end{bmatrix}$$

f 为光学系统的焦距。

若实测图像中的三颗恒星能够与导航星库中的三颗恒星成功匹配,则必须满足

$$\begin{cases} |d(i,j)-d(1,3)| \leq \varepsilon \\ |d(j,k)-d(3,2)| \leq \varepsilon \\ |d(i,k)-d(1,2)| \leq \varepsilon \end{cases} \tag{3-31}$$

式中,ε 为角距测量的不确定度,可根据实际情况进行调整。

上述方法为传统的三角形匹配算法,虽然和各种改进的星图识别法相比,它有误匹配率高、导航星库数据量大等缺点,但结合系统实际,在有粗略的指向信息以及视场大小已知的情况下,已经可以大大简化导航星库,这将极大地改善识别率与识别效率。

经过星图预处理后,得到了图像坐标系中空间目标的坐标(x',y')和导航星的坐标(x_i,y_i),以及导航星在 J2000.0 赤道坐标系下的赤道坐标(α_i,δ_i)。有了这些信息,就可以求解图像坐标系到 J2000.0 赤道坐标系的坐标转换模型 $F(x,y)$。

3.3.1.4　坐标转换

由于光学传感器存在装配误差、两轴不垂直等误差影响,需要引入理想坐标系作为图像坐标系和 J2000.0 赤道坐标系之间的过渡坐标系。理想坐标系所在的平面是一个在焦平面上并且与探测系统心射平面在天球上投影相对应的平面。首先求取理想坐标系与赤道坐标系之间的变换关系。图 3-9 为心射图表及心射切面标准坐标系。

在理想情况下,探测系统的光学系统等价于一个针孔照相机,此时焦平面上的图像与天球在心射切面上投影的图像相对应。空间目标在这一心射切面上的坐标称为理想坐标(ξ,η)。在图 3-9 中,AO 为探测系统的光轴,ASR 是探测系统的焦平面,光轴指向的赤道坐标为(α_0,δ_0),在 A' 点的天体发射的光线汇聚在 A 点,设 A' 点附近有一天体 B',其与 A' 点的角距为 $\varphi=A'B'$,B' 发射的光线汇聚在 B 点。可以得到 $L=AB$ 与 φ 之间的关系:

$$L=f\tan\varphi \tag{3-32}$$

式中,f 为光学系统的焦距。

以 A' 点为切点做一个与天球相切的心射切面,B' 在心射切面上的投影为 B'',则有

$$\tan\varphi = \frac{A'B''}{A'O} = \frac{AB}{AO} \tag{3-33}$$

在心射切面上建立一个标准坐标系 $A'\xi'\eta'$,其中 A' 为原点,η' 轴指向赤纬增大方向,ξ' 轴指向赤经增大方向。设 $A'B$ 的投影为 $A'B''$,$A'B''$ 与 η' 轴之间的夹角为 θ,则 B' 在心射切面上的理想坐标(ξ',η')为

$$\begin{cases} \xi' = A'B'' \sin\theta \\ \eta' = A'B'' \cos\theta \end{cases} \tag{3-34}$$

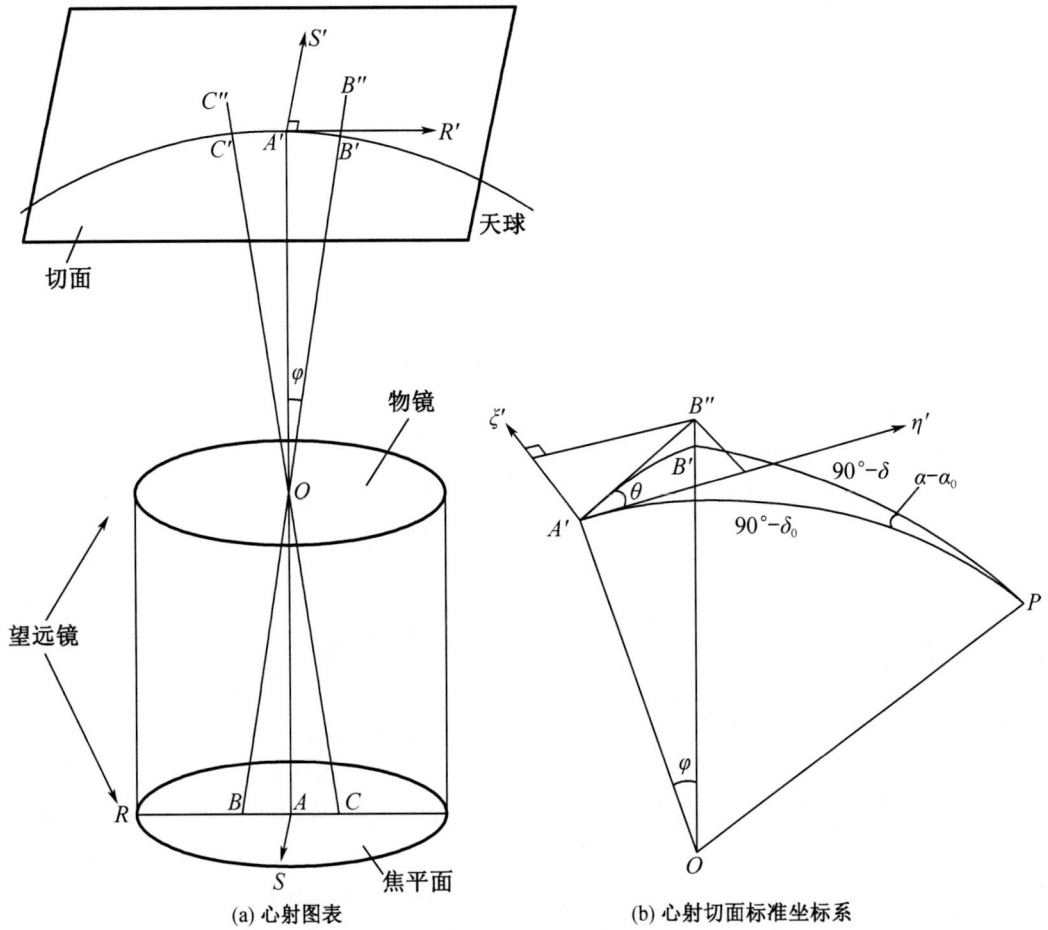

图 3-9　心射图表及心射切面标准坐标系

根据式(3-33),取 $A'O$ 为 1,有

$$\begin{cases} \xi' = \tan\varphi \sin\theta \\ \eta' = \tan\varphi \cos\theta \end{cases} \tag{3-35}$$

相应地,取 $AO = f$,在焦平面上对应的坐标为

$$\begin{cases} \xi = f \tan\varphi \sin\theta \\ \eta = f \tan\varphi \cos\theta \end{cases} \tag{3-36}$$

在内球面三角形 $PA'B'$ 中,P 为天极 A' 和 B' 的赤道坐标分别为 (α_0, δ_0) 和 (α, δ),由球面三角形的余弦及正弦公式,可得

$$\begin{cases} \sin\varphi \cos\theta = \sin\delta \cos\delta_0 - \cos\delta \sin\delta_0 \cos(\alpha - \alpha_0) \\ \sin\varphi \sin\theta = \cos\delta \sin(\alpha - \alpha_0) \\ \cos\varphi \cos\theta = \sin\delta \sin\delta_0 + \cos\delta \cos\delta_0 \cos(\alpha - \alpha_0) \end{cases} \tag{3-37}$$

取焦距 f 为单位长度,得到赤道坐标 (α,δ) 与理想坐标 (ξ,η) 之间的转换公式为

$$\begin{cases} \xi=\dfrac{\cos\delta\sin(\alpha-\alpha_0)}{\sin\delta\sin\delta_0+\cos\delta\cos\delta_0\cos(\alpha-\alpha_0)} \\ \eta=\dfrac{\sin\delta\cos\delta_0-\cos\delta\sin\delta_0\cos(\alpha-\alpha_0)}{\sin\delta\sin\delta_0+\cos\delta\cos\delta_0\cos(\alpha-\alpha_0)} \end{cases} \tag{3-38}$$

$$\begin{cases} \tan\delta=\dfrac{(\eta\cos\delta_0+\sin\delta_0)\cos(\alpha-\alpha_0)}{\cos\delta_0-\eta\sin\delta_0} \\ \tan(\alpha-\alpha_0)=\dfrac{\xi}{\cos\delta_0-\eta\sin\delta_0} \end{cases} \tag{3-39}$$

式中,(α_0,δ_0) 为望远镜光轴指向的赤道坐标,在实际运算中可由伺服系统的指向信息获得。

得到理想坐标系与 J2000.0 赤道坐标系的变换关系后,下一步将求取图像坐标系 (x,y) 与理想坐标系 (ξ,η) 间的变换关系。

图像坐标系和理想坐标系两者之间的差异主要有原点位置不同、坐标轴指向不同、两坐标系比例尺不同等。图像坐标和理想坐标之间的变换关系可以通过底片模型表达,底片模型中的系数项称为底片常数。

实际应用中常采用以下几种底片模型。

(1)4 常数模型

$$\begin{cases} \xi=\alpha x+by+c \\ \eta=-bx+ay+f \end{cases} \tag{3-40}$$

当满足 CCD 图像坐标的 x 和 y 轴绝对垂直且两个方向上的比例尺完全相等的条件时,采用 4 常数模型就能够满足精度要求,4 常数模型的拟合最少需要 2 颗导航星。

(2)6 常数模型

$$\begin{cases} \xi=\alpha x+by+c \\ \eta=dx+ey+f \end{cases} \tag{3-41}$$

6 常数模型考虑了 CCD 图像坐标系中 x 和 y 轴互不垂直以及两个方向上的比例尺不同的因素,在实践中常用于视场很小的光学系统。6 常数模型的拟合最少需要 3 颗导航星。

4 常数模型和 6 常数模型均属于线性模型,忽略了某些因素对图像坐标的二次项和高次项的影响。由于地基光学系统随地球做周日和周年旋转运动,且导航星的观测受到大气蒙气差和光行差的影响,加之光学系统本身的像差、CCD 装配误差以及其他误差的影响,以致图像坐标和理想坐标之间不能用线性关系准确地对应起来,需要采用更复杂的非线性底片模型来表示。

(3)12 常数模型

$$\begin{cases} \xi=ax+by+c+lx^2+mxy+ny^2 \\ \eta=dx+ey+f+px^2+qxy+ry^2 \end{cases} \tag{3-42}$$

12 常数模型考虑了大气折射较差、光行差较差及光心偏差等非线性误差的二次项影响,通过不少于 6 颗导航星的观测可以求解出底片常数。

(4)20 常数模型

$$\begin{cases} \xi=a_{00}+a_{10}x+a_{01}y+a_{20}x^2+a_{11}xy+a_{02}y^2+a_{30}x^3+a_{21}x^2y+a_{12}xy^2+a_{03}y^3 \\ \eta=b_{00}+b_{10}x+b_{01}y+b_{20}x^2+b_{11}xy+b_{02}y^2+b_{30}x^3+b_{21}x^2y+b_{12}xy^2+b_{03}y^3 \end{cases} \tag{3-43}$$

相比 12 常数模型,20 常数模型考虑了更高次项非线性误差的影响,但需要至少 10 颗导航星进行拟合。

更高阶的通用底片模型可以表示为

$$\begin{cases} \xi = \sum_{ij} a_{ij} x^i y^j \\ \eta = \sum_{ij} b_{ij} x^i y^j \end{cases} \tag{3-44}$$

由于导航星的理想坐标可以通过它们的赤道坐标计算得到,因此可以通过数量足够的导航星结合最小二乘法拟合出底片常数,从而得到光学系统的底片模型,这一过程被称为底片模型拟合。在相同的观测条件下,已经证明图像坐标的测量误差对定位精度的影响远小于底片模型的误差。因此,只有拟合出最优的底片模型才能充分发挥天文定位的精度。

天文定位的特点是:

(1)天文定位输出空间目标测量位置信息是在天球坐标系中的赤经和赤纬,对于每一个测站的不同观测时间,均属于一个非常稳定的坐标系。

(2)天文定位的精度不受跟踪架轴系误差和大气折射改正误差的影响,因而天文定位方式对跟踪架轴系加工精度要求较低,有利于降低光电探测系统的研制成本。

(3)要求光电探测系统具有较大的视场,视场的大小与光电探测系统的探测能力有关,必须保证视场内有 3 颗以上的定标恒星。

(4)天文定位的空间目标星像和定标恒星星像之中,总有一类是被拖长的,对于拖长星像的目标,由于曝光时间较短,探测能力将不及轴系定位方式。

(5)由于天文定位方式有星像拖长的问题,对于运动较慢的空间目标,宜采用跟踪方式,这时恒星星像拖长但不严重,空间目标的曝光时间较长,不影响空间目标的探测星等;对于运动较快的空间目标,宜采用步进跟踪方式,这时空间目标较亮,星像拖长不影响探测到目标,而定标恒星曝光时间较长,能保证定标恒星有足够的数量。

(6)天文定位方式对计算机实时处理的要求较高,必须将 Tycho-2 星表中数百万颗恒星的数据存入计算机,并能在很短时间内,根据光电探测系统指向和成像探测器上星像的位置,自动找出定标恒星,输出空间目标的天文定位结果。

3.3.2 轴系定位

天文定位测量是通过在同帧视场内获得目标与恒星相对位置图像,计算出目标的精确位置,可以避免轴系误差对定位精度的影响。然而,在一些特定的应用场合,需要在白天进行目标探测,光电探测系统视场内只有较亮的目标,没有足够亮的恒星,无法通过天文定位对目标进行精确定位,轴系定位就成为唯一的选择。

轴系定位测量方式属于跟踪测量,其方式是目标进入光学视场后,光电探测系统驱动跟踪控制系统捕获并锁定目标,然后望远光学系统由跟踪控制系统带动连续不断地指向目标,其主光轴位置由安装在垂直轴和水平轴上的轴角编码器测得,在拍摄目标影像的同时,也记录下对应时刻主光轴的方位角、俯仰角。光电探测系统对目标跟踪的理想状态是使照准轴对准目标上的定位点,此时,光电探测系统照准轴的方位角 A_0 和俯仰角 E_0 就是经纬仪三轴交点至目标定位点连线的方位角 A 和俯仰角 E。事实上,这种理想状态是难以做到的,一般情况下照准轴总是偏离目标上的定位点,从而 A、E 分别与 A_0、E_0 存在一个小的角度偏离,常称为"脱靶量",

记作 ΔA、ΔE。因此,有下列公式:

$$\begin{cases} A(t) = A_0(t) + \Delta A(t) \\ E(t) = E_0(t) + \Delta E(t) \end{cases} \tag{3-45}$$

式中,脱靶量 $\Delta A(t)$、$\Delta E(t)$ 可以利用目标在光电探测系统上的成像和跟踪控制系统的参数计算得到,而 $A_0(t)$、$E_0(t)$ 由轴角测量系统测量输出。可由上式得到目标某个采样时刻的方位角 $A(t)$ 和俯仰角 $E(t)$。A 和 E 的几何意义就是确定了自光电探测系统三轴交点指向目标定位点的一条方向线,这条方向线还可以理解为一个由 A 确定的平面和一个由 E 确定的圆锥面相交的交线,如图 3-10 所示。

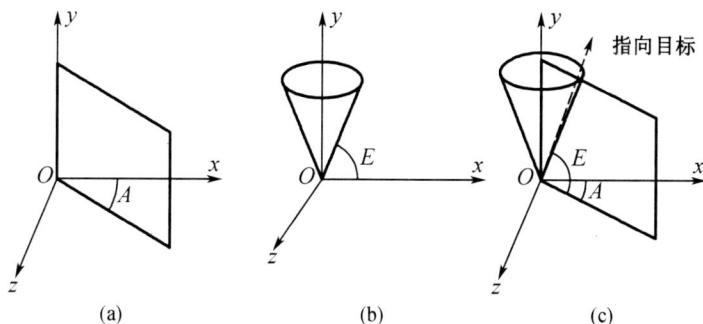

图 3-10　光电探测系统测角几何示意图

轴系定位方式属于一种绝对式定位方法。设目标图像中心坐标为 (x_0, y_0),空间目标星像质心为 (x_s, y_s),目标图像比例尺为 (S_x, S_y),光电探测系统指向为 (A_0, E_0),空间目标的方位角 A_s 和俯仰角 E_s 的计算公式为

$$\begin{aligned} E_s &= E_0 \pm (y_s - y_0) \times S_y \\ A_s &= A_0 \pm (x_s - x_0) \times S_x / \cos E_s \end{aligned} \tag{3-46}$$

上式中加号和减号的选取和目标图像上方位角和俯仰角增大的方向有关。

当跟踪架属于水平式结构,则地平坐标 (A_s, E_s) 与水平坐标 (L, B) 的转化关系式为

$$\begin{cases} E_s = \arcsin(\cos L \cos B) \\ A_s = \operatorname{arctg}(\sin L \operatorname{ctg} B) \end{cases} \tag{3-47}$$

轴系定位的基本步骤是:

(1)读取光电探测系统两个轴上码盘的数据,得到光电探测系统指向的数据(方位角 A 和仰角 E)。

(2)通过目标图像处理,计算空间目标的脱靶量 (X, Y);根据目标的比例尺得到空间目标和光电探测系统指向之间的 ΔA 和 ΔE。

(3)根据探测系统指向模型改正,得到空间目标视方向(方位角 $A_{视}$ 和俯仰角 $E_{视}$)。

(4)根据气象数据,改正大气折射,计算出空间目标真方向(方位角 $A_{真}$ 和俯仰角 $E_{真}$)(一般该步骤由数据中心负责处理)。

由此可见,轴系定位的精度,取决于:光电探测系统轴系读数的精度;空间目标在图像上读数的精度;光电探测系统指向模型的精度,即跟踪架轴系的稳定性;大气折射改正的精度。

轴系定位方法算法较为简单,便于实现。由于光电探测系统制造、加工与安装等原因,其存在静态指向误差。此外,进行空间目标观测过程中可能出现数显失跟、跟踪电路跳变等情况,使得轴系定位方法的计算结果存在动态误差。这些误差影响了轴系定位结果的有效性,即便通过模型修正的方法,这些误差的影响仍然无法彻底消除,因此限制了轴系定位结果的精度,而且模型修正的计算过程烦琐,降低了系统的可靠性。

轴系定位的特点是:

(1)轴系定位输出空间目标的测量位置信息是在地平坐标系中的方位角和俯仰角,与设备的置平、轴系的变化密切相关,很难保证每个测站、观测的不同时间均属于一个不变的坐标系。

(2)轴系定位的精度,基本取决于跟踪架轴系精度,因而轴系定位方式对跟踪架轴系加工精度要求较高。跟踪架的研制成本较高,由于受到大气折射改正误差的影响,对于低俯仰角的观测,精度会受到影响。

(3)除了空间目标引导之外,轴系定位不要求光电探测系统有较大的视场,而且小视场有利于提高测量的精度,但该光电探测系统一般应该有一个大视场引导镜。

(4)轴系定位的跟踪目标星像是圆的,不存在拖长星像问题,曝光时间较长,探测能力比天文定位方式要高,也不需要区分快慢目标,进行不同方式的跟踪。

(5)轴系定位计算简单,对计算机实时处理的要求不高,有利于提高测量数据的采样频率。

3.4　空间目标光度测量

3.4.1　基本原理

光度特性就是目标的亮度信息,空间目标光度的变化能反映空间目标姿态特征,是识别目标的重要手段。光度是天体(空间目标)固有的物理量,与观测设备的距离无关。但由于观测设备系统差异,尤其是设备终端探测器的光谱响应特性,不同的观测设备对同一颗目标测量出来的星等值也不尽相同。

3-2　空间目标光度特性与观测

空间目标光度测量的原理是:在相同环境条件下,对于同等辐射强度(同星等)的空间目标在光度测量设备上产生的辐射强度是一致的,利用已知星等的目标和待测目标的辐射强度进行比较,就能得到待测目标的星等。

空间目标的光度特性测量方法主要有光度计测量和CCD测量。

光度计是用来测量指定光谱段中单个光源强度的仪器。应用中一般采用单像素探测器,如光电倍增管。光度计在实现超高精度测量以及对明亮物体高速光度测量方面具有优势。随着高效二维高光学品质探测器的出现,在可见光和红外波段,利用高灵敏度CCD相机制作高精度光度计已成为可能。相机和光度计的主要区别在于,光度计的探测器不能放在焦点处。这是因为单像元探测器的灵敏度在表面上的不同区域是不一致的,如果图像在焦点处获得,检测到的光电子数和入射的光子数的比率将随实际成像位置改变而变化,这就降低了系统光度测量的精度。一般直接在探测器前面加入一个法布里镜头,使光学系统主镜在探测器上成像。换言之,将探测器放置到出瞳处(图3-11)。紧贴探测器前面的透镜将出瞳置于探测器上是为了减小探测器响应不均匀性,并且使它对光源的方向和视线抖动不敏感。不管光源方向(图中的实线或虚线)如何改变,探测器照度仍保持不变,可以避免测量精度的降低。在望远镜焦面上放置光圈可以用来遮挡光源周围天空的杂散辐射,从而减少背景光。

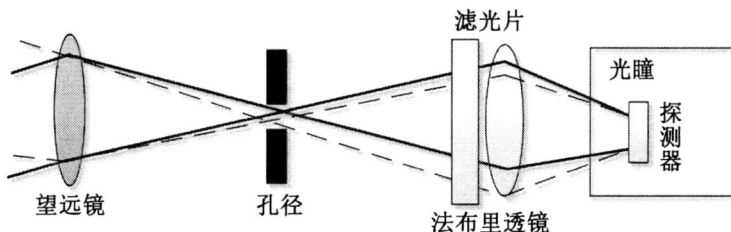

图 3-11　光度计探测器放置到出瞳处

两种测量方法星等精度相当,但 CCD 测量可以在白天测量空间目标的光度特性,通过改变滤光片、衰减片、积分时间等手段方便实现所需的动态范围,因此 CCD 测量方法的动态范围要比光度计动态范围宽。另外,CCD 测量方法,可以方便地采用光谱滤光片对空间目标感兴趣的波段进行光度测量;光度计属于单元探测器,为了扣除背景影响,需要事后回扫,增加了数据处理时间。CCD 测量方法标校简单,采用图像处理手段扣除背景影响,不需要沿路径回扫,因此下面主要介绍 CCD 光度测量技术。

CCD 光度测量系统是一个相对光度测量系统,其基本工作方式如下。

(1)系统标定阶段:在满足光度测量的晴空无月夜晚,首先采用恒星对系统进行标定,其实质是用标准的 G 型恒星进行定标及测量的,即直接将 G 型恒星的光度数据参数传递到测量系统中使用。

(2)实际测量阶段:在实际测量目标时,CCD 获取目标的输出幅值,扣除背景,根据已解算的恒星定标数据,反演出目标的星等数据。

系统标定的具体的方法:在满足光度测量条件的晴空无月夜晚,选择几个分布在不同高角与方位天区的太阳光谱型恒星(G 型),设定好 CCD 的工作参数(增益、积分时间等),对这些恒星进行拍摄,扣除天空背景,获取恒星的灰度输出幅值,将该幅值与星库中给定的标准星等值建立联系。这个过程被称作建立"仪器(望远镜)相对光度测量系统"的过程,也就是系统的标定过程。

在此工作过程中,采用标准的大气消光模型对不同高角的大气消光进行修正。

经典的大气透过率公式为

$$\tau_Z = \tau_0^{f(Z)} \tag{3-48}$$

式中,τ_0 为在接收波段范围内的平均垂直大气透过率;$f(Z)$ 为与大气质量相关的函数,并且有

$$f(Z) = [\cos Z + 0.150 \times (93.885 - Z)^{-1.253}]^{-1} \tag{3-49}$$

式中,$Z = 90° - E$,为目标的天顶角,此处的 Z 单位为 rad。

上述标定过程并不关心某一高角的绝对消光值,而只利用其不同高角的关系,因为"相对光度测量系统"的量纲恢复是与 G 型星星表给出的星等值直接联系的,国际上通用的星库中的亮星星等精度在 0.1 M_v 以下。

影响光度标定不确定度的因素主要有星表提供的星等精度、CCD 相机相对响应特性曲线

的标定精度、大气消光的标定精度。由于天空中满足"相对光度测量系统建立"(或标定)使用的恒星(星等在 $3\sim8\ M_\mathrm{v}$ 之间)很多,可以建立专门的星库进行该工作。

系统在室内研制阶段不需要进行全系统定标,在外场也不需要专门的定标设备。室内研制阶段仅需要对该系统的 CCD 相机在给定的工作参数条件下(给定的积分时间、帧频及增益设置参数)的相对响应特性(线性度)进行测量。现场定标时,选择理想的晴空无月夜(天文界所说的"光度测量夜")开展此项工作,建立一个相对稳定的"仪器相对光度测量系统"的基本对应关系(参数表)。

在实际测量时,空间目标的亮度是由太阳照射产生的,空间目标的光度在 CCD 上表现为目标的灰度值,需要首先测量得到目标的灰度幅值,具体方法为:在晴空无月夜晚,实时跟踪目标,并保证目标一直存在于视场中,将 CCD 滤光片调整到透过率最大挡,设定合适的曝光时间和增益挡位,由 CCD 采集数据 300 帧以上,求得所有帧的平均值图像。模拟的效果如图 3-12 所示。

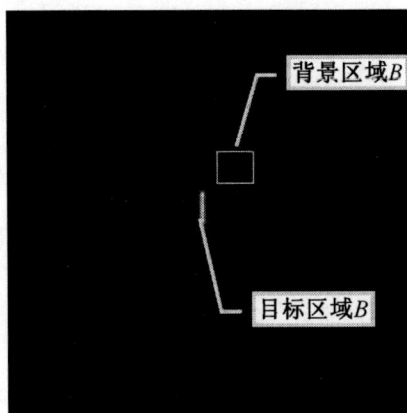

图 3-12　光度测量模拟图像示意

采用图像分割方法,提取目标包含的所有像元组成的图像区域(简称目标区域),即图 3-12 中线框内部分。计算目标区域内的灰度总幅值为

$$G_T = \sum_{(i,j)\,\in\,T} G(i,j) \tag{3-50}$$

式中,(i,j) 表示目标所包含的像元的位置;$G(i,j)$ 表示该像元处的灰度值;T 表示目标区域内的所有像元组成的集合。

同时,选取目标周围临近的背景区域(图 3-12 中方形线框部分),计算背景区域内像元的灰度平均值:

$$\overline{G}_B = \frac{1}{n_B} \sum_{(i,j)\,\in\,B} G(i,j) \tag{3-51}$$

B 表示选取的背景区域(注意:一定确保不含该目标以及邻近其他恒星或目标的像元,并尽可能靠近该目标所在的区域)。n_B 表示 B 区域内的像元数。

这样目标的实际测光灰度值为:

$$G_A = G_T - \overline{G}_B n_T \tag{3-52}$$

式中, n_T 表示目标区域内的像元数。

根据系统标定时获取的灰度幅值与恒星星等之间的映射关系,计算出目标的星等 M_v 值:

$$M_v = -2.5 \log G_A + C_0 + X_g \qquad (3-53)$$

式中, C_0 此前标定的相对光度测量系统系数; X_g 为大气透过率、积分时间、滤光片、增益等参数信息。

3.4.2　探测能力分析

由于空间目标都在特定轨道运行,以及地球、月亮、太阳之间存在相对运动,空间目标所处的位置可以分为日照区和地影区。由以上分析可知,当目标被太阳照亮时,由于其辐射较强,其他光源辐射均可忽略不计;当目标位于地影区时,目标不受阳光照射,这时主要受地球、星体、月亮的光辐射,月亮反射的太阳光较其他辐射源强很多,其他因素可忽略;当目标同时不被太阳光和月光照射时,可以忽略其受环境光照。

计算观测空间目标的探测星等时,首先需要给定:

(1)根据测站的具体情况,给定测站的天光条件 sky 和大气透明度 η;

(2)给定空间目标的飞行方向角 ψ;

(3)给定探测系统光学系统口径 D、焦距 f、光学系统效率 γ、星像的像元数 K;

(4)根据选定的 CCD 相机,给定 CCD 相机量子效率 Q_E,像元大小 L,BINNING 读出像元数 B,CCD 相机读出噪声 $\delta_{readout}$ 和暗流 N_{dark},探测门限为 k(一般取值为 4 或者 3)。

探测星等可按以下步骤计算。

(1)计算空间目标的视运动角速度 v

空间目标的视运动角速度是空间目标轨道、俯仰角以及空间目标与测站相对运动方向的函数,假定空间目标做圆轨道运动,则空间目标的视运动角速度 V 的计算方法如下:

$$V = \sqrt{\mu/r} \qquad (3-54)$$

式中, μ 为地心引力常数, $\mu = 3.986\,004\,36 \times 10^5 \text{ km}^3/\text{s}^2$; r 为空间目标的地心距, $r = R + H$,其中 R 为地球半径,为 6 378.14 km, H 为空间目标距地面高度。

空间目标与测站的距离 L:

$$L = \sqrt{r^2 - R^2 \sin^2 z} - R \cos z$$

式中, z 为天顶距。

则有

$$u = V \cos \psi / L$$

$$w = V \sin \psi \cos \alpha / L$$

式中, u 为空间目标的视运动角速度在水平方向上的投影; w 为空间目标的视运动角速度在垂直方向上的投影; ψ 为空间目标飞行方向与水平方向的夹角; α 为空间目标到测站和空间目标到地心之间的夹角,具体计算公式为

$$\cos \alpha = \frac{r^2 + L^2 - R^2}{2rL} \qquad (3-55)$$

空间目标的视运动角速度为

$$v = \sqrt{u^2 + w^2} \qquad (3-56)$$

（2）计算不同星等空间目标的信噪比

空间目标星等从 $M=5$ 开始,对于给定的目标星等,信噪比的计算方法如下。

空间目标在一个像元上的停留时间 t 为

$$t=(\sqrt{K}+1)A/v \tag{3-57}$$

式中,A 为每个像元的大小,$A=l/f\times10\,000\times206\,265$,$l$ 为像元大小,f 为望远镜焦距;K 为星像的像元数;v 为空间目标视运动角速度。

望远镜接收的光子数:

$$P_{obj}=\frac{\pi}{4}D^2\times\eta\times\gamma\times3.4\times10^6\times2.512^{-M}\times t\times Q_E \tag{3-58}$$

每个像元的天光光子数:

$$P_{sky}=\frac{\pi}{4}D^2\times\eta\times\gamma\times3.4\times10^6\times2.512^{-M}\times t_{sky}\times A^2\times Q_E \tag{3-59}$$

式中,D 为望远镜口径;η 为大气透明度;γ 为光学系统效率;M 为空间目标星等;sky 为天光;Q_E 为 CCD 相机量子效率;t_{sky} 为实际曝光时间,在望远镜不动时,总有 $t_{sky}>t$,可取值为 $t_{sky}=1.5t$。

非 BINNING 模式的信噪比:

$$\frac{S}{N}=\frac{\beta P_{obj}}{\sqrt{\beta P_{obj}+\beta P_{sky}+N_{dark}t+\delta_{readout}^2}} \tag{3-60}$$

式中,N_{dark} 为 CCD 暗流;$\delta_{readout}$ 为 CCD 一个像元的读出噪声(电子);β 为空间目标星光的分散因子,一般取 $\beta=1/K$。

如果要计算 BINNING 模式的信噪比,这时 K 取值为 K/B^2。但是,由于 CCD 曝光时,仍可能占据到 4 个像元,因此,$K=\max(4,K/B^2)$,$\beta=\min(1/4,B^2/K)$。若采用 EMCCD,信噪比的计算公式应为

$$\frac{S}{N}=\frac{Q_E P_{obj}}{\sqrt{F^2(Q_E P_{obj}+Q_E P_{sky}+N_{dark}+\delta_{cic}^2/M^2)}} \tag{3-61}$$

式中,M 为 EMCCD 的放大倍数;F 为噪声放大因子;δ_{cic} 为时钟感应噪声。

（3）计算极限星等

如果上面计算的信噪比 S/N 大于 k,则该目标可以探测,将空间目标星等加 0.1,再计算信噪比,直到信噪比 S/N 小于 k,即可得到光电望远镜对于给定的地面高度 H、天顶距 z 的极限星等(视星等)。

（4）计算探测星等表

改变地面高度 H、天顶距 z,计算极限星等,即可得到光电望远镜的探测星等表。

上面计算得到的是光电望远镜的探测视星等,光电望远镜的探测星等可按下式计算:

$$探测星等=探测视星等-大气消光$$

假设地球大气是稳定的,这时地球大气可近似看成由许多平行平面层组成。大气消光后光减弱的程度与穿越大气的厚度、光强和大气的密度成正比。通常情况下,大气消光计算公式如式(3-62)所示:

$$M_{xg}=-2.5\lg0.7f(z) \tag{3-62}$$

式中,$f(z)$ 为大气质量相关函数。

理论计算空间目标(50%照亮)星等 M 的近似公式为

$$M = 2.5 + 2.5\lg \frac{L^2}{S} \tag{3-63}$$

式中,L 为测站到空间目标的距离,100 km;S 为空间目标在视线方面上的截面积,m²。

提高探测能力主要有三种途径。

(1)扩大光学系统口径

扩大光学望远镜系统口径是最有效的方法,而且为了探测厘米量级的空间目标,现在的光学系统口径的确需要扩大。但是,根据上面的分析,光学系统口径扩大一倍,探测到的空间目标的大小只能缩小一半。假设 50 cm 口径的望远镜能探测到 10 cm 的空间目标,要探测到 2 cm 的空间目标,需要将光学系统口径扩大到 2.5 m,显然,这是不经济、不现实的途径。在扩大光学系统口径的同时,还要寻找其他提高探测能力的方法。

(2)延长 CCD 相机的曝光时间

空间目标视运动很快,如果探测系统不动,目标曝光时间为目标星像在一个像元上的通过时间,延长积分时间是没有用的。但是,如果探测系统在跟踪空间目标,延长积分时间就是延长曝光时间,的确可以提高探测系统的探测能力。但当光电探测系统跟踪空间目标运动时,由于 CCD 相机和恒星(或空间目标)之间存在相对运动,造成定标恒星的星像很长,特别是在长曝光时间情况下,定标恒星的定位精度较低,进而大大降低了空间目标的定位精度,因此无法随意延长曝光时间。可以改变探测系统建立跟踪之前的状态,来提高探测系统的探测能力:对于已知轨道的空间目标,可以计算出目标的运动速度,在发现目标之前,将望远镜按照 80% 的速度运动,空间目标相对于 CCD 相机的运动速度,就是目标运动速度的 20%。这样,就有了 5 倍的延长积分时间的空间。如果将积分时间延长 5 倍,则探测系统发现空间目标的能力(信噪比)就扩大 5 倍,其效果比光学系统口径扩大一倍还要好一些。

(3)提高 CCD 相机的量子效率

目前,CCD 相机的量子效率已达 90%,提高的余地已经不大了。但是,在信号探测时还有一个探测门限,即当 $S/N \geqslant k$ 时,可以探测到比较清晰的星像。也就是说,探测系统的探测能力实际上取决于图像处理方法。尽量减小 k,其实际效益与扩大光学系统口径一样重要。如果能将 k 减小一半,其效果相当于将光学系统口径扩大一倍。现在 k 约为 3~4,如果能降为 2,其效果是显著的。

3.5　空间目标姿态测量

空间目标的姿态参数常用三维姿态角表示——俯仰角、偏航角、滚转角,它们是描述目标所处姿态和运动状态的重要参数,是分析目标的飞行状态和意图的重要参数。对远距离空间目标的精确探测识别不仅能保证自身卫星等飞行器的安全运行,在空间攻防中也扮演着重要的角色,对利用空间和维护空间安全具有不可或缺的地位。

基于可见光成像探测技术的姿态测量是利用可见光成像探测系统对目标进行图像采集,然后利用各种图像处理方法完成对目标姿态的测量。相比于其他姿态测量方法,可见光成像探测具有非接触、不需要在目标飞行器上安装任何设备、稳定可靠、方便易用、设备简单、价格低廉的特点。

基于光学特征的视觉测量有单目与双目之分。双目视觉机器测量就是同时使用两台相机模拟人眼成像进行目标姿态的测量,当目标距离测量点较远时,姿态测量的精度低。因此对中远距离的空间目标姿态测量一般采用单目视觉测量。

姿态测量又可分为地基测量和天基测量,地基测量是利用在地面安装的测量设备进行目标运动图像的获取,例如通过地基可见光成像探测系统或无线电信号探测器和雷达探测器等组成监视网。这种方法的优点是技术成熟,投资成本低,能够对目标进行有效的跟踪,但是会受光照、天气、大气环境和地理位置等的限制,而且对于目标姿态的测量并不能满足精度上的要求。天基测量由于探测位置与空间目标的距离更近,并且没有大气对信号的干扰(如消光和吸收),其方法的分辨率更高,可以获得高精度的姿态测量结果,在空间飞行器的交会对接、在轨维修、空间碎片的清理以及目标抓取等领域都有着十分重要的应用价值。

3.5.1 空间目标姿态角定义

可利用可见光成像探测系统采集遥远轨道目标反射的光进行可见光成像并分析目标的尺寸、形态等信息,提取目标的姿态参数。目标的姿态角可以在不同的坐标系下进行定义,这里以测量坐标系为例进行定义(图3-13),坐标系 O-XYZ 为测量坐标系。回转体目标轴线 BA 与水平面的夹角为俯仰角 Φ,轴线 BA 在 XOZ 面上的投影与 X 正向的夹角为偏航角 ψ。目标在运动过程中,表面上任一点绕轴线转动的角度 θ 为滚动角。

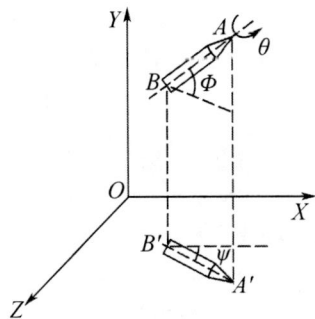

图3-13 目标姿态角定义

姿态测量是采用数字图像处理的方法解算目标的三维姿态参数,通过图像特征提取、信息处理获得目标的运动轨迹及俯仰角、偏航角等精确姿态参数。目标图像的特征提取是姿态测量数据处理的主要工作,需要把图像信息中具有鲜明特征的信息,如目标边缘、角点、中轴线以及目标的形状特征等信息提取出来。在获取目标特征信息的基础上,通过姿态角解算公式,获得目标的俯仰角和偏航角。

在进行地基空间目标远距离姿态测量时,为对指定的目标成较大尺寸的面目标像,探测系统一般要求具有长焦距、能变焦的光学系统。

姿态测量中的数据处理主要包括四个方面的内容:图像预处理、目标检测与分割、目标特征提取、姿态角解算。

3.5.2 目标姿态测量方法

根据目标姿态解算方法不同,可以大致分为下面五种类型的测量方法。

3.5.2.1 基于几何结构的估计方法

基于几何结构的估计方法,是指利用被测目标先验几何结构信息进行目标姿态参数解算的方法。例如,目标圆环椭圆度法,空间圆进行投影时一般会获得椭圆图像,根据椭圆度即椭圆长轴和短轴之比,计算空间圆的姿态;目标长宽比法,空间圆柱体进行二维投影时,一般获得矩形和两个半椭圆,通过矩形的长和宽之比计算出空间圆柱体的姿态;螺旋线法,对于表面刻划有螺旋线标志的圆柱体,根据螺旋线与中轴线投影交点可以分析出圆柱体目标的滚转角。受成像器件分辨率的限制,对于影像几何结构的提取精度很难达到较高的要求,测试结果数据精度较低。

3.5.2.2　基于特征投影匹配的估计方法

通过对观测图像目标特征提取和匹配,寻找确立从二维到三维的某种特征投影对应关系,进而利用位姿解算方法获得目标三维姿态信息。被测目标没有特殊合作标志的,需要提取拍摄图像的特征信息,通过特征匹配方式,解算目标位置参数,但目标特征提取和匹配困难。在进行合作目标姿态测量时,通常会在被测目标上添加特殊的合作标志,以便于在观测图像中进行特征提取,进而解算出目标的位置和姿态。此类方法在航天航空领域被广泛应用,比较典型的测量系统有:欧洲航空局研发的视频测量系统(VDM),对安装有合作标志的航天器进行测量,在近距离阶段能达到较高精度的相对姿态信息;美国研制的高级视频制导探测系统(AVGS),在跟踪相机及飞行器上添加合作靶标,合作标志如图 3-14 所示,大大降低了对图像特征提取的难度;日本开发的接近敏感器(PXS)系统,在目标航天器上安装有 100 个红色发光二极管作为标识器,PXS 系统的标识器和敏感器如图 3-15 所示。

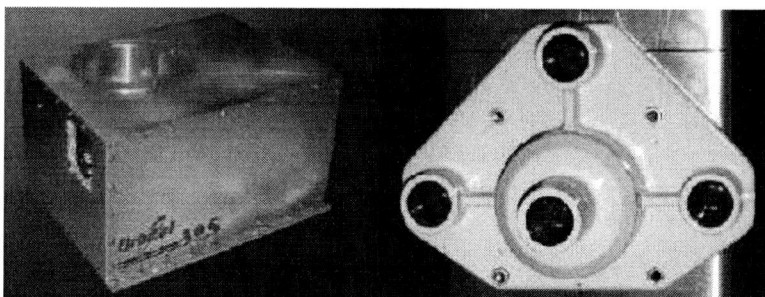

图 3-14　AVGS 合作标志

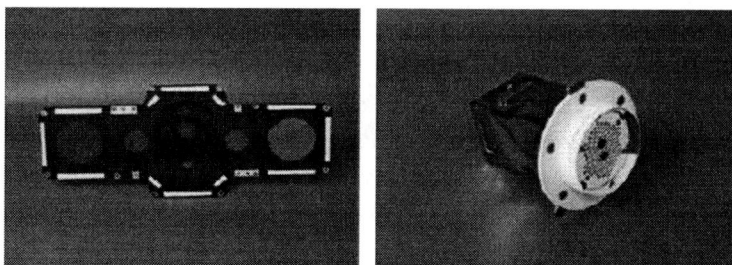

(a)PXS系统的标识器　　　　　　　　(b)PXS系统的敏感器

图 3-15　PXS 系统的标识器和敏感器

在我国,空间目标近距离姿态测量技术也成功运用到了航天器交会对接中。如 2011 年 11 月神舟八号飞船与天宫一号的首次空间交会对接、2012 年 6 月神舟九号飞船与天宫一号第二次空间交会对接与 2016 年 10 月神舟十一号飞船与天宫二号的自动交会对接。

3.5.2.3 基于模型匹配技术的估计方法

基于模型匹配技术是指利用目标模型信息(如目标三维模型、目标轮廓特征库等)进行模型之间的匹配搜索,实现目标三维姿态测量的方法。如基于图像数据库的估计方法,事先建立图像轮廓参考数据库与目标姿态数据相对应,实测目标图像轮廓通过比对查询获得最接近参考轮廓图像,进而获得目标姿态信息,估计精度由事先构建图像数据库的密度决定,精度越高则数据库量越大。基于目标模型的测量方法是通过多个测量系统对被测目标进行立体重构,同时与目标模型进行匹配对应,进而获得目标姿态信息的方法。基于仿真技术进行模型匹配的方法是在已知目标模型时,通过仿真技术获得目标不同姿态的二维投影图像与真实拍摄图像进行匹配搜索的方法。

3.5.2.4 基于学习的姿态测量方法

基于学习的姿态测量方法基本思想是从事先获取的不同姿态训练样本空间中学习二维观测图像和目标真实姿态之间的对应关系,然后将学习到的决策规则和回归函数应用回样本。此种方法一般采用全局观测特征,无须检测和识别目标的局部特征,鲁棒性较高。但是基于学习的姿态测量方法测量精度很大程度受限于样本训练的充分程度,要准确获得姿态的对应关系,就要求有足够的样本来学习决策规则和回归函数,而这样所需的样本数量是随着样本空间的维数指数级增加的。如果无法获取高维空间中进行连续姿态估计所需的密集样本,就无法保证姿态估计的精度和连续性。基于学习的姿态测量方法是基于姿态识别的思想,但是与姿态识别等典型的模式分类问题不同,姿态估计输出的是高维的姿态向量,而不是某个类别对应的类标,因此这一方法学习的是一个从高维观测向量到高维姿态向量的映射,目前这在机器学习领域中还是一个非常困难的问题。

3.5.2.5 光度曲线反演法

以上多是针对近距离目标的姿态估计,近距离目标图像清晰特征点提取精确,姿态估计的结果也相对准确,但是对于中远距离目标的姿态估计结果却不尽如人意。光度曲线反演法是当前对远距离空间目标形姿估计的重要手段之一。光度曲线是天文学上描述天体总光度随时间变化的函数,通常会以带状或特殊的频率间隔显示。基于光度曲线特点的形状反演方法通过分析相位角序列光度曲线的变化特点来区分空间目标的不同姿态。2006年,Payne等分析了位于美国本土及太平洋地区的36个地球同步轨道GEO卫星的光度特征,并定义了一种新型的基于光度曲线的分类系统,按照光度曲线的总体特征将36个卫星分成5大类:典型类、A2100类、通信类、BSS702C类和特殊类。以典型类和A2100类为例,两类光度曲线之间的总体特征区别明显,在零相角附近典型类光度曲线呈现为波峰,A2100类光度曲线呈现为波谷,同时两类光度曲线的数量占总体样本的78%,可以利用零相角附近的光度曲线特征快速对两类卫星进行分类。

利用空间目标可见光亮度的变化规律,可以推算目标的姿态稳定情况。若空间目标飞行速度为7~8 km/s,则姿态运动周期为几秒钟。在一个周期中,对于有姿态控制的目标,可以认为距离 R 和相对于目标坐标系的太阳光入射方向与观测方向基本保持不变,因而空间目标表观星等也基本保持不变。根据卫星的姿态变化情况可以将工作卫星从大量的空间垃圾和失效卫星中区分出来。对于无姿态控制的目标(如碎片、箭体),由于飞行中翻滚运动,使得相对于目标坐标系而言,太阳光的入射高低角、方位角和观测方向的高低角、方位角都随目标翻滚运动而变化,表观星等变化周期就是目标姿态运动周期。

　　基于光度曲线特点的姿态估计方法理论近十几年发展很快,但相对来讲该方法理论不成熟,误差较大。

习　　题

1. 简述 BRDF、OCS、星等的定义。

2. 空间目标光学特性数据包括哪些?

3. 简述可见光成像探测系统的组成、各部分功能及工作过程。

4. 可见光成像探测器的工作模式有哪些? 各种模式下图像特点是什么?

5. 星图的预处理、星点提取的技术有哪些? 目的是什么?

6. 简述星图识别的流程及方法。

7. 空间目标的定位方法有几种? 各自的特点是什么?

8. 空间目标光度测量的原理是什么? 有哪几种光度测量方法? 各自特点是什么?

9. 简述空间目标光度 CCD 测量方法的步骤及提高探测能力的方法。

10. 简述目标姿态角的含义。空间目标姿态测量常采用哪几种方法?

第4章 空间目标红外探测技术

空间目标红外探测技术主要用于空间目标成像和辐射测量。红外辐射是指波长在 0.75~1 000 μm 的电磁波,一切温度高于绝对零度的物体都有其自身的红外辐射特性。与可见光相比,红外辐射的波长更长,因此具有更加明显的绕射、衍射等效应,更有利于在大气内传播。红外光子能量与构成物质的分子、原子热运动的能量大致相当,更容易被吸收和发射,因此红外目标探测无须太阳光照射,可以实现全天候被动探测。当空间目标在轨运行时,航天器表面发射率及其随波长与温度的变化特性可用来探测识别未知空间目标表面材料构成等信息。空间目标红外探测技术与其他探测技术最大的不同是,红外探测的结果能够反映目标的发射率、温度等热特征,从而可以通过红外辐射测量数据判断目标的类型和状态。另外,其在夜间和恶劣气候条件下探测性能及识别目标能力优于可见光。红外探测技术可在现有地基大口径光电望远镜系统基础上发展形成新的观测能力,已成为全天时空间目标地基光电观测网的重要技术组成部分。

本章首先介绍红外辐射基础知识,其次介绍空间目标与环境的红外辐射特性、红外成像探测基本原理,最后介绍空间目标红外成像探测系统性能分析。

4.1 红外辐射基础知识

4.1.1 基本辐射量

辐射量是用物理方法测量电磁辐射时采用的辐射度学(radiometry)术语,也称辐射度量。常用的辐射量有辐射能、辐射通量、辐射强度、辐射出射度、辐射亮度、辐射照度等。辐射量适用整个电磁频谱范围。

4-1 基本辐射量

4.1.1.1 辐射能

在红外辐射理论中,辐射能是指物体发射红外辐射的总能量,用符号 Q 表示,单位为 J。对于黑体,辐射能是黑体全光谱能量的总和;对于灰体,辐射能是在相同温度黑体辐射能量的基础上进行发射率修正的总能量;对于选择性辐射体,辐射能是进行发射率修正的有效红外辐射能量的总和。

4.1.1.2 辐射通量

辐射通量也称辐射功率,是物体在单位时间内发射、传输或接收的红外辐射能,用符号 Φ 表示,单位为 W,定义为

$$\Phi = \frac{\partial Q}{\partial t} \tag{4-1}$$

式中, t 为辐射传输的时间。

4.1.1.3 辐射强度

辐射强度描述的是点辐射源的辐射通量在空间不同方向上的分布特性。

辐射源在某一方向上的辐射强度是指辐射源在包含该方向的单位立体角内发射的红外辐射通量,用符号 I 表示,定义为

$$I = \lim_{\Delta\Omega \to \infty} \left(\frac{\Delta\Phi}{\Delta\Omega} \right) = \frac{\partial\Phi}{\partial\Omega} \tag{4-2}$$

按照定义,辐射强度的单位是瓦每球面度(W/sr),表征点红外辐射源发射红外辐射的本领。

辐射强度对整个发射立体角 Ω 进行积分,就得到辐射源发射的总辐射通量 Φ,即

$$\Phi = \int_{\Omega} I \mathrm{d}\Omega \tag{4-3}$$

对于各向同性的辐射源, I 等于常数,则有 $\Phi = 4\pi I$;对于辐射功率在空间分布不均匀的辐射源,一般来说,辐射强度 I 与方向有关。

4.1.1.4 辐射出射度

辐射出射度也称辐射度,是描述扩展源辐射特性的量。

辐射源的辐射出射度定义为辐射源单位表面积向半球空间内发射的辐射通量,用符号 M 表示,单位为瓦每平方米(W/m²),定义为

$$M = \lim_{\Delta A \to 0} \left(\frac{\Delta\Phi}{\Delta A} \right) = \frac{\partial\Phi}{\partial A} \tag{4-4}$$

辐射出射度是扩展源所发射的辐射通量在源表面分布特性的描述,它是辐射通量在某一点附近面密度的度量。辐射出射度 M 对源发射表面积 A 的积分,就是该辐射源发射的总辐射通量,即

$$\Phi = \int_{A} M \mathrm{d}A \tag{4-5}$$

4.1.1.5 辐射亮度

辐射亮度是描述扩展源辐射特性的量。

辐射亮度定义为辐射源在某一方向上的单位投影面积向单位立体角内发射的辐射通量,用符号 L 表示。当观测方向与红外辐射源表面法线夹角为 θ 时,红外辐射源在单位立体角、单位面积发射的红外辐射通量定义为

$$L = \lim_{\substack{\Delta A \to 0 \\ \Delta\Omega \to 0}} \left(\frac{\Delta^2\Phi}{\Delta A_\theta \Delta\Omega} \right) = \frac{\partial^2\Phi}{\partial A_\theta \partial\Omega} = \frac{\partial^2\Phi}{\partial A \partial\Omega \cos\theta} \tag{4-6}$$

单位为 W/(sr·m²),表征红外辐射源发射红外辐射集中的程度。

对于具有一定尺度的"点源"——小面源来说,其既具有点源特性的辐射强度,又具有面源的辐射亮度,因此根据辐射强度和辐射亮度的定义,可以得到小面源的辐射强度和亮度之间的关系:

$$L = \frac{\partial}{\partial A \cos\theta} \left(\frac{\partial\Phi}{\partial\Omega} \right) = \frac{\partial I}{\partial A \cos\theta} \tag{4-7}$$

和

$$I = \int_{\Delta A} L \mathrm{d}A \cos\theta \qquad (4-8)$$

如果小面源的辐射亮度 L 不随 ΔA 上位置的变化，则小面源的辐射强度为

$$I = L\Delta A \cos\theta \qquad (4-9)$$

即小面源在空间某一方向上的辐射强度等于该面源的辐射亮度乘以小面源在该方向上的投影面积（或表观面积）。

4.1.1.6　辐射照度

辐射照度也称辐照度，是指被照表面的单位面积上接收到的辐射通量，用 E 表示，定义为

$$E = \lim_{\Delta A \to 0}\left(\frac{\Delta \Phi}{\Delta A}\right) = \frac{\partial \Phi}{\partial A} \qquad (4-10)$$

辐射照度的数值是投射到表面上每单位面积的辐射通量，单位为 $\mathrm{W/m}^2$。

辐射照度和辐射出射度具有相同的单位，二者的定义式相似，但应注意它们的差别。辐射出射度描述辐射源的特性，包括辐射源向整个半球空间发射的辐射通量；辐射照度描述被照表面的特性，可以是由一个或数个辐射源投射的辐射通量，也可以是来自指定方向的一个立体角中投射的辐射通量。

在描述红外辐射的光谱特征时采用光谱辐射量。光谱辐射量的定义是在指定波长处、单位波长间隔内的单色辐射量。常用光谱辐射量有光谱辐射通量、光谱辐射强度、光谱辐射出射度、光谱辐射亮度、光谱辐射照度等。

4.1.2　辐射量的计算

4.1.2.1　朗伯漫射体辐射计算

（1）朗伯余弦定律

朗伯余弦定律给出了完善的漫反射体或漫辐射体辐射强度的空间分布规律，即在半球范围内任意方向的辐射亮度相等，其辐射强度必定与观测方向和表面法线之间夹角的余弦成正比（图4-1）。朗伯余弦定律可表述为

$$I' = L \mathrm{d}A \cos\theta = I\cos\theta \qquad (4-11)$$

式中，I'、I 分别为面元在与法线夹角为 θ 的方向及法线方向的辐射强度；L 为面元在半球范围内任意方向恒定的辐射亮度。

表面辐射满足朗伯余弦定律的漫反射体或漫辐射体称为朗伯体，其辐射表面称为朗伯面。由于朗伯面在半球范围内任意方向的辐射亮度是恒定的，所以从不同的角度去观察一个朗伯面源时，产生的视觉亮度也是均匀的。例如，当我们从不同的角度去观察涂刷了理想漫射特性涂料的墙面时，墙面面元的辐射强度确实按视角的余弦成正比的规律变化，但由于每个视觉细胞"看到"的实际面元的大小是按视角的余弦成反比的，视觉细胞接收到的辐射功率不因观察方向而异。因此，正视或斜视看到的墙面亮度都是均匀的。

（2）朗伯面辐射计算

理想的朗伯体向半球发射的辐射出射度与其辐射亮度之间存在较简洁的关系。

如图4-2所示，设有一个朗伯体面元向半球空间的辐射强度符合朗伯余弦定律。在球坐标系中，面元立体角为

$$d\Omega = \frac{(r\sin\theta d\varphi) \cdot (r d\theta)}{r^2} = \sin\theta d\theta d\varphi \tag{4-12}$$

面元的辐射出射度为

$$M = \int_{\Omega} L\cos\theta d\Omega = L\int_0^{2\pi} d\varphi \int_0^{\pi/2} \cos\theta\sin\theta d\theta = \pi L \tag{4-13}$$

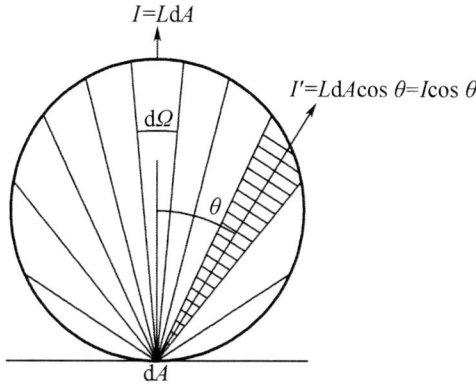

图 4-1　朗伯余弦定律图示

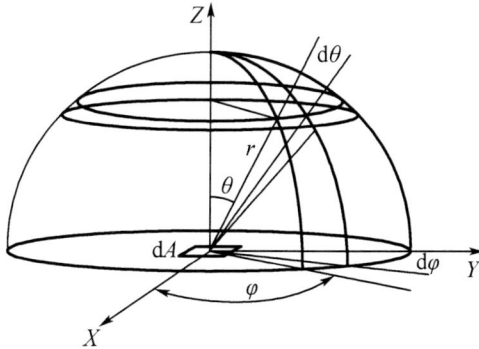

图 4-2　朗伯体辐射计算

朗伯体是漫射特性各向同性的理想化漫射体,严格的朗伯体并不存在,但许多自然辐射源,如云、天空、太阳以及植被、沙漠、土壤等地物以及黑体面源、积分球、漫反射板等标准辐射源,都可认为在较大的空间范围内满足朗伯漫射特性。

4.1.2.2　辐射照度计算

（1）面元之间的辐射传递

目标源的辐射量通常用光学入瞳处的辐射照度计算。目标源发射表面可以分割为许多辐射特性均匀的小面元,发射面元与接收面元在无能量损失的均匀介质中的辐射传递关系是辐射照度计算的基础,其辐射传递过程参见图 4-3。

图 4-3 中,dA_1 为发射面元的面积;dA_2 为接收面元的面积;θ_1 为 dA_1 法线与面元连线的夹角;θ_2 为 dA_2 法线与面元连线的夹角;$d\Omega_1$ 为接收面元对发射面元中心所张的立体角;$d\Omega_2$ 为

发射面元对接收面元中心所张的立体角;R 为两个面元之间的距离。

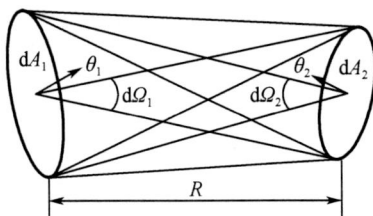

图 4-3　在无损均匀介质中面元之间的辐射传递

接收面元对发射面元所张的立体角为

$$d\Omega_1 = dA_2\cos\theta_2/R^2 \tag{4-14}$$

发射面元对接收面元所张的立体角为

$$d\Omega_2 = dA_1\cos\theta_1/R^2 \tag{4-15}$$

发射面元出射的辐射通量为

$$\Phi = L_1\cos\theta_1 d\Omega_1 dA_1 \tag{4-16}$$

式中,L_1 为发射面元出射的辐射亮度。

接收面元接收到的辐射通量为

$$\Phi' = L_2\cos\theta_2 d\Omega_2 dA_2 \tag{4-17}$$

式中,L_2 为接收面元入射的辐射亮度。

假定辐射传递过程中没有能量损失,$\Phi = \Phi'$,应有

$$L_1\cos\theta_1 d\Omega_1 dA_1 = L_2\cos\theta_2 d\Omega_2 dA_2 \tag{4-18}$$

将式(4-14)、式(4-15)代入,可得

$$L_1 = L_2 = L \tag{4-19}$$

式(4-19)表明:如无辐射传输损失,发射面元出射的辐射亮度和接收面元入射的辐射亮度是相等的,即在辐射传递过程中辐射亮度守恒。

(2)点源产生的辐射照度

当目标源为点源时,目标对接收面元所张立体角小于接收立体角 $d\Omega_2$,如图 4-4 所示。此时,不能用点源的辐射亮度和 $d\Omega_2$ 计算接收端的辐射照度,因为接收立体角内既有目标,又有背景,应该用发射面元在探测方向辐射强度计算辐射照度。

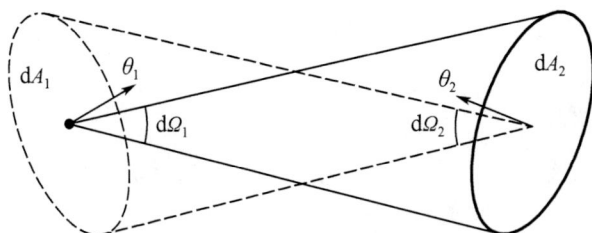

图 4-4　点源产生的辐射照度

到达接收面元的辐射是点源向立体角 $\mathrm{d}\Omega_1$ 内发射的辐射,其辐射通量为

$$\Phi = I_\theta \mathrm{d}\Omega_1 = I_\theta \frac{\mathrm{d}A_2 \cos\theta_2}{R^2} \tag{4-20}$$

接收面元的辐射照度为

$$E = \frac{\Phi}{\mathrm{d}A_2} = I_\theta \frac{\cos\theta_2}{R^2} \tag{4-21}$$

式中,I_θ 为发射面元在面元连线(视线)方向的辐射强度;θ_2 为接收面元法线与视线的夹角。

如发射面元为朗伯面,则有 $I_\theta = I_0 \cos\theta$,代入可得

$$E = I_\theta \frac{\cos\theta_2}{R^2} = \frac{I_0 \cos\theta_1 \cos\theta_2}{R^2} \tag{4-22}$$

式中,$I_0 = L\mathrm{d}A_1$,为发射面元的法向辐射强度;θ_1 为发射面元法线与视线的夹角。

接收面元的正入射辐射照度可简化为

$$E = \frac{I_0 \cos\theta_1}{R^2} \tag{4-23}$$

由此可见,点源产生的辐射照度与距离平方成反比,也与观察方向有关。在进行辐射测量时,不能根据仪器的响应直接反演出点源目标的辐射强度。

点源是相对于观测系统的瞬时视场而言的,不是数学上的点,所以点源有形状、大小,可由多个辐射特性不同的面元构成。例如,远方的飞机对红外探测系统来讲是点源,系统接收到的目标辐射强度实际上是飞机蒙皮、喷管及尾焰等辐射面元在探测方向上的辐射强度之和。

如目标是由多个朗伯面构成的点源,其在观察方向的总辐射强度为

$$I_\theta = \sum_{i=1}^n I_{\theta i} = \sum_{i=1}^n L_i A_i \cos\theta_i \tag{4-24}$$

式中,$I_{\theta i}$ 为面元 i 的方向辐射强度;A_i、L_i 分别为面元 i 的面积、辐射亮度;$A_i \cos\theta_i$ 是面元 i 在观察方向的投影面积。

(3)面源产生的辐射照度

面源产生的辐射照度的计算可参见图 4-5。

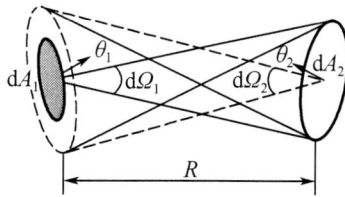

图 4-5　面元产生的辐射照度

当目标源为面源时,目标对接收面元所张立体角大于接收立体角 $\mathrm{d}\Omega$,接收面元只能接收到面源的部分表面,而不是全部表面发出的辐射。此时,可利用面元辐射传递的辐射亮度守恒关系,用面源的辐射亮度、接收立体角计算辐射照度。如发射面元为辐射亮度 L 的漫射面源,接收面元的辐射照度为

$$E = L\cos\theta_2 \mathrm{d}\Omega_2 \tag{4-25}$$

接收面元正入射时,接收面元的辐射照度可简化为

$$E = L\mathrm{d}\Omega_2 \tag{4-26}$$

由此可见,面源产生的辐射照度与距离、观测方向无关。在进行辐射测量时,可根据仪器的响应直接反演出面源目标的辐射亮度。

4.1.3 红外辐射定律

4.1.3.1 基尔霍夫定律

物体向周围发射辐射能的同时,也在吸收周围物体所放出的辐射能。如果物体吸收的辐射能大于同一时间所放出的辐射能,其总能量将增加,温度升高;反之总能量减少,温度下降。

当辐射能入射到一物体表面时,将发生三种过程:一部分能量被物体吸收;一部分能量被物体表面反射;一部分能量被透射。对于不透明的物体来说,一部分能量被吸收,另一部分能量从表面反射出去。

如图4-6所示,任意物体A置于一等温腔内,腔内为真空。物体A在吸收腔内辐射的同时又在发射辐射,最后物体A与腔壁达到同一温度T,这时称物体A与空腔达到了热平衡状态。

4-2 等温腔能量交换

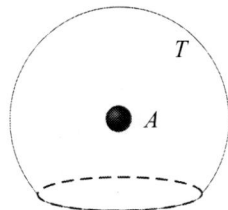

在热平衡状态下,物体A发射的辐射功率必等于它所吸收的辐射功率,否则物体A将不能保持温度T。于是有

$$M = \alpha E \tag{4-27}$$

式中,M为物体A的辐射出射度;α为物体A的吸收率,是物体A的辐射照度。

则式(4-27)可表示为

$$\frac{M}{\alpha} = E \tag{4-28}$$

这是基尔霍夫定律的一种表达形式,即在热平衡条件下,物体的辐射出射度与其吸收率的比值等于空腔中的辐射照度,这与物体的性质无关。物体的吸收率越大,则它的辐射出射度也越大,即好的吸收体必然是好的发射体。

图4-6 等温腔内的物体

4.1.3.2 普朗克定律

基尔霍夫定律中指出黑体辐射出射度与波长和温度有关,因此寻找黑体辐射出射度的具体函数关系式成为研究热辐射理论最基本的问题。直到1900年,普朗克公式才确定了黑体辐射的光谱分布,又称为普朗克辐射定律。它是黑体辐射理论的基本定律,在近代物理学发展中具有极其重要的作用。普朗克首先将微观粒子能量不连续的假设用于普朗克公式的推导上,并借助空腔和谐振子理论,确定了物体的波长和温度与黑体的辐射出射度之间的关系,并得到了与实验结果一致的结论,从而奠定了量子论的基础。以波长为变量的黑体辐射普朗克公式为

$$\omega_\lambda = \frac{8\pi hc}{\lambda^5} \cdot \frac{1}{e^{hc/(\lambda kT)} - 1} \tag{4-29}$$

式中,h为普朗克常数;c为真空光速;k为玻尔兹曼常数;T为绝对温度(单位为K)。

按光谱辐射亮度与光谱能量密度的关系 $L_\lambda = c\omega_\lambda/(4\pi)$，以及黑体所遵守的朗伯辐射规律 $M_\lambda = \pi L_\lambda$，可得黑体的光谱辐射出射度为

$$M_{\lambda bb} = \frac{2\pi hc^2}{\lambda^5} \cdot \frac{1}{e^{hc/(\lambda kT)} - 1} = \frac{c_1}{\lambda^5} \cdot \frac{1}{e^{c_2/(\lambda T)} - 1} \tag{4-30}$$

式中，$M_{\lambda bb}$ 为黑体的光谱辐射出射度，W/($m^2 \cdot \mu m$)]；c_1 是第一辐射常数，$c_1 = 2\pi hc^2 = (3.741\,5 \pm 0.000\,3) \times 10^8$ W·$\mu m^4/m^2$；c_2 是第二辐射常数，$c_2 = hc/k = (1.438\,79 \pm 0.000\,19) \times 10^4$ $\mu m \cdot K$。

普朗克公式揭示了物体热辐射的基本规律，波长范围包括紫外光、可见光、红外光和毫米波。图 4-7 给出了温度在 $500 \sim 900$ K 范围内黑体光谱辐射出射度变化的曲线，图中虚线表示 $M_{\lambda bb}$ 取极大值的位置。

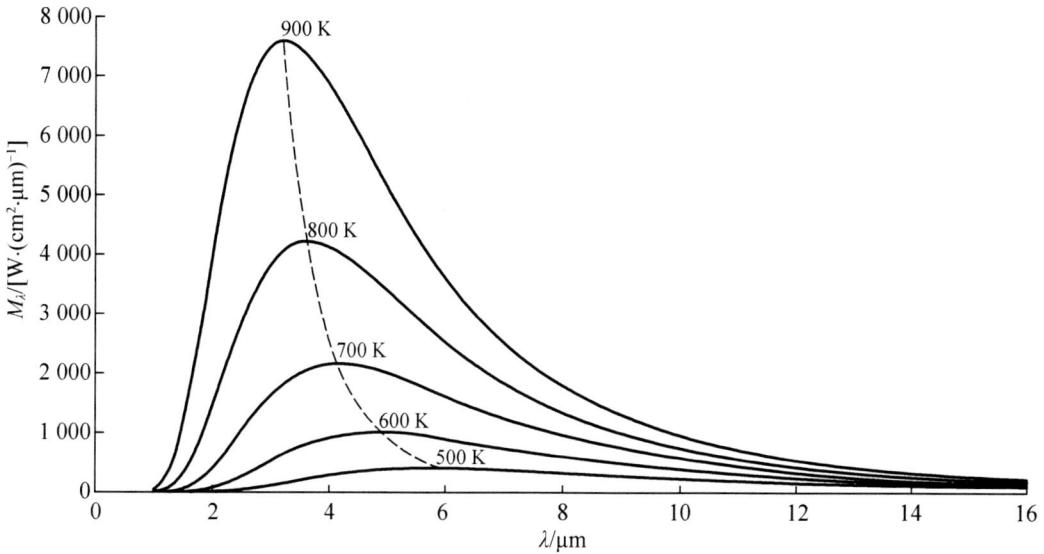

图 4-7　几种不同温度下黑体辐射出射度随波长的变化曲线

从图 4-7 可以看出，黑体辐射揭示了以下几个规律：

（1）黑体的光谱辐射出射度随波长连续变化，且每条曲线只有一个极大值，极大值的连线近似一条直线。

（2）光谱辐射出射度曲线随黑体温度的升高而整体提高。在任意指定波长处，与较高温度对应的光谱辐射出射度也较大，反之亦然。因为每条曲线下包围的面积正比于全辐射出射度，所以上述特性表面黑体的全辐射出射度随温度的增大而迅速增大。

（3）每条光谱辐射出射度曲线彼此不相交，故温度越高，在所有波长上的光谱辐射出射度也越大。

（4）每条光谱辐射出射度曲线的峰值所对应的波长称为峰值波长。随着温度的升高，峰值波长减小。也就是说随着温度的升高，黑体的辐射中包含的短波成分所占比例在增大。

（5）黑体的辐射只与黑体的绝对温度有关。

4.1.3.3　维恩位移定律

维恩位移定律是描述黑体光谱辐射出射度的峰值所对应的峰值波长与黑体绝对温度的关

系表达式,即

$$\lambda_m T = b \tag{4-31}$$

式中,b 为常数,$b = 2\,898.8 \pm 0.4\ \mu m \cdot K$。

维恩位移定律表明,黑体光谱辐射出射度峰值对应的峰值波长 λ_m 与黑体的绝对温度 T 成反比。图 4-7 中的虚线,就是这些峰值的轨迹,其近似一条直线。由维恩位移定律可计算出:人体($T = 310\ K$)辐射的峰值波长约为 9.4 μm;太阳(看作 $T = 6\,000\ K$ 的黑体)的峰值波长约为 0.48 μm。由此可见,太阳辐射的 50% 以上功率是在可见光和紫外区,而人体辐射几乎全部在红外区。

4.1.3.4 斯蒂芬-玻尔兹曼定律

斯蒂芬-玻尔兹曼定律给出了黑体的全辐射出射度与温度的关系。在波长从 0 到 ∞ 的范围对普朗克公式积分,得到

$$M_{bb} = \sigma T^4 \tag{4-32}$$

式中,$\sigma = (5.669\,7 \pm 0.002\,9) \times 10^{-8}\,W/(m^2 \cdot K^4)$。

该定律表明,黑体的全辐射出射度与其温度的 4 次方成正比。因此,温度很小的变化就会引起辐射出射度的很大变化。图 4-7 中每条光谱辐射出射度曲线下的面积,代表该曲线对应黑体的全辐射出射度。可以看出,随温度的增加,曲线下的面积迅速增大。

4.2 空间目标与环境的红外辐射特性

空间目标在轨工作时,在反射太阳、地球等辐射的同时向空间发出辐射,由于其温度较低,自发辐射的能量主要集中在红外波段,这是实现红外波段对空间目标成像的基础。影响空间目标辐射特性的因素主要有两个:空间目标的自发辐射和空间目标的反射辐射。空间目标吸收轨道环境辐射并向空间中发出红外辐射,在内热源的共同作用下,影响空间目标外表面的瞬态温度场分布。空间目标在轨运行过程中,暴露于空间中的包覆材料会在紫外辐射及带电粒子等的作用下发生退化,这种退化会导致目标表面的光学特性发生改变,如太阳吸收比会随着卫星在轨运行时间的增加而增加,进而会影响空间目标的辐射特性,包括自发辐射特性和反射辐射特性。

4.2.1 空间环境辐射特性

空间目标在轨运行过程中,要经历复杂的轨道环境辐射,这些轨道环境辐射会影响空间目标的辐射特性,包括自发辐射特性和反射辐射特性。如图 4-8 所示,空间目标轨道环境辐射包括太阳辐射、地球-大气自发辐射、地球-大气反射太阳辐射、月球反射太阳辐射、其他星体辐射、深空背景辐射等。

4.2.1.1 太阳辐射

太阳是一个直径约为 $1.392 \times 10^6\ km$、质量约为 $2 \times 10^{30}\ kg$ 的球体,其表面温度约为 5 770 K,向空间辐射的功率约为 $3.8 \times 10^{26}\ W$,是地球能量的主要来源。太阳辐射是空间目标在轨运行过程中最主要的环境辐射源。当从地球阴影区进入日照区时,空间目标的外表面温度会急剧升高,空间目标包覆隔热材料的主要作用之一就是阻止吸收的太阳辐射进入内部影响载荷的

正常工作。

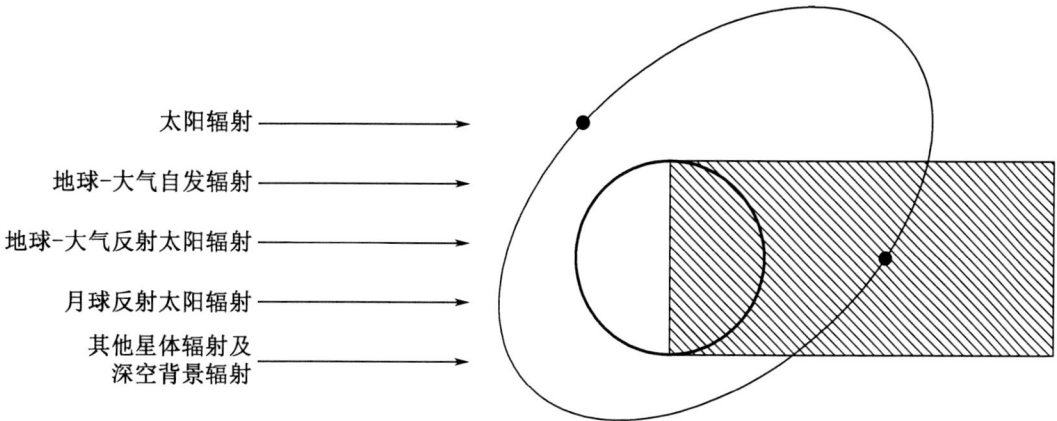

太阳辐射 ⟶

地球-大气自发辐射 ⟶

地球-大气反射太阳辐射 ⟶

月球反射太阳辐射 ⟶

其他星体辐射及
深空背景辐射 ⟶

图 4-8　空间目标轨道环境辐射示意图

太阳光谱辐射照度和太阳全辐射照度均是太阳在大气层顶部,即距离太阳一个天文单位 (1 AU,太阳和地球之间的平均距离,约为 1.5×10^8 km)处的辐射量,前者是不同波长下的辐射照度,后者是前者在全波段的积分。太阳全辐射照度(total sun irradiation,TSI)即太阳常数 (solar constant),但是它不是一个常数,通常为一系列波动值的平均。早在 1838 年,法国物理学家 Claude Pouillet 利用自己设计的太阳热量计获得了太阳常数,其值为 1 228 W/m²。之后 100 多年中,Jules Voille、Charles Greeley Abbot 等进行了多次尝试,但是这些尝试都是根据地表测量的数据推算得到的,与真实值都有一定差异。直到 1978 年,美国发射的 NUMBUS-7 卫星利用其携带的"Hickey-Frieden 空腔辐射计"首次实现了大气层外的太阳全辐射照度测量,避免了大气的干扰,测得的 TSI 为 1 371 W/m²。世界气象组织(WMO)的气象仪器和观察方法委员会(CIMO)在 1981 年公布了根据当时世界各国专家研究结果的 TSI 标准值为 1 367±7 W/m²,是现在普遍使用的值。对 TSI 的测量一直在继续着,包括 1980 年发射的 SSM 卫星、1992 年发射的 EURECA 卫星、2010 年发射的 PICARD 卫星等。瑞士达沃斯物理气象观象台(PMOD)最早实现了不同卫星数据的汇总,并公布在其官方网站上,图 4-9 所示为 PMOD 合成的从 1978 年至今 TSI 日变化曲线。

从图 4-9 中可以看出,TSI 的变化区间在 1 357 ~ 1 363 W/m²,均值为 1 360.99 W/m²,新的计量标准相较于原来的计量标准降低了 5.08 W/m²。实际上地球与太阳之间的距离随轨道位置不断变化,变化幅度为地日平均距离,即一个天文单位的±3%,这些因素都会影响空间目标在轨运行过程中的辐射特性。最早实现天基宽谱段(紫外波段、可见光波段、红外波段)太阳光谱测量的是 2002 年欧洲航天局发射的 ENVISAT(Environment Satellite)卫星,其携带的大气层制图扫描成像吸收频谱仪(scanning imaging absorption spectrometer for atmosphere chartography, SCIAMACHY)可以实现 240 ~ 2 400 nm 波段的光谱监测。2017 年,M. Meftah 等利用国际空间站 (International Space Station, ISS)上搭载的 SOLAR/SOLSPEC 光谱仪测得的数据(165 ~ 3 000 nm),结合 ATLAS3 参考太阳光谱和 SRPM(solar radiation physical modeling)理论模型,得到了 SOLAR-ISS 参考太阳光谱,如图 4-10 所示,其中,实线代表的是 SOLAR-ISS 参考太阳光谱,虚线代表的是 5 900 K 黑体的光谱。

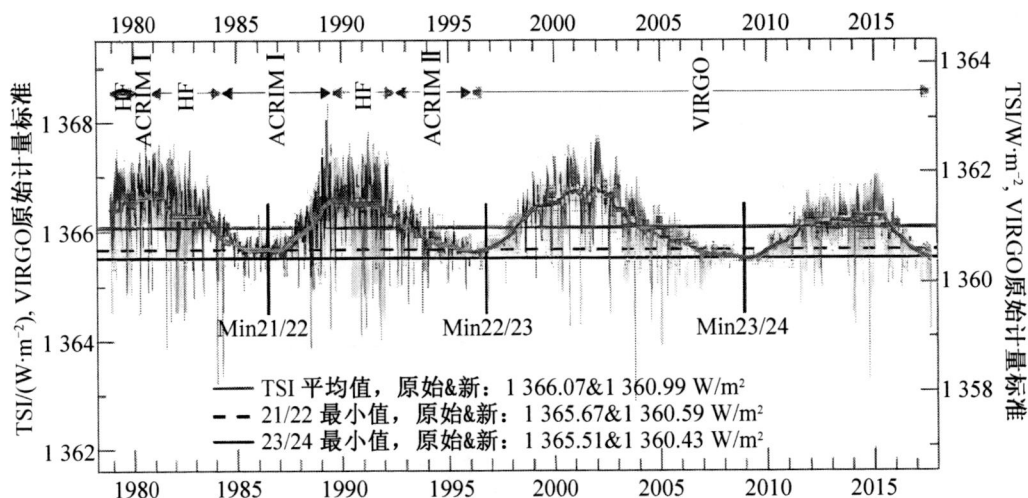

图 4-9　PMOD 合成的 TSI 日变化曲线

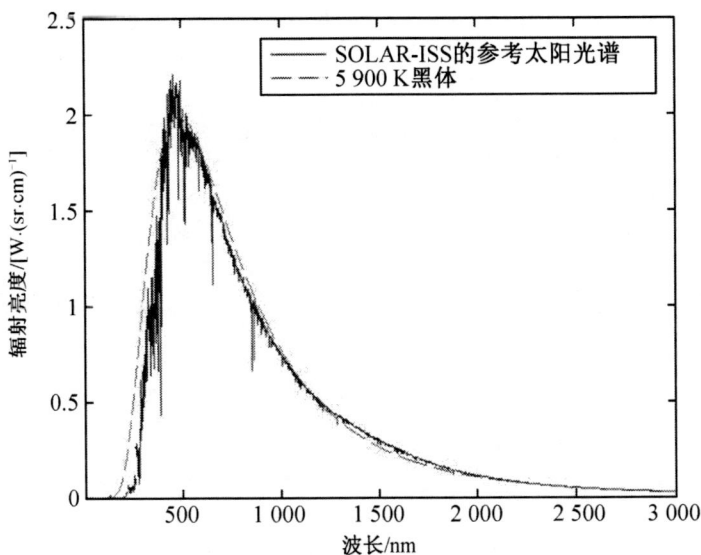

图 4-10　SOLAR-ISS 参考太阳光谱和 5 900 K 黑体光谱

4.2.1.2　地球-大气自发辐射和地球-大气反射太阳辐射

由于受到地表类型、地表海拔及经纬度、大气组成、黄赤交角等众多因素的影响,地球-大气的辐射特性随时间和位置不停变化。海拔和经纬度对地球大气辐射特性的影响主要是地表温度。地球大气包括大气分子和气溶胶,其组成成分复杂,且在大气环流的作用下不停地发生变化。黄赤交角以一年为周期在 $\pm 23°26'$ 之间变化,即太阳直射点在南北回归线间移动。这些因素共同决定了地球-大气的自发辐射和反射太阳辐射。

地球-大气自发辐射的能量主要来源于太阳辐射,大气顶层(top of atmosphere,TOA)接收到的平均热流为太阳全辐射照度的 1/4,约为 340 W/m²,其中约 77 W/m² 被云层和大气反射,约 23 W/m² 被地表反射,剩余的约 240 W/m² 被地表吸收。最大的地球内部热源为地热能,其总热流为 47×10^{12} W,平均值为 0.087 W/m²,远远小于太阳辐射的能量。地球-大气吸收了短波的太阳辐射以长波的形式向外辐射能量。

与自发辐射类似,地球-大气的反射辐射同样受到地表类型、大气分布等因素影响。由于太阳辐射的能量主要分布在短波辐射、可见光和近红外波段,地球-大气反射辐射的能量也主要集中在这些波段。

4.2.1.3　月球反射太阳辐射

从地球上观察,月球是除太阳以外最亮的天体,满月时其视星等为−12.74,月球的直径约为 3 476.28 km,平均轨道半径约为 384 403 km。月球宽波段反射率为 0.136 2,有研究指出月球表面的反射率基本是恒定的,其变化值小于每 10 年 10^{-8}%。月表温度随日照剧烈变化,Leblanc 等提出使用式(4−33)近似表示月球日照区的温度,其结果与美国国家航空航天局(NASA)月球勘测轨道器(lunar reconnaissance orbiter,LRO)进行的月球辐射计实验(diviner lunar radiometer experiment,FLRE)结果相符。

$$T(\varphi) = 262\cos^{1/2}(\varphi) + 130 \text{ K} (\varphi < 90°) \tag{4−33}$$

式中,φ 为月球坐标系的太阳天顶角。午夜时月表的温度约为 120 K,日出前月表的温度约为 109 K。

John W. Salisbury 等测量了 Apollo 计划带回的 17 种土壤样本的半球光谱反射率,这些样本在 8～12 μm 波段的反射率分布在 0.4%～3.1%,平均值约为 1.8%。根据基尔霍夫定律,月球反射率和发射率之和为 1,则可以认为月球在 8～12 μm 波段的发射率为 0.92。

4.2.2　空间目标的红外辐射特性

空间目标的自发辐射和反射辐射共同决定了空间目标的红外辐射特性。空间目标位于不同轨道,其所接收的环境辐射不同,进而其外表面的温度场不同,自发辐射特性也不同。对于处于同一轨道位置的空间目标,当地球位于不同位置时,其接收到的辐射也会有差异。空间目标的自发辐射主要由包覆材料的发射率和温度决定。空间目标的反射辐射主要由其姿态和目标所处的轨道位置决定。以卫星为例,卫星通常由星体和两个具有大的展开面积的太阳能电池板组成,星体内部还包括实现卫星某些特定功能的载荷,如光谱仪、天线等,并且一些卫星表面的大部分会包裹柔性薄膜等热控材料。由于卫星处在一个特殊并且变动的空间辐射环境中,在日照区,卫星的红外辐射中反射辐射占较大比重,因此反射辐射特性占主导地位;在阴影区,与之相反,卫星主要是靠自身的热控系统来维持内部温度的正常,因此自发辐射特性占据主导地位。

空间目标内部有效载荷对工作条件有严格的要求,往往需要使用热控系统保证其在允许的温度范围内工作,并将多余的热量传输到目标表面的散热区域,辐射到空间中。其他部件如天线的馈源等,也属于红外特征源。

4.2.2.1　辐射散热器

辐射散热器是空间目标热控系统的重要组成部分。空间目标内部的电子系统、机械系统、电源系统等载荷在工作的时候都会产生多余热量。热控系统通过被动传热(如传导、辐射等)或主动传热(如热管等),将多余热量输送到辐射散热器并辐射到太空。辐射散热器在排放载荷生成的多余热量的同时还需要排出吸收的太阳辐射、地球辐射等能量,因此辐射散热器的表面材料一般选择低太阳吸收比、高红外发射率的材料,如石英玻璃镀铝二次表面反射镜、F46薄膜镀铝二次表面镜、聚酰亚胺薄膜镀铝二次表面镜、白漆等。

大多数空间目标的辐射散热器的散热功率在 $100 \sim 350 \ \text{W/m}^2$。不同空间目标的辐射散热器的大小和位置往往不同,具体的辐射散热器设计需要考虑载荷的工作温度要求、环境辐射、最极端情况下载荷产生多余热量的功率等因素。常见的辐射散热器有三种:第一种是结构面板辐射散热器;第二种是镶嵌型辐射散热器;第三种是可展开辐射散热器。

(1)结构面板辐射散热器

将空间目标结构的部分区域作为辐射散热器是最简单、最常用的一种形式。这种形式适用于散热功率比较小的空间目标,载荷工作时产生的多余热量可以通过空间目标结构扩散到空间目标外表面。这种类型的辐射散热器也被称为散热面,因为辐射散热器本身就是目标本体外表面的一部分。在进行设计的时候,需要考虑不同载荷产生多余热量的功率,将散热功率高的载荷,如蓄电池等,放置在受环境辐射影响较小的面附近。如果这些散热功率比较高的载荷位置离散热面较远或者散热功率很高,可以使用热管将多余热量传输到散热面,此时一般会采用热管预埋技术将热管镶嵌于结构面板中以助于散热。嫦娥一号(CE-1)卫星的热控系统就是采用结构面板辐射散热器。

(2)镶嵌型辐射散热器

对于一些特殊的情况,如要求辐射散热器的工作温度与空间目标其他区域的温度不同,或者空间目标的结构面板不能作为辐射散热器,此时需要使用镶嵌型辐射散热器。这种散热器本身可能也是一种预埋热管的蜂窝板或加固的铝板,在散热器和目标本体之间会使用多层隔热材料进行隔离。镶嵌型辐射散热器是结构面板辐射散热器和可展开辐射散热器之间的过渡,其结构与可展开辐射散热器的一块类似。NASA 的地球观测系统(earth observing system, EOS)AM-1 卫星使用的就是镶嵌型辐射散热器。

(3)可展开辐射散热器

当空间目标部分载荷产生多余热量的功率太高,使用前两种辐射散热器不能满足散热需求时,需要使用可展开辐射散热器增加空间目标的散热面积。这种辐射散热器常常使用在载人航天器或者大型地球同步轨道通信卫星等空间目标上。国际空间站(International Space Station, ISS)使用的辐射散热器是最大的可展开辐射散热器。

4.2.2.2 天线

对于一般的空间目标来说,如光学卫星、国际空间站等,天线是用来与地面进行数据交流的。这类空间目标天线的工作功率比较低,一般可以通过使用涂料、隔热层、低热膨胀系数材料等手段将其面形保持在允许范围内。通信卫星的天线面积比较大,通信转发器在工作的时候会产生大量的多余热量,这些多余热量往往通过辐射散热器排出,其天线也没有明显的红外特征。

雷达卫星主要是指合成孔径雷达(synthetic aperture radar, SAR)卫星,是一种主动式的微波成像传感器。这种卫星通过发出一定宽度的微波波束并接收回波再经过数据处理得到地物的二维图像。合成孔径雷达的工作不受气候条件和光照条件的影响,可以实现全天时工作,并且具有一定的穿透性,在军事侦察、自然灾害检测、自然资源普查等领域有重要的应用。随着电子晶片制造技术的不断发展,SAR 的口径越来越大,天线通道数越来越多,总功率越来越高,这导致局部产生多余热量的功率越来越高,热控技术已经成为制约 SAR 发展的因素之一。SAR 天线的热控系统一般由被动热控和主动热控组成,通过合理选择散热面并使用高发射率的材料可以满足基本的散热需求,另外有热管环路等系统进一步保证天线的工作温度范围。

4.3　红外成像探测基本原理

4.3.1　基本系统组成及工作流程

红外成像探测系统和可见光成像跟踪探测系统结构基本相同,具有相同的跟踪架和跟踪伺服系统,其作用都是捕获目标、自动跟踪与辐射特性测量,不同的是捕获目标的方式不一样。红外成像探测系统是当空间目标的红外辐射进入红外光学系统视场时,利用红外探测器捕获目标,给出目标像点位置的电信号,送给跟踪伺服系统,实现空间目标的红外成像跟踪探测,并输出红外图像、红外辐射测量和测轨数据。其基本组成如图 4-11 所示。

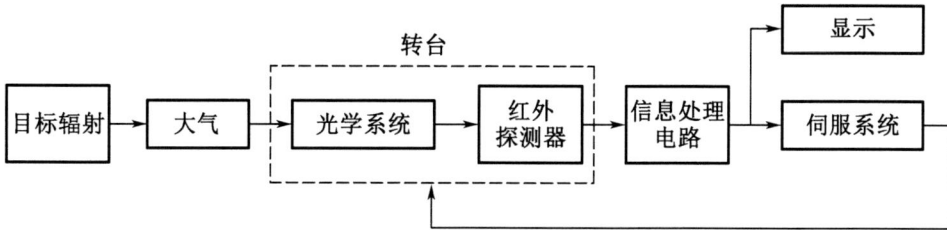

图 4-11　红外成像探测系统基本组成框图

红外成像探测系统工作流程如图 4-12 所示。系统对红外传感器摄取到的红外图像序列进行处理与分析,经过图像的预处理、图像的分割识别等一系列信息处理,最终实现对目标位置的实时精确测量,进而由红外图像反演获得目标的辐射特征参数。

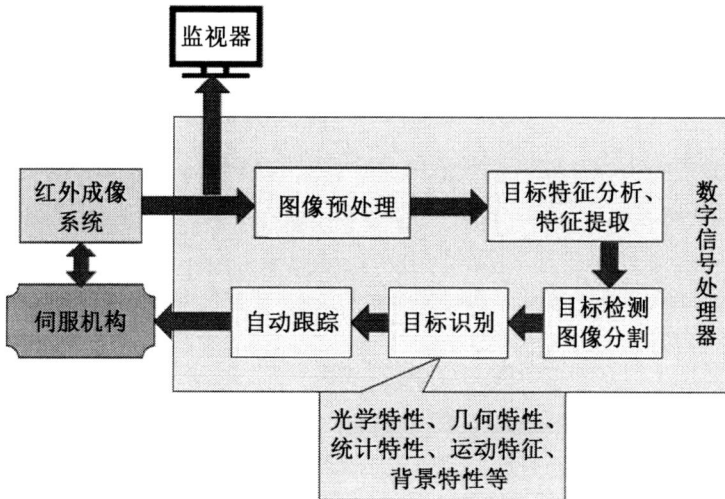

图 4-12　红外成像探测系统工作流程

红外成像探测系统的核心是对红外目标进行检测与跟踪并进行红外辐射特性测量。

红外目标检测与跟踪的基本原理是：红外图像中同时包括目标和红外背景信息，将实时采集到的目标图像送到图像预处理模块。由于红外图像与可见光图像相比有不一样的特点，图像预处理模块会利用一些快速处理的方法，通过对原始图像预处理来达到抑制红外背景同时提高图像信噪比的目的，然后利用目标检测算法在红外图像中提取出目标，最后利用红外目标跟踪算法完成目标轨迹的跟踪，并进行预测。常用的红外图像目标跟踪方法与可见光电视跟踪测量系统中的跟踪方法类似，同样采用边缘跟踪、形心跟踪、矩心跟踪、相关跟踪等。

目标检测是指从图像序列中寻找并提取出目标的过程。目标检测是跟踪的前提，只有及时地检测到场景中存在的目标，才能保证后续的跟踪。

由于红外小目标自身的特点，它的检测与跟踪相对于面目标和大目标要困难得多，一般用单帧图像难以实现对这类小目标的可靠检测，也无法确定小目标的位置及轨迹信息。

对于红外弱小目标的检测，如果从弱小目标检测和目标运动轨迹过程的前后关系入手，根据目标的先验信息，以及目标运动轨迹信息等目标特性的使用顺序，可以把检测算法分为两类：先检测后跟踪（detect before track，DBT）算法以及先跟踪后检测（track before detect，TBD）算法。

空间目标红外辐射特性包括目标辐射强度、辐射亮度（温度）及辐射光谱等重要特征信息。红外辐射特性测量是在红外测量系统获得目标红外图像后，根据目标辐射测量模型和系统标定的辐射响应度、大气透过率等参数对目标图像进行辐射反演。

4.3.2　辐射测量原理

根据红外辐射理论，任何物体表面的红外辐射包括自身辐射和对周围环境辐射的反射，那么探测器上接收的不仅有被观测对象的红外辐射，而且有来自太阳、地球、大气和背景的红外辐射。探测器最终能接收到的辐射主要包括这几部分：太阳直接辐射、地球直接辐射、地球反射的太阳辐射、目标反射的太阳辐射、目标反射的地球辐射、经地球反射到目标上又经目标反射的太阳辐射、目标自身辐射，如图4-13所示。这些辐射的光谱辐射照度叠加就是探测器上总的光谱辐射照度。可见，在红外辐射测量中直接获得的红外图像是目标和环境背景辐射的综合反映，这也就增加了测量目标红外辐射强度的难度。

目标自身辐射与目标表面温度有关，根据普朗克公式，目标的辐射出射度为

$$M_t(\lambda,T)=\varepsilon_t(\lambda,T)\frac{c_1\lambda^{-5}}{\exp\left(\dfrac{c_2}{\lambda T}\right)-1} \tag{4-34}$$

式中，$\varepsilon_t(\lambda,T)$为目标表面发射率。

目标表面对周围环境景物的反射辐射包括太阳辐射、天空背景辐射、地球反射太阳辐射、地球自身红外辐射、地球反射天空背景辐射，表达式为

$$M_{ret}=\rho_t(M_{sun}+M_{sky}+M_{grd})+\rho_{地}(M_{sunR}+M_{skyR}) \tag{4-35}$$

式中，ρ_t为单元表面红外波段范围内目标的反射率；$\rho_{地}$为单元表面红外波段范围内地球的反射率；M_{sun}为单元表面接收的红外波段范围内的太阳辐射能；M_{sky}为单元表面接收的红外波段范围内的天空背景辐射能；M_{grd}为单元表面接收的红外波段范围内的地球自身辐射能。M_{sunR}为单元表面接收的红外波段范围内的地球反射太阳辐射能；M_{skyR}为单元表面接收的红外波段范围内的地球反射的天空背景辐射能。

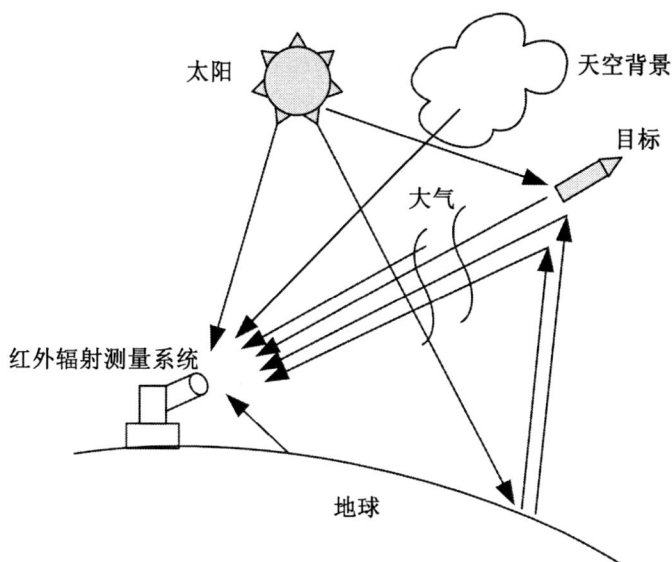

图 4-13　目标和环境红外辐射关系

目标表面单元的总辐射通量为

$$M_{all}(T,\lambda) = M_t + M_{ret} \tag{4-36}$$

将目标看成朗伯辐射体,则目标总的光谱辐射亮度为

$$L_{all}(T,\lambda) = M_{all}(T,\lambda)/\pi \tag{4-37}$$

在大气环境下,红外测量系统对目标进行辐射测量时,目标辐射在到达红外测量系统探测器的传输过程中受到大气的衰减,同时大气自身辐射也叠加到目标辐射上一同到达探测器。

在对流层以下,大气对红外线具有选择性吸收,导致有些波段的红外线不能穿过大气层传输,而有些波段的红外线具有较高的透过率。通常将大气透过率较高的波段称为"大气窗口",如图 4-14 所示。

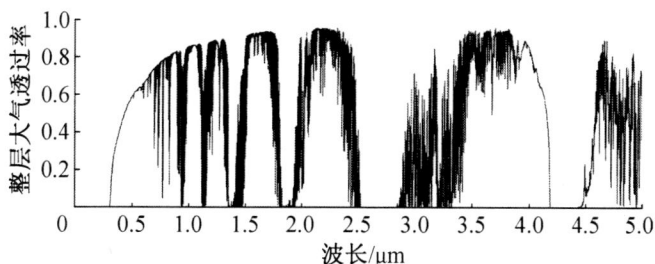

图 4-14　典型大气透过率曲线

在大气窗口内,红外辐射也有部分程度的衰减,但是在窗口外,红外辐射基本不能穿过大气层。除了可见光波段外,在 0.76~1.11 μm、1.16~1.32 μm、1.25~1.77 μm、2.1~2.4 μm、3.4~4.1 μm、4.5~5.3 μm、8~14 μm 等红外波段有较高的透过率。

红外探测波段可划分为若干个子波段。不同专业领域根据各自的应用,提出了不同的波段划分方法。如国际照明委员会将红外划分为近红外(0.7~1.4 μm)、中波红外(1.4~3 μm)、远红外(50~1 000 μm)波段;天文工作者同样将红外分为近红外、中波红外、远红外等波段,但波长范围不同。目前,较常见的红外探测波段划分方法兼顾了应用、大气窗口、探测器响应等因素,将整个红外波段划分为近红外、短波红外、中波红外、长波红外、远红外等5个子波段(表4-1)。

表4-1 红外波段划分(常用)

波段名	英文名	缩略语	波长范围/μm
近红外	near infrared	NIR	0.75~1.4
短波红外	short wavelength infrared	SWIR	1.4~3
中波红外	middle wavelength infrared	MWIR	3~8
长波红外	long wavelength infrared	LWIR	8~15
远红外	far infrared	FIR	15~1 000

结合红外探测器的波段划分,通常红外大气窗口指的是1~3 μm、3~5 μm、8~14 μm 三个波段,这三个窗口的红外辐射能量对应目标的典型温度大约分别为1 500 K、900 K和300 K。人造卫星、空间碎片等轨道飞行器以及飞行中段的弹道导弹等空间目标,表面温度分布在200~350 K,其自身辐射的红外能量主要集中在长波红外波段,对这些目标的探测应该采用长波红外探测器。

假设,红外辐射测量系统工作在探测器的线性响应区间,则大气环境下的目标辐射测量模型如下:

$$DN_t = \alpha \left[\tau_a \int_{\lambda_1}^{\lambda_2} r_\lambda L_{all}(T,\lambda) \, d\lambda + L_a \right] + DN_0 \tag{4-38}$$

式中,DN_t 为红外测量系统的红外图像像元灰度值,α 为测量系统的绝对辐射亮度响应度,r_λ 为测量系统的相对光谱响应函数,$\lambda_1 \sim \lambda_2$ 为测量系统的工作波段,$L_{all}(T,\lambda)$ 为被测目标总的光谱辐射亮度,τ_a、L_a 分别为目标与测量系统之间的大气透过率和大气程辐射,DN_0 是由测量系统自身光机结构热辐射、散射背景辐射以及探测器暗电流等引起的偏移值。

由式(4-38)可知,要从红外图像像元灰度数据 DN_t 反演得到目标辐射特性,需要先对红外测量系统进行光谱标定和辐射亮度标定,以确定相对光谱响应函数 r_λ 和绝辐射亮度响应度 α 以及偏移值 DN_0。另外,在目标红外辐射特性测量期间还需获得目标和测量系统之间的大气透过率 τ_a 和大气程辐射 L_a,以便对目标辐射进行大气修正。最后,还要扣除反射太阳的辐射和天空、地面等背景辐射。

在红外测量系统获得目标红外图像后,根据式(4-38)的目标辐射测量模型,利用测量系统标定的辐射响应度 α、偏置 DN_0 以及大气透过率 τ_a 和大气程辐射 L_a 对目标图像进行辐射反演。

在式(4-38)中,定义测量系统接收的有效辐射亮度为

$$L_{ava}(T) = \int_{\lambda_1}^{\lambda_2} r_\lambda L_{all}(T,\lambda) \, d\lambda \tag{4-39}$$

测量系统对空间目标的辐射测量模型式(4-38)可改写为

$$DN_t = \alpha(\tau_a L_{ava} + L_a) + DN_0 \qquad (4-40)$$

由式(4-40)可反演得到目标辐射亮度为

$$L_{ava} = \frac{\left(\dfrac{DN_t - DN_0}{\alpha} - L_a\right)}{\tau_a} \qquad (4-41)$$

若不考虑周围环境和背景辐射,利用普朗克公式,将式(4-41)的目标有效辐射亮度 L_{ava} 转换成等效黑体辐射:

$$L_{ava}(T) = \int_{\lambda_1}^{\lambda_2} r_\lambda L_{all}(T, \lambda)\, d\lambda = \int_{\lambda_1}^{\lambda_2} \frac{r_\lambda}{\pi} c_1 \lambda^{-5} \left[\exp\left(\frac{c_2}{\lambda T}\right) - 1\right]^{-1} d\lambda \qquad (4-42)$$

从而,可利用近似数学模型或数值分析法由式(4-42)解得目标辐射温度 T_t。

对于点目标,对应单个像素的辐射亮度为

$$L_t(T_t) = \frac{1}{\pi} \int_{\lambda_1}^{\lambda_2} c_1 \lambda^{-5} \left[\exp\left(\frac{c_2}{\lambda T_t}\right) - 1\right]^{-1} d\lambda \qquad (4-43)$$

通过下式计算目标总辐射强度:

$$I'_t(T_t) = \sum_i L'_{t,i} \times (IFOV \cdot R^2) \qquad (4-44)$$

式中,$L'_{t,i}$ 为目标区第 i 个像元的辐射亮度;IFOV 为红外测量系统单元探测器的立体视场角,R 为目标距离。

利用式(4-41)可以反演出目标辐射亮度,利用式(4-42)可以反演出目标表面温度,利用式(4-44)可以反演出点目标辐射强度。

式(4-41)反演所得目标亮度不仅有被观测目标自身红外辐射,而且还有来自太阳、地球和天空的背景红外辐射。太阳辐射、地球辐射、天空大气辐射和地球反射的太阳辐射、天空大气辐射等直接照射探测器所产生的辐射照度太大,会掩盖空间目标自身的辐射特性,所以红外辐射特性测量时应控制探测器的位置和姿态,使太阳和地球位于探测器的视场角之外。若空间目标处于大气层外,地球及其大气的长波红外辐射较强,而空间冷背景(等效温度约为 4 K)的红外辐射极其微弱,此时红外探测器的视场应对着空间冷背景。如果目标的红外辐射特性测量不能避开周围背景辐射的影响,则需要在目标红外特性反演时估算并扣除背景辐射。

大气传输修正的目的是提供地基红外辐射测量系统和目标之间的大气透过率和程辐射。通过测量大气参数和目标方位、距离信息,利用大气辐射传输计算软件计算红外辐射测量系统和目标之间的大气透过率和程辐射。需要测量的大气参数主要有地面水平能见度、气溶胶消光高度分布廓线、整层大气透过率、整层水汽总量、地面温湿压、风速风向等。

目标反射太阳的辐射强度与太阳相对位置、目标形状、目标漫散射系数等有关。首先需计算太阳在目标位置处的直射辐射,然后根据面元法计算反射太阳辐射。目标位置处太阳直射辐射能 M_s 可以通过 Modtran 软件计算得到,计算输入为目标位置经度、纬度、高度、日期时间等参数以及大气参数等,则目标反射太阳辐射照度为

$$M_{sun} = \rho_{sun} M_s A \cos\theta_s \cos\theta_t / \pi \qquad (4-45)$$

式中,A 为目标反射面积;θ_s 和 θ_t 分别为反射面法线与太阳方向和观测方向的夹角。显然,当目标反射面法线与太阳方向 $\theta_s \geqslant 90°$ 时,目标反射太阳的辐射可以忽略。

目标反射天空背景辐射主要来源是大气向下的热辐射,根据地面气象参数对大气进行分层,通过 Modtran 软件可计算大气向下的热辐射。同样,目标反射天空背景辐射与目标法线和天顶角以及与水平面的夹角有关,需要根据观测角度和目标法线的变化分别讨论。

目标反射地面背景辐射包括地表温度产生的辐射、地面反射太阳辐射、地面反射天空背景辐射、地面到目标的大气路径辐射及大气路径透过率。地面温度在工程上可近似用地面环境温度表示,并近似认为地表附着物都具有灰体特性,即发射率为一常数,则地表的辐射亮度计算如下:

$$L_{grd}(\lambda, T_{grd}) = \frac{\varepsilon_{grd}}{\pi} \int_{\lambda 1}^{\lambda_2} \frac{c_1 \lambda^{-5}}{\exp\left(\dfrac{c_2}{\lambda T_{grd}}\right)} d\lambda \qquad (4-46)$$

式中,ε_{grd} 为地表平均发射率,根据不同植被、土壤等覆盖率及其各自发射率加权计算得到。

地面反射太阳直射辐射、反射天空背景辐射计算与前面计算目标反射太阳直射、反射天空背景辐射的计算方法相同。将目标位置替换为地面坐标位置,为了工程上简化,将地面面元近似认为漫发射体,面元法向为垂直向上,即可计算地面反射太阳直射辐射、反射天空背景辐射。空中目标处接收到的地面反射辐射是对可观测到的地面区域反射辐射的总和,所以需要计算各个角度、距离下的路径辐射和大气透过率。

4.3.3 辐射定标

空间目标红外辐射特性测量需要利用探测器的输出量反演出目标的辐射特征量,即完成目标辐射的定量测量,这意味着事先需对红外辐射测量系统的响应度进行标定,以建立探测器输入量和输出量之间的严格数值对应关系。红外辐射特性测量系统对目标辐射的测量精度在很大程度上取决于标定精度,因此,定标技术已成为红外辐射特性测量系统研制、使用中的关键技术之一。

红外辐射定标就是采用各种辐射源,确定红外探测系统焦平面阵列探测器上的每个探测单元输出的数值量化图像信号与其所接收的红外辐射能量之间的关系。当已知辐射源的温度和单色光谱时,就可以建立红外探测系统探测器输出与标定辐射源的温度、光谱之间的关系,实现对辐射强度和辐射光谱标定。红外辐射特性测量结果的准确与否,与系统各部分都密切相关。对于探测器,其响应曲线在不同环境温度、不同积分时间均不一样,随着时间的推移,器件也会逐步老化,其响应曲线也有所不同;对于光学系统,由于光学镜片污染、膜系老化等因素会导致光学透过率、反射率发生变化,从而影响整个系统的辐射测量精度。因此,为获得准确的测量结果,在测量前和测量过程中都需要对整个辐射测量系统进行标定。

为了保证辐射定标精度,定标过程中,需要根据红外成像系统自身的光学系统结构、口径大小及工作环境的不同,合理地选择不同的定标源与定标方法。一般来说红外辐射测量系统的定标要求不确定度在 10% 以内。

4.3.3.1 红外辐射定标源

根据红外辐射特性测量系统的辐射定标的定义可知,需要确定进入红外探测系统中的辐射量,在具体的红外探测系统辐射标定过程中,主要由各种辐射标定源来精确地提供。不同的红外探测系统、同一红外探测系统在不同的工作环境中需要不同形式的标定源,这里介绍几种常用红外探测系统辐射标定源:黑体、积分球、地面辐射场、太阳、红外星等。

（1）黑体

黑体是一个抽象的概念,可分为绝对黑体和人工黑体两大类。绝对黑体是能够完全吸收入射辐射且具有最大辐射率的物体。绝对黑体是一个理想的概念,在自然界并不实际存在,可用人工的方法制作尽可能接近绝对黑体的辐射源。人造黑体是绝对黑体的模拟器,在一个等温密封腔的腔壁上开个小孔,使容器的温度控制在一定精度之内,只要满足腔壁近似等温,开孔比腔体小得多,就可以制作一个绝对黑体的模拟器,供红外仪器作辐射校正用。

4-3　黑体为什么这么"黑"?

黑体具有如下特点:

①从理论上讲,吸收率 $\alpha=1$ 的物体,全吸收,没有反射和透射。

②从结构上讲,封闭的等温空腔内的辐射是黑体辐射。

③从应用角度看,如果把等温封闭空腔开一个小孔,则从小孔发出的辐射能够逼真地模拟黑体辐射,这种装置称为黑体炉。

黑体应用广泛,可用于标定各类辐射探测器的响应度;标定其他辐射源的辐射强度;测定红外光学系统的透射比;研究各种物质表面的热辐射特性;研究大气或其他物质对辐射的吸收或透射特性。

黑体辐射源的类型按工作温度可分为:1 273 K 以上的称为高温黑体,其辐射能通量在近红外波段;1 273～373 K 的称为中温黑体,其辐射通量在中红外波段;223～373 K 的称为近室温黑体,工作在远红外波段;低于 223 K 的称为低温黑体。其主要指标:工作温度、开口直径、光阑孔径、发射率、控温精度、升温时间、温度显示精度。

对温度控制稳定性的要求取决于对黑体辐射精度的要求。根据黑体辐射源的辐射出射度 $M=\varepsilon\sigma T^4$,有效发射率一般在 0.99 以上。所以当黑体源工作温度改变 dT 时,由此引起黑体辐射出射度的相对变化 $dM/M=4(dT/T)$。因此,如果要求黑体源的辐射出射度变化小于1%,则要求黑体腔内的温度变化不超过 0.25%,对于 1 000 K 的黑体辐射源,要求温度测量和控制的精度在 2.5 ℃ 以内。又如,若要保证 0.5% 的辐射出射度精度,则要求控制温度的精度约为 0.1%,对于 1 000 K 黑体源,要求温度测量和控制的精度达 1 ℃ 左右。

对于作为参考源的面源黑体辐射源,温度稳定性、温度均匀性、发射率等是其重要的特征参数。黑体辐射源的发射率随着产品的要求不同有 97% 和 99% 的不同设计,对应的发射率偏差分别在 2% 和 0.4% 以内;温度稳定度和温度均匀性都是黑体辐射源的主要参数,前者反映了黑体辐射的时间稳定性,后者反映了面形黑体的空间均匀性,两者均对热成像系统的温度和空间分布特性具有直接的影响,一般均应具有比被测或标定热成像系统高一个数量级的精度。从制造和控制的技术角度考虑,面源黑体尺寸越大,工艺难度越大,相应的黑体辐射源价格越高。图 4-15 是面源黑体实物图片。

腔体或面黑体源是实验室近距离辐射标定最常用的一类黑体源。由于红外系统的特殊性,其光学系统口径一般较可见光要大,需要黑体的口径也相对大一些。面黑体源的口径可以做得较大,采用面黑体源时辐射源应该充满整个光学测量设备的视场,同时还要关注黑体源的辐射精度和辐射均匀性两项指标是否满足测量系统标定精度的要求。

黑体标定是最常用的辐射标定方法,黑体标定又分为内置黑体标定和外置黑体标定,外置黑体标定常用于红外辐射测量系统工作前、后的系统标定,内置黑体标定可用于测量系统工作

过程中的现场实时标定,由于内置黑体源通过转镜切入光路,因此只能对测量系统的部分光路和探测接收系统进行标定,所以内置黑体标定常常与其他标定方法共同使用。

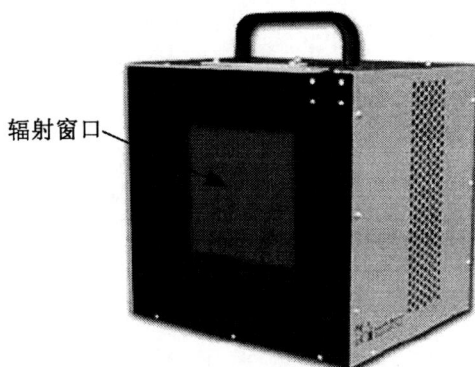

图 4-15　面源黑体辐射源

(2)积分球

积分球是一种根据黑体辐射基本理论基尔霍夫定律制成的黑体源,它并非一个单独的测量设备,通常将其与光源、探测器配合模拟理想漫射光源和匀光器,作为光辐射测量中的标准光源。如将其与可调激光器、单色光源配合获得可见光至中红外波段的辐射,用于光谱定标。积分球的基本结构如图 4-16 所示。它的主要优点是辐射精度高,均匀性好。由于其出射窗口大小的限制,一般将其作为中、小口径系统的定标。

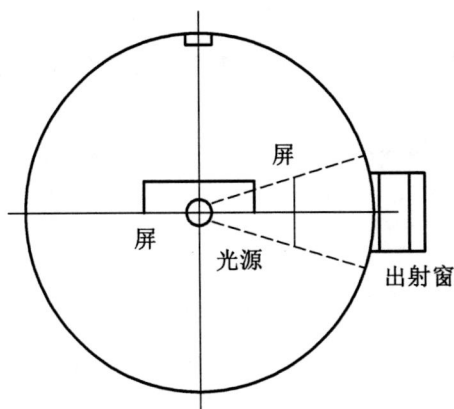

图 4-16　积分球的基本结构

(3)地面辐射场

地面辐射场是一种利用地球表面大面积均匀稳定的地物目标作为标定源,实现机载或星载空间红外探测系统的辐射校正。

采用地面辐射场标定,成像系统可以处在正常运行状态和外界环境条件,当飞机、卫星和航天器上的成像系统飞越辐射标定场上空,在辐射标定场选择若干像元区,测量成像系统对应的各波段地物的光谱反射率和大气光谱参量,并利用大气辐射传输模型给出成像系统入瞳处各光谱带的辐射亮度,最后确定它与成像系统对应输出的数字量化的数量关系,求解标定系数,并进行误差分析。

采用地面辐射场作为标定源方法的主要优点在于,它是基于地面大面积地表均匀地物作为标定源,不但可以实现全孔径、全视场、全动态范围的标定,而且还考虑到大气传输和环境的影响。这种标定方法实现了对成像系统运行状态下与获取地面图像完全相同条件的绝对校正,可以从成像系统开始工作到其失效整个过程提供校正,可对成像系统进行真实性检验和对一些模型进行正确性检验。地面辐射场标定方法的不足之处就是需要测量和计算空中成像系统过顶时的大气环境和地物反射率。

(4)太阳

太阳可被认为是一个均匀朗伯体,大气层外太阳光谱辐射照度在光谱段上的积分值可认为是一个常数,而且太阳可以照射到飞机、卫星和航天器等空间飞行器的成像遥感器,所以太阳是空间飞行器上成像系统在飞行过程中理想的实时辐射标定源。利用太阳辐射标定的优点是辐射量准确。空间飞行器采用太阳辐射标定时有两种方法可以将太阳辐射引入测量系统,一种是采用光纤直接把太阳辐射引入测量系统的光路,另一种是在成像系统镜头前用漫反射板将太阳辐射反射到接收光学系统,后者的结构比较复杂。

(5)红外星

红外星通常被用于地基红外辐射特性测量系统的现场定标,主要通过标准红外星辐射照度数据与地基红外系统的实测对比的方式,标定大气透过率和天空背景影响。

自 20 世纪 60 年代,人类就陆续利用机载、箭载、星载等测量工具对红外恒星进行观测,得到了大气层外准确的光谱辐射数据。恒星的亮度及坐标位置较为稳定,可作为标准源,广泛应用于天文观测、红外系统标定、星空背景红外建模研究等方面。将不同波段测到的天体在红外波长上的星等大小、流量以及位置、光谱型等汇集在一起,就形成了各种红外星表。

国外经过多年探索发展,已实施多个地基、空基以及天基的红外巡天观测计划,并生成覆盖红外各波段的红外星表,建立了较为完备的红外星库。例如,NASA 的 IRAS、WISE、2MASS(2 μm)点源星表(point source catalog,PSC);ESA 的 Hipparcos 星表;日本宇宙航空研究开发机构(JAXA)的 AKARI。这些红外星库涵盖了从短波红外、中波红外到长波红外的波段。

表 4-3 列出了部分行星、亮星和红外星的目视星等和色温。根据恒星的色温,按照 Harvard 分类法对恒星光谱进行分类,由字母 B、A、F、G、K 和 M 等符号加 0~9 数字表示恒星光谱类型,如表 4-4 所示。

表 4-3 部分行星、亮星和红外星的目视星等和色温

名称	目视星等 M_v	色温 T/K
月球(满月)	-12.2	5 900
金星(最亮时)	-4.28	5 900
火星	2.25	5 900
木星	2.25	5 900
水星	-1.8	5 900
土星	-0.03	5 900

表 4-3(续)

名称	目视星等 M_v	色温 T/K
天狼星	-1.60	11 200
老人星	-0.82	6 200
参宿星(双星座)	0.01	4 700
织女星	0.14	11 200
五车二	0.21	4 700
大角	0.24	3 750
参宿七	0.34	13 000
南河三	0.48	5 450
勇士星	0.60	15 000
β 半人马星座	0.86	23 000
牛郎星	0.89	7 500
参宿四	0.92	2 810
毕宿五	1.06	3 130
北河三	1.21	3 750
新宿二	1.22	2 900
南十字(α)	1.61	2 810
南十字(β)	2.24	2 810

表 4-4 恒星光谱与色温

光谱类型	星体色温/K
A—0	20 000
F—0	11 000
G—0	7 500
K—0	6 000
M—0	5 000
B—0	3 500

对于标定用红外自然星的选择依据是:

(1)恒星光谱流量密度不随时间发生周期性或非周期性的变化,即恒星不能是变星;

(2)恒星能量在红外成像探测系统的探测能力范围内;

(3)恒星光谱波段涵盖系统工作波段。

目前,国内常用由 Martin Cohen 博士和 Mike Egan 博士依据地基/空基望远镜测光结果和红外光谱仪的测量结果建立的红外标准星光谱数据库,库中有 620 颗亮星,覆盖全天空网络,

光谱曲线覆盖 $1.2 \sim 35$ μm,其中 422 颗星的光谱分辨率为 0.05 μm,光谱精度优于 2%。其余标准星的光谱分辨率 $\lambda / \Delta \lambda$ 约为 100,光谱不确定度优于 5%。

4.3.3.2　探测器终端定标原理

对红外成像探测系统的探测器终端进行辐射亮度标校,进而推算得到整个系统的辐射亮度响应率 α 和辐射照度响应率 k。

假设系统工作在探测器的线性响应范围内,探测器在线性范围内的响应关系为

$$DN = \alpha L_{bb}(T) + DN_0 \tag{4-47}$$

式中,DN 为红外图像灰度值;α 为待标定的系统辐射亮度响应;DN_0 是由相机自身光机结构热辐射、散射背景辐射以及探测器暗电流引起的偏移值,也是需要通过标定确定的未知量;$L_{bb}(T)$ 为定标辐射源(如黑体)在系统入瞳处的辐射亮度。

设定大面源黑体的工作温度为 T,输出光谱辐射亮度为 $L_{bb}(\lambda, T)$,系统对黑体测量得到的有效黑体辐射亮度值为 $L_{bb}(T)$ [单位为 $W/(m^2 \cdot sr)$],则测量系统输入输出之间具有以下关系:

$$L_{bb}(T) = \alpha \int_{\lambda_1}^{\lambda_2} r_\lambda L_{bb}(\lambda, T) \, d\lambda \tag{4-48}$$

式中,r_λ 为系统的相对光谱响应函数;$\lambda_1 \sim \lambda_2$ 为测量系统的工作波段。

定标时,设定不同的黑体工作温度 T_i,得到一系列相应的输出数码值 DN_i,对获得的多组 $[DN_i, L_{bb}(T_i)]$ 进行最小二乘拟合,得到探测器终端的辐射亮度响应率 α。

大面源黑体的光谱辐射亮度通过普朗克公式计算:

$$L_{bb}(\lambda, T) = \frac{\varepsilon_{bb}}{\pi} c_1 \lambda^{-5} (e^{c_2 / \lambda T} - 1)^{-1} \tag{4-49}$$

式中,ε_{bb} 为黑体发射率;c_1、c_2 分别为第一、第二辐射常数。

若定标黑体位于成像光路一次像面处,考虑到系统光路分色片及前端光学系统的透过率 τ_0,探测器单像元视场内,黑体辐射源在系统光路入瞳处的辐射照度为

$$E_{bb}(T) = \frac{A_d L_{bb}(T)}{f^2 \tau_0} \tag{4-50}$$

式中,A_d 为相机单个像元的面积;f 为光学系统的焦距。

设定不同的黑体温度 T,根据公式 $DN = k E_{bb}(T) + DN_0$,线性拟合得到整个光学系统的辐射照度响应率 k。

根据黑体辐射的引入方式不同,黑体标定可分为全孔径标定、部分孔径标定、小视场物象共轭标定三类。全孔径标定是将辐射面积大于目标光学特性测量系统的主光学系统入瞳面积的面源黑体放置在主光学系统入瞳附近,可同时完成对焦平面所有像元的标定,这种方法的优点是标定精度高、简单易行,并且完全不用考虑大气衰减和背景辐射的影响,缺点是所需面源黑体辐射面积较大,成本高。有时考虑到大孔径中高温面源黑体难以实现,对于中高温部分经常采用平行光管加中高温黑体作为标定的辐射源,将腔型黑体和大口径平行光管共同组成扩展辐射标定源可以解决点源法不能进行全部探测器单元的同时标定问题,标定时将腔型黑体放置在平行光管的焦点位置,若选用的平行光管口径大于或等于设备主光学孔径,就能够达到较高的标定精度,且这种方法所需黑体源有效辐射面积较小,标定中可以忽略大气衰减和背景辐射的影响,在缺少大口径面源黑体辐射源的情况下是一种快速有效的标定方法。

图 4-17 所示为标准黑体直接标定示意图,图 4-18 为使用平行光管进行标定的示意图。

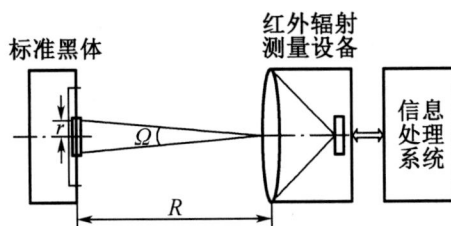

图 4-17　标准黑体直接标定示意图

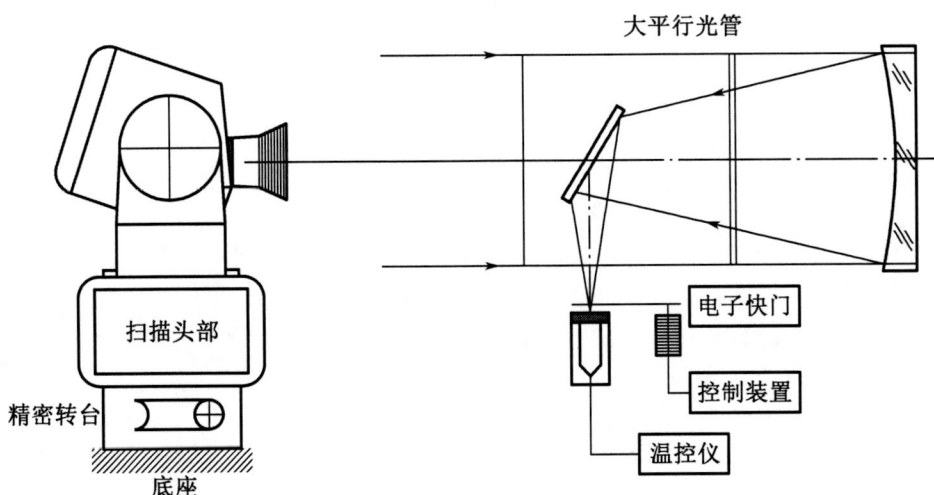

图 4-18　使用平行光管标定示意图

　　采用标准黑体直接标定。虽然在黑体出瞳与仪器入瞳尽可能远的条件下,标准黑体可以看作是一个小面源,即一个点源黑体,但这只是理论上的近似,在实际的测试中可以发现,通过移动测量仪使得二者的距离发生变化时,不能保证照度值与距离之间的反比例平方关系,黑体光阑孔径的变化也不是和辐射照度值成平方关系的。在测量仪距离黑体出瞳足够远的时候,如果标准黑体出射的辐射比较小,测量仪已经不能接受到来自标准黑体的信号。这时可以看成从标准黑体出射的能量光束到达仪器入瞳时并不是平行光,并且该光束也不能覆盖探测器的光敏面。所以这种标定的方法存在着很大的局限性。

　　使用经过标定后的平行光管,可以认为标准黑体经过平行光管后的出射光束是平行的,此时,移动测量仪和黑体的位置使得二者的距离发生变化,可以得到仪器测得的照度值与两者距离之间是成反比例平方关系的;改变标准黑体的光阑孔径,也可以得到仪器测得的照度值与黑体光阑孔径之间是成反比例平方关系的。这样就验证了入射仪器入瞳的能量光束是平行光,探测器的光敏面完全被覆盖,满足仪器的测量要求。

4.3.3.3　大气透过率测量

　　由于空间目标和红外恒星都位于大气层外,故可利用具有较高光谱分辨率的红外标准星光谱数据,根据天文测光法,进行整层大气透过率的测量,并获得大气光学厚度。

红外星以点源目标形式成像,即成像时星体不能充满红外探测器单个像元的瞬时视场。如果不考虑成像弥散现象,红外星辐射的能量将全部被一个像元接收。红外星成像原理示意图如图 4-19 所示。

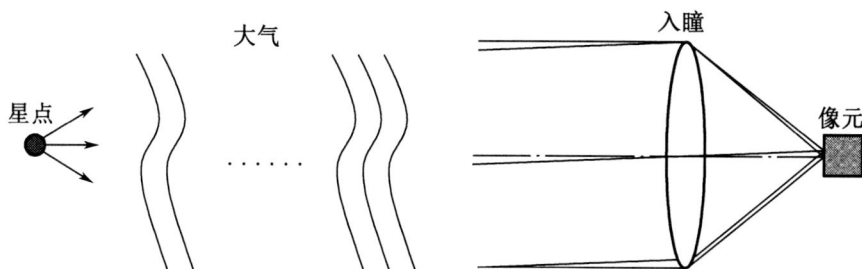

图 4-19　红外星成像原理示意图

将红外星库中的红外标准星光谱数据进行插值后,在系统工作波段范围内与红外探测器的光谱响应率曲线进行卷积,得到大气层外红外标准星的辐射照度 E_0,单位为 W/cm^2。

$$E_0 = \int_{\lambda_1}^{\lambda_2} P(\lambda) r_\lambda \mathrm{d}\lambda \tag{4-51}$$

式中,$P(\lambda)$ 为红外标准星的光谱流量密度。

红外成像探测系统对红外恒星进行辐射测量时,恒星辐射在到达探测器的传输过程中受到大气的衰减,同时,大气自身辐射也叠加到恒星辐射上一同到达探测器。当探测器响应为线性时,测量系统对空间目标和周围天空背景的辐射测量模型分别为

$$DN_s = k(\tau_a E_0 + E_a) + DN_0 \tag{4-52}$$

$$DN_a = kE_a + DN_0 \tag{4-53}$$

式中,DN_s 为探测器视场内有恒星时的探测器输出;DN_a 为恒星附近仅天空背景的探测器输出;τ_a 为整层大气透过率,是天顶距 z 的函数。

获得恒星观测图像后,执行天空背景的扣除,将式(4-52)和式(4-53)相减,得到

$$DN_s - DN_a = k\tau_a E_0 \tag{4-54}$$

由式(4-54)即可得到恒星处的整层大气透过率,设总的垂直方向大气消光光学厚度为 κ,有

$$\tau_a = \exp[-\kappa f(z)] \tag{4-55}$$

式中,$f(z)$ 为大气质量,当天顶距 $z<75°$ 时,大气层可近似看作平面平行层,$f(z) = \sec z$。

根据上述分析,由式(4-55)得到光学厚度 κ 后,即可求得任意天顶距处系统工作波段范围内的整层大气透过率。

4.3.3.4　联合辐射定标

随着地基红外辐射测量设备的发展,设备口径越来越大,测量精度要求也越来越高,传统的标准黑体直接定标和大口径红外平行光管定标法由于机动性差且成本高,已难以满足设备现场标校的需求。在基于红外标准星和内部黑体标定源的联合辐射定标法中,小口径黑体标定源位于红外辐射测量系统内部,用于对系统后端光路进行标定。而已知光谱数据的红外标

准星则用于测量大气消光及整层大气和前端光学系统的透过率系数。与仅利用红外标准星的红外辐射标校方法相比,联合辐射定标法是对每一个像元的响应率进行标定,消除了像元之间响应率的差异,可进一步提高辐射测量精度。

典型红外辐射测量系统的光学结构布局如图 4-20 所示。黑体标定源位于标定光路入瞳处,切换镜切入时,系统为成像模式,切换镜切出时,系统为定标模式。为了精确标定主焦面以后的光学系统,定标光路与系统光路的 F 数相同。

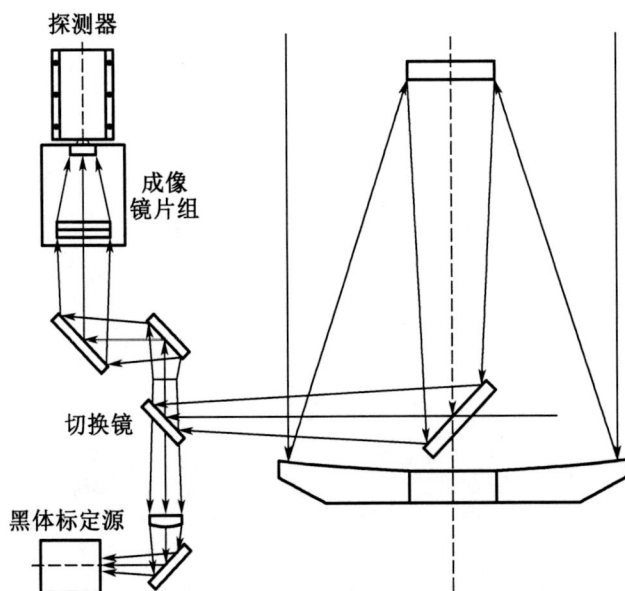

图 4-20　典型红外辐射测量系统的光学结构布局

4.3.4　非均匀性校正

非均匀性校正是红外辐射定标前必须完成的工作,这部分工作对于提高红外成像系统的成像质量,进而获得精确的辐射定标和辐射特性测量数据有重要意义。

4.3.4.1　非均匀性产生的原因

理想情况下,同一探测器的各个像元对一个均匀且稳定的辐射目标的响应是一致的。但是由于探测器材料及其制造工艺水平限制、环境温度变化、成像光路等原因,探测器响应率和光谱响应率存在非均匀性,造成各像元的响应值之间存在不同程度的差别,这种非均匀性会带来图像的附加噪声,影响成像的信噪比。当探测器具有较高稳定性时,这种噪声在图像上表现为一定的图案,又称固定图案噪声。

产生红外阵列探测器非均匀性的因素有多种,可以归纳为器件自身的非均匀性、器件工作状态引入的非均匀性、外界输入相关的非均匀性。

器件自身非均匀性是红外阵列探测器非均匀性的主体部分,其主要是由器件的材料和制造工艺水平所决定的。红外探测器制造完成后,这种非均匀性因素也就基本确定了。这部分包括三个方面:像元响应率的非均匀性;信号传输的非均匀性;电流的非均匀性。

（1）像元响应率的非均匀性

红外探测阵列对材料和工艺的均匀性要求较高,制作器件的半导体材料杂质浓度不均匀、掩模误差及光刻偏差等多种因素都会导致在均匀光照下,各个像元的响应出现不相等的现象,即产生了不均匀性,其表现为乘性和加性分量。

（2）信号传输的非均匀性

入射光子转换为光生电荷信号后,必须注入读出电路实现多路输出,同样受到材料和制造工艺水平所限,各探测单元和读出电路之间的信号耦合通道以及读出电路的参数有所不同,这也都将导致整个探测器响应输出信号的非均匀性,其通常表现为固定的乘性分量。

（3）电流的非均匀性

探测器在无辐射输入时的输出电流导致的非均匀性,其产生于探测元或读出电路中,暗电流不仅与器件的材料有关,还与器件的工作电压、工作温度等有关。在直流耦合系统中,外加电压、温度、输入偏置阈值变化都将引起各探测单元暗电流的非均匀性,其通常表现为固定的加性分量。

器件工作状态引入的非均匀性,是由于红外探测器的驱动信号和成像系统的工作温度等与探测器工作状态相关,这些相关条件的变化将直接对探测单元的光学增益、注入效率、读出电路的增益以及暗电流等方面产生影响,从而影响整个探测器响应的均匀性。这种非均匀性主要由探测器的工作状态确定,同一探测器在不同成像系统中可以有不同的非均匀性效果。

外界输入相关的非均匀性,是由于红外成像系统中光学系统光路的均匀性和冷反射等、环境温度的随机变化以及电磁干扰等多种外界因素均可对探测器像元的工作参数和工作性能产生影响,从而导致器件输出信号的非均匀性。

此外,在红外成像探测系统中目标和背景入射红外辐射的强度变化范围、红外测量设备光学系统的背景辐射等外界特性均可对探测器的均匀性产生影响。景物的红外辐射变化主要有辐射总量和辐射光谱两种形式,由于红外探测器光谱响应变化比较复杂,辐射总量的响应均匀性并不能代表其辐射光谱变化后仍具有相同的均匀性。红外光学系统的背景辐射条件的变化将直接影响红外探测器所处的工作环境、工作参数和工作性能。这类非均匀性与外界条件密切相关,使得同一焦平面器件在不同成像系统中有不同的非均匀性效果,而且它们在焦平面器件的研制和红外成像系统的设计中很难直接观测到。因此,红外测量系统的非均匀性不仅表现为空间函数、光谱函数,而且表现为时间函数。这就要求对非均匀性的校正要在探测过程中实时进行。

4.3.4.2　非均匀性校正方法

通过将每个像元的响应曲线校正到一个标准曲线上的方法称为非均匀性校正方法。

红外焦平面探测器的非均匀性校正算法有两种:基于参考源的校正和基于场景的校正。

基于参考源的校正技术采用标准黑体辐射源,标定校正时将黑体辐射源切入光路,因此,通常难以同时获取目标场景的图像,校正的具体模型主要有一点、两点和多点方式。

基于场景的校正方法不需要标准黑体,只需根据若干帧场景图像,依靠场景的运动在每个像素上产生场景温度的变化,这些温度变化依次提供统计参考点,依照这些参考点,即可实现红外阵列探测器的非均匀性校正。其算法一般可分为空域算法和时域算法。空域算法主要有神经网络法、恒定统计法、全局非均匀性校正方法、基于场景运动分析的校正算法和中值滤波法;时域算法主要有时域高通滤波法、小波分析、卡尔曼滤波、轨迹跟踪法和代数校正法。基于场景的非均匀性校正方法可以在不影响热成像系统对目标场景观察的条件下进行动态校正，能够根据场景信息的改变实现校正系数的自适应更新，在一定程度上克服焦平面阵列响应漂移带来的校正误差，但需场景中存在运动、多幅图像才可实现，且没有考虑到光学系统所产生的非均匀性。基于场景的非均匀性校正算法计算相对复杂，当前还无法满足实时性要求，不适合应用在工程实践中。

下面介绍基于参考源的校正方法。

（1）一点非均匀性校正

非均匀性校正时，若标准辐射源的温度不可控，则可以采用一点非均匀性校正。即对独立于输入信号的偏移量（即直流分量）非均匀性进行校正，而对探测单元对输入信号增益响应的非均匀性并没有进行校正，仍然沿用出厂标定的参数。因此这种方法只适用于探测器工作环境或场景变化较小的场合。

目前，大多数非制冷红外阵列热成像系统都在探测器前设有辐射挡板，转动支撑结构可将辐射挡板切入/切出视场，辐射挡板遮挡视场时，可为红外阵列探测器的非均匀性校正提供一个基本均匀的辐射。由于这种辐射挡板没有控温装置，所示只能进行一点校正模型的非均匀性校正。辐射挡板通常选用导热特性优良的铜板，其中一些辐射挡板的辐射表面还会经过喷沙处理，喷涂一层常温高发射率黑体漆，保证发射率的分布均匀（通常发射率在0.9以上）。

假设辐射挡板对探测器的辐射照度为 ϕ_1，将其作为标定点进行单点非均匀性校正。首先求红外阵列探测器像元输出信号 $V_{ij}(\phi_1)$ 的平均值：

$$\overline{V}(\phi_1) = \frac{1}{MN} \sum_{i=1}^{M} \sum_{j=1}^{N} V_{ij}(\phi_1) \tag{4-56}$$

则任一像元在辐射照度为 ϕ 时的输出信号为

$$V'_{ij}(\phi) = V_{ij}(\phi) - O_{ij}(\phi) \tag{4-57}$$

式中，$O_{ij}(\phi) = V_{ij}(\phi) - \overline{V}(\phi_1)$，是一点均值的偏置校正量。

（2）两点非均匀性校正

两点非均匀性校正是通过温度可控的标准辐射源，对阵列探测器各像元的增益与偏差进行校正，是目前焦平面阵列系统中使用最广泛的一种校正方法。

两点非均匀性校正的前提是假设红外探测元的响应为线性响应。如图4-21所示，其中图4-21（a）为各探测元的入射辐射响应曲线，即原始响应曲线。其中，$\varPhi$ 为辐射通量，V 为探测元响应。从图中可以看出各探测元在相同输入下具有不同的输出特性。输入输出曲线截距的不同反映了探测器的噪声电流（偏置）的不均匀性，曲线斜率的不同反映了响应率（增益）的不均匀性。非均匀性校正就是使相同辐射条件下探测器的响应曲线重合于一条曲线。为此，设定一条标准响应曲线，将各探测元的响应曲线分别做平移和旋转变换，可得到图4-21（b）和图4-21（c）所示的曲线，最终使探测元的响应曲线完全重合。

从红外图像非均匀性的来源和表现形式可以看出，如果各阵列元的响应特性在所感兴趣的温度范围内为线性的、在时间上是稳定的、并假定 $1/f$ 噪声的影响较小，则非均匀性引入固定模式的乘性和加性噪声。在此条件下，焦平面阵列元在均匀辐射背景条件下的输出为

$$V_{ij}(\phi) = G_{ij}(\phi)\phi + O_{ij}(\phi) \tag{4-58}$$

式中，ϕ 为辐射通量；$G_{ij}(\phi)$ 是坐标为 (i,j) 像元的增益；$O_{ij}(\phi)$ 是坐标为 (i,j) 像元的偏置。

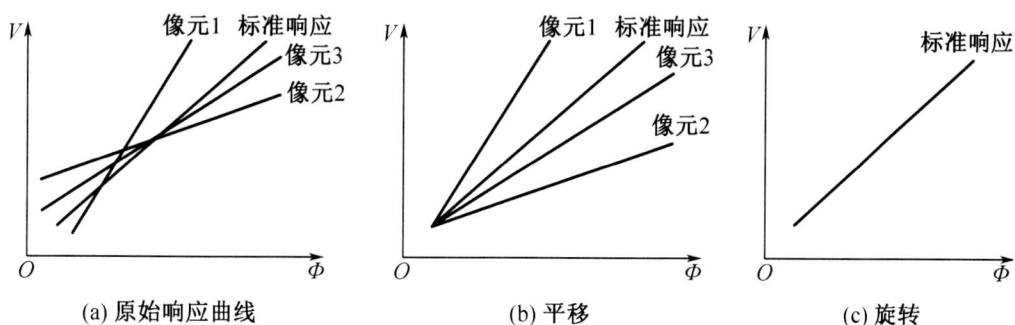

图 4-21 两点非均匀校正原理

设校准时标准辐射源的辐射分别为 ϕ_1、ϕ_2，(i,j) 像元输出信号分别为 $V_{ij}(\phi_1)$、$V_{ij}(\phi_2)$，各像元输出信号 $V_{ij}(\phi_1)$ 的平均值为 $\overline{V}(\phi_1)$，$V_{ij}(\phi_2)$ 的平均值为 $\overline{V}(\phi_2)$，两点校正法就是将探测器阵列各像元的输出归一化为 $\overline{V}(\phi_1)$ 和 $\overline{V}(\phi_2)$ 确定的直线，即

$$\begin{cases} \overline{V}(\phi_1) = G_{ij}V_{ij}(\phi_1) + O_{ij} \\ \overline{V}(\phi_2) = G_{ij}V_{ij}(\phi_2) + O_{ij} \end{cases} \tag{4-59}$$

解得

$$\begin{cases} G_{ij} = \dfrac{V(\phi_2) - V(\phi_1)}{V_{ij}(\phi_2) - V_{ij}(\phi_1)} \\ O_{ij} = \dfrac{V_{ij}(\phi_2)\overline{V}(\phi_1) - V_{ij}(\phi_1)\overline{V}(\phi_2)}{V_{ij}(\phi_2) - V_{ij}(\phi_1)} \end{cases} \tag{4-60}$$

则校正后像元 (i,j) 的输出信号为

$$V'_{ij}(\phi_{ij}) = G_{ij}V_{ij}(\phi_{ij}) + O_{ij} \tag{4-61}$$

在实际使用中，可以在光路中插入一个均匀辐射的黑体，通过各阵列元对 ϕ_1、ϕ_2 均匀黑体辐射的响应，计算出 G_{ij} 和 O_{ij}，并将各阵列元的校正增益和校正偏移量值预先存储起来，测量中对探测器各像元响应值按照式(4-61)不断进行校正，就实现了两点非均匀性校正。

两点非均匀性校正算法是建立在探测器各像元响应是线性假设的基础上，校正精度随参数非线性的增加而变差。实际探测元的响应为非线性的，因此两点温度标定的原理误差必然存在。响应率非线性造成的空间噪声与标定点数和位置有很大关系，远离标定点的部分空间噪声大，为了降低非线性引起的残留空间噪声，可以采用"多点法"校正。

（3）多点分段线性校正法

在实际应用中，每个探测元的响应通常呈非线性，尤其在辐射照度变化范围较大时，其线性度更差，多点分段线性校正法将探测元的响应曲线合理地分成若干段，每一段用二点温度标定法来校正。目前，国外有很多公司生产的红外热像仪都采用了这种校正方法。与二点标定校正法相比，多点分段线性校正方法计算量大、存储校正系数多、在校正过程中需要根据背景温度的变化选择合适的校正系数。

4.4 空间目标红外成像探测性能分析

4.4.1 典型系统组成

红外成像探测系统主要由红外测量系统和红外辐射特性测量分系统组成。其中,红外辐射特性测量分系统包括红外辐射定标子系统、大气传输修正子系统和数据分析处理与辐射反演子系统几个模块。各个模块之间的数据传输关系如图4-22所示。

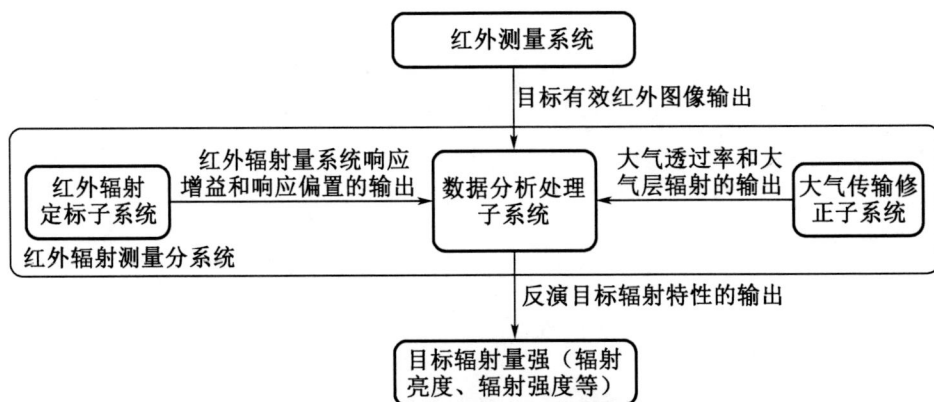

图4-22 红外成像探测系统组成

典型地基空间目标红外成像探测系统除了红外成像探测设备外,根据应用需要还可以加载可见光波段的测量系统,由各波段的红外辐射特性测量设备、控制系统、时统、数据采集处理系统和跟踪转台组成,具有可见光探测和中、长波红外辐射特性测量功能。典型地基空间目标红外成像探测系统组成框图如图4-23所示。

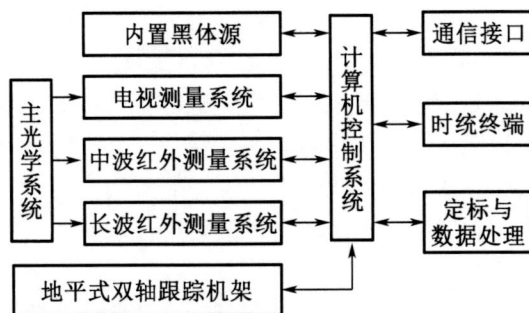

图4-23 典型地基空间目标红外成像探测系统组成框图

由于3~5 μm和8~14 μm的红外大气窗口透过率比可见光强,常用的红外成像探测系统工作波段是中波红外和长波红外,通常一套测量系统中同时具有两种波段探测能力。双波段辐射特性测量方法通过红外成像探测系统采集目标在两个不同波段的辐射能量,并假设目标在这两个波段内的发射率是相等的,采用比值形式将目标发射率因素的影响消除。相比单波段测量方式,双波段目标辐射特性测量方法从本质上消除了目标发射率对目标辐射特性测量的影响,实现了目标真实温度的测量,提高了辐射特性测量精度。

实现两个波段同时探测最简便的方法是使用分色片,将进入探测系统光路的入射光根据需要在某个波段处分为两路,分别入射到两套滤光片和探测器的终端设备中,控制两套探测器同时曝光。

红外目标辐射特性测量过程包括两大部分:一是目标信息获取,二是系统辐射标定和数据处理。红外测量系统根据引导信息和可见测量系统完成对目标的捕获后,通过脱靶量提取和反馈控制实现对目标的精密跟踪,目标的红外辐射经过红外望远镜会聚在红外焦平面探测器上,对目标的短波红外和中波红外辐射进行成像,获取目标的红外数字图像信息,并送至各自的信号处理电路,数据处理首先对探测器非均匀性进行校正,然后根据测量系统辐射标定的辐射响应度、偏移量、大气传输修正参数(大气透过率和程辐射)等数据,对目标红外图像数据进行反演计算,得到目标辐射亮度、辐射强度等特性。得到目标的光谱辐射亮度后,可以对 3~5 μm 和 8~14 μm 两个波段进行积分,进而得到对应的辐射亮度积分值。目标双波段辐射特性测量流程如图 4-24 所示。

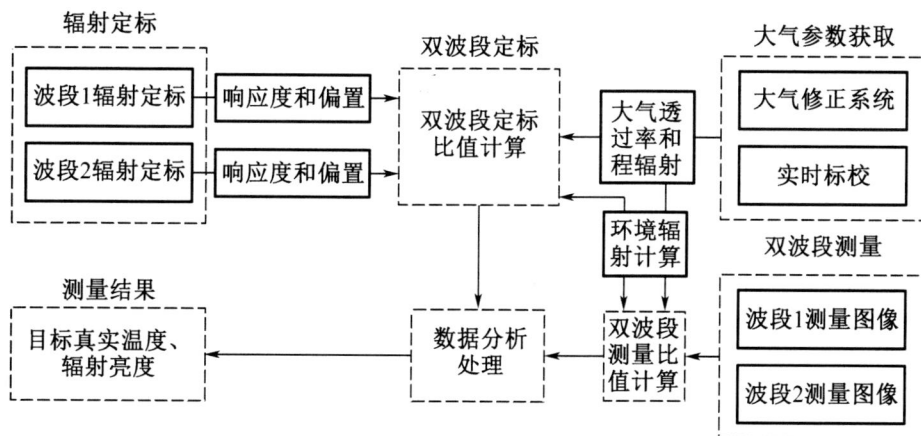

图 4-24　目标双波段辐射特性测量流程

4.4.2　探测性能分析

4.4.2.1　作用距离分析

红外成像探测系统作用距离主要由三个方面的因素决定。

(1)观测环境条件

作用距离与观测条件密切相关,如太阳高角、观测仰角等。观测仰角不一样,大气透过率差别很大,对作用距离影响很大。

(2)目标辐射特性

红外辐射在大气中的衰减主要是大气的吸收和散射引起的,其透过率与气象条件、观测天顶角、地理位置、季节等诸多因素有关。

（3）红外成像系统特性

红外成像系统的透过率、系统带宽、口径、信噪比、红外探测器特性决定了系统的探测能力。

分析作用距离时主要从这三个方面展开。将空间目标近似为点源目标，其作用距离 R 可表示为

$$R_{\max} = \sqrt{I_{\lambda_1-\lambda_2}\tau_a \frac{\tau_0 A_0 D^*}{N_0 (A_d \Delta f)^{\frac{1}{2}}(V_S/V_N)}} \qquad (4-62)$$

式中，τ_d 为大气透过率。τ_0 为光学系统透过率。A_0 为光学系统入瞳接收面积。D^* 为探测器比探测度。A_d 为探测器像元面积。Δf 为噪声等效带宽，$\Delta f = \frac{1}{2t_{\text{int}}}$，$t_{\text{int}}$ 为积分时间。V_S/V_N 为信噪比，为保证目标可有效探测提取，一般要求 $V_S/V_N \geq 5$。N_0 为目标所占像元数，$N_0 = [\,\text{ceil}(d/l)\,]^2$，其中 d 为目标弥散斑直径，l 为像元边长；ceil( ) 是将小数部分舍去然后将整数部分加 1 来取整。一般背景和跟踪状态下，为了抗电磁干扰和背景杂波的干扰，要求目标像元数大于 3×3，因此，若目标所压像元数不足 3×3，按 3×3 考虑。$I_{\lambda_1-\lambda_2} = \int_{\lambda_1}^{\lambda_2} I_a d\lambda$，是点源目标在波长 λ_1 和 λ_2 之间的辐射强度，单位为 W/sr；$\lambda_1-\lambda_2$ 为红外成像仪光学波段起止波长；I_a 为目标辐射强度，采用下式进行计算：

$$I_a = \varepsilon A_0 M_{\lambda_1-\lambda_2}(T)/\pi \qquad (4-63)$$

式中，ε 是目标的辐射系数；$M_{\lambda_1-\lambda_2}(T)$ 为目标在指定波长范围内的辐射出射度，由下式进行计算：

$$M_{\lambda_1-\lambda_2}(T) = \int_{\lambda_1}^{\lambda_2} M_\lambda(T)\,d\lambda \qquad (4-64)$$

4.4.2.2 辐射测量精度分析

红外辐射测量系统对空间目标的辐射测量的不确定度，包括定标黑体性能引入的不确定度和目标到探测器之间整个路径中各参量测量或计算中引入的不确定度，具体如表 4-5 所示。

表 4-5 测量不确定度分析

σ_s	定标源不确定度	σ_s	黑体辐射亮度计算的不确定度	$\sigma_s = \sqrt{\sigma_{T1}^2 + \sigma_{T2}^2 + \sigma_\varepsilon^2}$ 式中，σ_{T1} 为黑体温度的稳定性；σ_{T2} 为黑体发射面温度分布的非均匀性；σ_ε 为发射率测量精度
σ_p	辐射定标不确定度	σ_{camera}	探测器终端绝对辐射定标的不确定度	$\sigma_{\text{camera}}^2 = \sigma_R^2 + \sigma_\lambda^2 + \sigma_n^2 + \sigma_{\text{str}}^2$ 式中，σ_R 为线性模型近似引入的不确定度；σ_λ 为光谱响应不确定度；σ_n 为探测器噪声引入的不确定度；σ_{str} 为系统输出数码值的不确定度
		σ_{optics}	前端光学系统透过率估算的不确定度	
		$\sigma_{\text{atmosphere}}$	大气透过率测量的不确定度	$\sigma_{\text{atmosphere}} = \sqrt{\sigma_c^2 + \sigma_{sp1}^2 + \sigma_m^2 + \sigma_{sp2}^2 + \sigma_0^2}$ 式中，$\sigma_s = \sqrt{\sigma_s^2 + \sigma_{\text{camera}}^2 + \sigma_{\text{optics}}^2}$；$\sigma_c$ 为光学系统辐射定标的不确定度；σ_{sp1} 为恒星光谱数据精度；σ_m 为大气消光模型的准确度；σ_{sp2} 为恒星和目标光谱类型差异引入的误差；σ_0 为天空背景扣除引入的误差

假设影响测量精度的各项具有统计无关性,则辐射测量精度

$$\sigma_a^2 = \sigma_s^1 + \sigma_p^2 \tag{4-65}$$

式中

$$\sigma_p^2 = \sigma_{camera}^1 + \sigma_{optics}^2 + \sigma_{atmosphere}^2 \tag{4-66}$$

4.4.2.3　辐射测量动态范围分析

红外成像探测系统的辐射测量动态范围 α 可定义为

$$\alpha = 20\lg(L_{max}/L_{min}) \tag{4-67}$$

式中,L_{max} 和 L_{min} 分别为系统可探测的目标最大和最小辐射亮度,单位为 $W/(m^2 \cdot sr)$。

习　　题

1. 简述红外成像探测系统的基本组成及工作流程。

2. 红外图像与可见光图像相比有哪些区别?

3. 简述红外辐射特性测量的意义及原理。

4. 红外辐射特性测量中辐射标定的意义是什么?

5. 简述常用红外辐射标定源有哪些? 分别适合应用在哪些场合?

6. 红外探测器非均匀性产生的原因是什么? 简述两点非均匀校正方法。

7. 如何根据红外探测器输出灰度值反演目标辐射亮度?

8. 如何根据红外探测器输出灰度反演目标表面温度?

9. 简述大气透过率测量原理。

10. 空间目标红外成像探测性能指标主要有哪几个? 分别与哪些因素有关?

第5章 空间目标激光探测技术

空间目标激光探测技术采用激光作为光源照射空间目标,通过对目标反射回波的探测,获取目标回波的强度、频率、相位、偏振态、吸收光谱、反射光谱等信息,从而判别目标的距离、角位置、速度、运动轨迹、外形及姿态等特征,实现目标种类、属性的判别。除能够克服光电被动探测的缺点,激光主动探测还可以全天时、单站、远距离探测目标的距离、速度等信息。激光探测技术是空间目标光电探测的重要手段,被广泛应用于卫星高精度定轨、空间碎片高精度监测、预警等航天任务中,以增强空间目标的预警能力及太空态势感知能力。

本章在介绍激光探测基本原理的基础上,重点论述空间目标探测中广泛应用的脉冲式激光测距技术及应用。

5.1 激光探测基本原理

5.1.1 探测体制

激光探测有直接探测与相干探测两种探测体制。

5.1.1.1 直接探测

直接探测体制是直接把接收到的回波信号强度变化转换为电信号变化,然后解调出所携带的距离信息,其基本原理如图5-1所示。这种方法结构简单,成本相对较低,可满足各种环境要求。

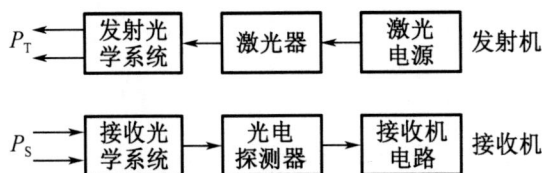

图5-1 直接探测原理框图

5.1.1.2 相干探测

在波长较长的情况下,已经有了高效率、大功率的光源可利用。但在这个波段缺少像在可见光波段那样极高灵敏度的探测器。因此,用一般的直接探测方法无法实现接近量子噪声极限的检测,此时相干探测技术就显示出其优越性。

相干探测又称外差探测,在光外差接收机中,激光回波信号与本地振荡信号在光电探测器上进行相干混频,进而产生光电流,再通过对这个中频电流信息的解调和处理,得到有用的信息,其基本原理如图 5-2 所示。

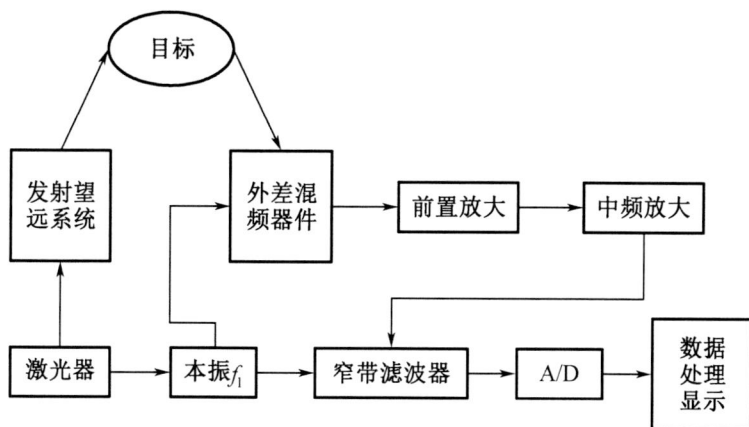

图 5-2　外差探测原理框图

外差探测具有以下优点:

(1)探测能力强。外差探测有利于微弱信号的探测,灵敏度比直接探测提高了几个数量级。在一定条件下,只要本振光足够强,即使信号光功率很小,仍然可以得到所需的中频输出电流。光波的振幅、相位及频率的变化都会引起光电探测器的输出,因此外差探测不仅能够检测出振幅和强度调制的光波信号,且可以检测出相位和频率调制的光信号。

(2)转换增益高。从物理过程的观点来看,直接探测是光功率包络检波过程;而外差探测是把信号光频率转换成差频进行探测,这种转换过程是本振光的作用,它使光外差探测天然地具有一种“转换增益”。

(3)具有良好的滤波功能。在直接探测中,为了抑制杂散背景光的干扰,都需要在探测器前加置窄带滤光片。在相干探测中,只有那些与本振光混频后仍在中频带宽之内的杂光才能进入检测系统,背景杂散光与信号光、本振光不相干,这些杂光形成的噪声被中频放大器滤掉。

(4)具有良好的空间和偏振鉴别能力。信号光和本振光必须沿同一方向射向光电探测器,而且要保持相同的偏振方向,这意味着外差探测本身就具备了对探测光方向的高度鉴别能力和对探测光偏振方向的鉴别能力。

(5)在适当选取本振光功率的情况下,可以获得较高的信噪比。

虽然光外差探测有上述的优点,但是对于实际的探测系统来说,信号光与本振光必须满足一定的条件,才能实现光外差探测,外差探测接收需要满足的条件如下:

(1)差频信号是由具有恒定频率(近于单频)和恒定相位的相干光混频得到的,只有激光才能实现外差探测。

(2)信号光与本振光必须具有相同的模式结构,所用激光器应该单频基模运转。

(3)信号光和本振光在光混频面上必须相互重合,为了提供最大的信噪比,它们的光斑直径最好相等。因为不重合的部分对中频信号无贡献,只贡献噪声。

(4)信号光和本振光的能流矢量必须尽可能保持一致,即两光波必须保持空间上的角准直。

(5)本振光和信号光在一定允许的角误差情况下,二者要尽可能保持垂直入射到探测器的光敏面上。

(6)在角准直情况下,信号光和本振光的波前还必须匹配。

(7)信号光与本振光必须同偏振,因为在光混频面上它们是矢量叠加。

可见,相干探测体制对光电系统有着特殊的要求一是要求有高稳定度的单色激光发射器和本振激光器,一般激光器的频率由于温度等的环境变化会产生漂移,现有稳频激光器难以满足军标抗冲击、高低温环境要求;二是要求回波与本振两束光的相位、振幅和偏振态匹配,对系统的光学设计、加工、调试和应用环境提出了苛刻的要求。

在光电信息检测中,当回波功率较高时,光信号很容易被检测出来,这时光外差探测技术优势并不突出。相反,由于直接探测不需要稳定激光频率,也不需要本振激光器,在光路上不需要精确的准直,因此,在这种情况下直接探测更为可取。

5.1.2 探测参量

5.1.2.1 距离测量

激光脉冲测距与雷达脉冲测距在原理上是完全相同的。在测距点向被测目标发射一束短而强的激光脉冲,光脉冲发射到目标上后其中一部分激光反射回测距点被接收器所接收。假定光脉冲在发射点与目标间来回一次所经历的时间间隔为 t,那么被测目标的距离 R 为

$$R = \frac{1}{2}ct \tag{5-1}$$

式中, c 为光速。

当不考虑大气中光速的微小变化时,测距精度 ΔR 主要是由测时精度 Δt 确定的:

$$\Delta R = \frac{1}{2}c\Delta t \tag{5-2}$$

对脉冲测距系统,时间间隔的起始时刻是由取出一部分发射激光脉冲经光电探测器转换成电信号形成的,时间间隔的终止时刻则是由目标激光回波到达测距机并经光电探测器转换成电信号形成的。这两个信号既可由同一探测器提供,也可用两个探测器提供。

为确定光束往返时间和距离,发射的激光束必须调制。按发射激光波形分距离测量方式有脉冲测距、连续波测距和单脉冲测距三种。

最简单的调制方法是脉冲调制。其中,测距的时间一般是由高速计数器实现,同时利用脉冲展宽、恒比定时等关键技术保证时间的测量精度,从而保证测距精度。

如图 5-3 所示,相位式激光测距的基本原理是用连续调制的激光光束照射被测目标,通过测量被调制的激光在激光测距机与目标之间往返传播产生的相位变化,间接求出飞行时间间隔,进而求出待测距离:

$$R = \frac{ct}{2} = \frac{c}{2}\left(\frac{\varphi}{2\pi f}\right) = \frac{c}{4\pi f}(2\pi N + \Delta\varphi) \tag{5-3}$$

式中, f 为调制频率; $\Delta\varphi$ 为相位差; N 为飞行时间间隔内调制激光传播的整周期数。

5.1.2.2 速度测量

目标速度测量通常有两种不同的方法:一种是通过相邻两次测量的距离差除以时间间隔得到目标相对测量站的距离变化速率,再由所测量的角度变化率求出运动目标速度。这也是

直接探测中测量速度的一种手段,但对距离进行时间微分往往会增大测距误差。

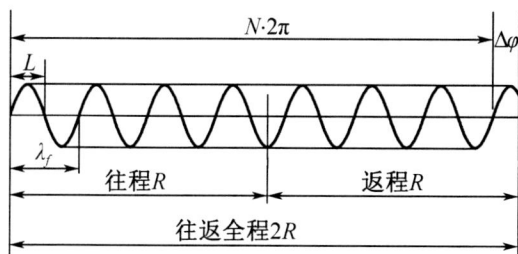

图5-3 相位测距的基本原理

$$v = \frac{\Delta R}{\Delta t} \tag{5-4}$$

另一种方法是较为精确的多普勒测速法,通过测量运动物体引起的对入射激光频率的频移量(即多普勒效应)来计算目标的运动速度。

$$\Delta f = f_s - f_o = \frac{2v}{\lambda} \tag{5-5}$$

频率为 f_o 的单色光作用到以速度 v 运动的散射物体上,被物体散射的光波频率 f_s 会产生附加的频率偏移 Δf,称作多普勒频移。

5.1.2.3 强度测量

强度值直接体现到接收光电探测器的信号幅值上。通常利用回波信号的强度来作为判断接收信号有效性的一种方式。

5.1.2.4 方位测量

当跟瞄系统的视准轴瞄准目标时,其上的方位和高低轴角编码器就会测出目标的方位角和高低角。但当要求更精确的位置数据时,可将接收信号成像在四象限探测器(或多元阵列)上得到目标偏离视准轴的脱靶量。脱靶量与轴角编码器相应的测量值合成便得到目标的一个方向射线,其计算公式为

$$\begin{cases} A = A_e + \Delta A \\ E = E_e + \Delta E \end{cases} \tag{5-6}$$

式中,A、E 分别为目标相对于探测系统站点的方位角和俯仰角;A_e、E_e 分别为轴角编码器输出的方位角和俯仰角;ΔA、ΔE 分别为脱靶量角值。用四象限上分布的目标像斑可计算脱靶量。设 A、B、C、D 分别代表四个象限(图5-4)的信号幅度,则

$$\begin{cases} \Delta A = \left[(A+B) - (C+D) \right] / (A+B+C+D) \\ \Delta E = \left[(A+D) - (C+B) \right] / (A+B+C+D) \end{cases} \tag{5-7}$$

对探测空域一定范围内进行扫描,建立成像视场内每一点的强度、距离等信息。经过图像处理,找出目标及其位置,从而实现对目标的距离、角度等参数的测量。

5.1.2.5 目标特征

可以通过不同参量的激光束,在不同方向、不同时间上测量目标的回波信号强度,确定目标的激光雷达散射截面、偏振特性,从而确定目标类型。相对于目标光强、相位信息和热辐射

的传统探测技术而言,激光偏振探测技术不依赖目标自身辐射(热成像)和目标对次光源的反射(可见光或近红外成像),而是依靠仪器自身发出的激光作为照明光源,由被探测目标反射或散射光的偏振特性来提取目标的信息。通常由测量随机目标表面的穆勒矩阵获得其偏振特性。

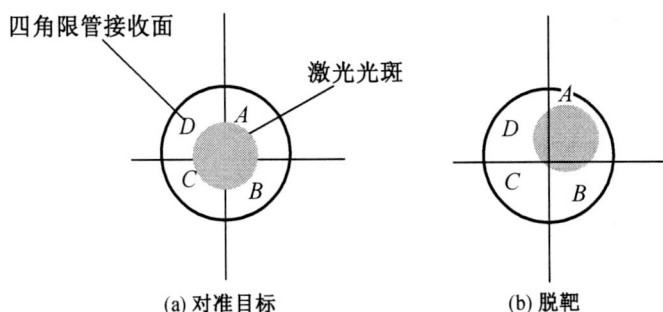

图 5-4　四象限管脱靶量测量示意图

5.1.2.6　成像测量

成像测量方式按照有无扫描机构分为扫描成像和凝视成像。

扫描成像是采用高重复频率激光脉冲对目标逐点扫描照射,在接收每个脉冲回波信号的同时对跟踪架机械轴角传感器进行采样,然后通过计算机绘出以方位角为横坐标、俯仰角为纵坐标的每点信号强弱的目标图像。如果采用的是单元探测器,则采用二维扫描成像;如果采用的是线列多元探测器,则采用一维扫描成像。

激光凝视成像原理与普通数码相机相同,只是照射物体的光源不同,前者采用的是脉冲激光,后者采用的是自然光或闪光灯。采用激光的优点是可采用窄带滤光片滤去大量非激光的白光,还可采用距离门技术减少后向散射,极大地提高信噪比。

激光成像既可获得二维强度像,又能获得三维距离像。例如,采用具有时间分辨的多元阵列探测器,每个像元都能测量对应目标相应部位的距离和回波强度,经过信号处理后,获得具有三维空间信息的立体图像。

5.2　脉冲式激光测距

激光由于亮度高、单色性和方向性好,是人们早就渴望得到的理想测距光源,因此在激光出现后不到一年的时间就被用于测距。可以说激光测距技术是激光最早、也最成熟的应用领域之一,是一项综合技术,涵盖了雷达、激光、电子、自动控制、精密机械、卫星轨道等多个学科领域。与一般雷达相比,激光测距系统具有体积小、质量轻、造价低的优点。当然,同其他光学观测一样,由于所用激光属于光波波段,在某些气象条件下(如多云和阴雨天气)不能正常工作。

1960 年世界第一台激光器问世后,激光测距技术得到迅猛发展;1961 年出现了第一套激光测距系统;到目前为止,各国已有几百个型号的激光测距装备投入使用。激光测距技术的不同应用对测距机的测量范围与精度有不同的要求。如军事上的应用,测量范围从几百米到几十千米,相应的精度要求从几十毫米到几十米;而在航空航天方面,例如航天器间的对接和飞船的着陆,精度则要求在毫米、亚毫米量级。

激光测距系统经历了以测距精度为标志的四个发展阶段:第一代,测距精度为米级;第二代,测距精度为分米级;第三代,测距精度为厘米级;第四代,测距精度为毫米级、亚毫米级。将激光测距装置装于光电跟踪仪上,可以单站测量运动飞行目标的轨迹,与三站光学交会测量法比较,不仅可以大量减少测量设备,而且测量精度高,是靶场光学测量技术的一次飞跃。至今,我国的各个武器试验靶场有各种类型的激光测距装备,取得了激光作用距离达 600 km、测距精度达 20 cm、激光测角精度达角秒量级等成果。目前,空间目标激光测距技术是当前高精度卫星精密定位观测的主要手段之一,是现代各种定位观测手段中单点采样精度最高的一种,是支持国际地球自转与参考系服务(IERS)的技术手段之一。

5.2.1　系统基本组成

5.2.1.1　基本组成及工作原理

激光测距系统按照各部分用途可分为激光发射、回波接收、信息处理等分系统。激光发射分系统的作用是产生峰值功率高、光束发散角小的脉冲激光,使其经过发射光学系统进一步准直后射向被测的空间目标。回波接收分系统是接收从观测目标反射回来的微弱激光脉冲信号,经接收光学系统聚焦后入射在光电探测器的光敏面上,使光信号转变为电信号,传输至计时设备。

5-1　激光测距原理

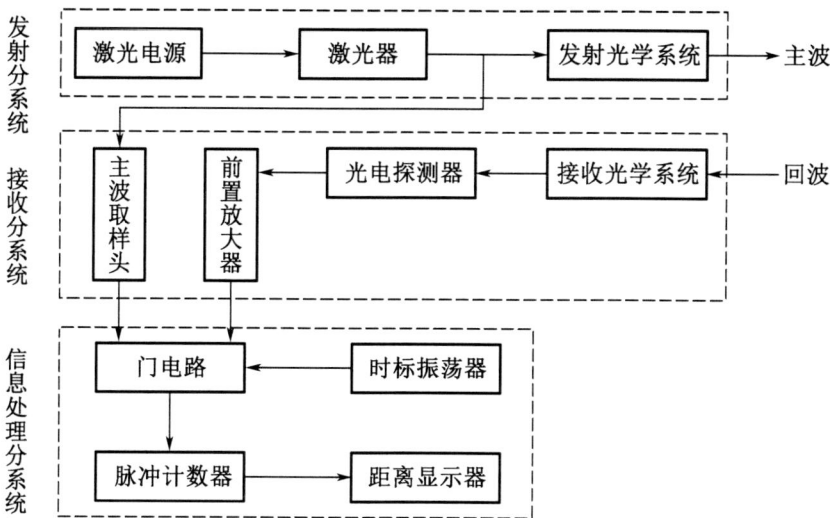

信息处理分系统的主要作用是进行空间观测目标的测站预报,实施目标跟踪,测量激光脉冲从测距系统参考点到被测目标往返一次的时间间隔,并显示和记录观测的结果,形成标准格式的数据。脉冲式激光测距机的基本组成方框图如图 5-5 所示。

图 5-5　脉冲式激光测距机的基本组成方框图

整个测距机的工作原理描述如下:首先由激光器发射一个激光脉冲,经发射光学系统准直后射向目标。同时,用主波取样头取出主波的一部分作为参考脉冲送入接收系统,经光电探测器转换为电脉冲后再经放大器放大以开启门电路。经过 t 时间后,经目标反射回来的回波脉冲被接收光学系统接收,经光电转换、放大器放大后的电信号进入门电路,使门电路关闭。参考脉冲和回波脉冲之间的时间间隔的计算,由时标振荡器、门电路和计数显示器来完成。

如图 5-6 所示,时标振荡器不断地产生具有一定时间间隔 T_0 的电脉冲(称为时标脉冲)。当测距开始时,主波脉冲打开门电路,此时计数器开始对时标脉冲进行计数。当回波脉冲 t 时刻进入门电路后,计数器停止对时标脉冲计数,这样从计数开始到停止,计数器中进入了 N 个脉冲。设主波脉冲和回波脉冲间的时间间隔(即激光往返时间)为 t,$t = NT_0$,就可算出被测距离为

$$R = \frac{1}{2}ct = \frac{1}{2}cNT_0 = \frac{cT_0}{2}N \tag{5-8}$$

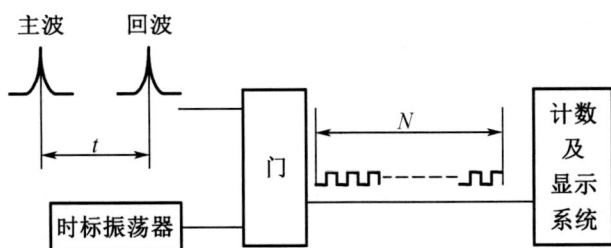

图 5-6 计数原理示意图

5.2.1.2 激光发射分系统

激光发射分系统是确保激光测距系统精度、稳定性的重要部件,对激光测距的探测成功率起着至关重要的作用。激光发射分系统主要包括激光器、发射光学系统等部分,激光器的功率、光束质量、发散角大小及稳定性对测距系统的整体性能有着重要的影响。

激光器是脉冲测距机的光源,从脉冲测距原理可知,所测的是单个脉冲往返测距机与被测目标之间的时间间隔 t,从而算出 R。因此,必须使用脉冲调 Q 激光器。从测距距离和测距精度考虑,各种类型激光测距机对激光器的要求也不同,但对发射机基本特性的要求有如下共同之处。

(1)激光振荡频率

激光振荡频率是激光系统的基本参数。发射的激光在实战应用下,要求大气传输性能良好,传输损耗小。目前,已被采用的激光发射波长主要是 $0.904\ \mu m$、$1.06\ \mu m$、$3.8\ \mu m$、$10.6\ \mu m$ 等。

(2)激光频率稳定度

激光频率稳定度是激光相干测距要求的重要参数。一般要求频率稳定度为 $10^{-11} \sim 10^{-9}$,对脉冲测距此项可不提要求。

(3)激光发射功率及稳定度

激光发射功率及稳定度是决定激光测距机作用距离的重要参数。根据激光测距的不同用途,一般要求激光输出峰值功率在 $100\ W \sim 100\ MW$,其相对稳定度在 $1\% \sim 5\%$。为实现空间碎片等非合作目标的主动探测,需要采用更大功率的激光器,一般比常规合作目标测距中的激光器功率高出 $2 \sim 3$ 个量级,需要采用激光能量放大技术对振荡级产生的激光进行多级放大。

（4）激光振荡模式及脉宽

激光振荡模式有横模与纵模之分。其间又可分为单模与多模。军用激光测距机一般要求激光器为单横模振荡,在相干测距中要求更严格。激光脉宽是脉冲式激光测距机的一个重要参数,是指激光脉冲的持续时间,一般用脉冲的半高全宽（FWHM）或 $1/e^2$ 全宽（$FW1/e^2$）表示,脉冲激光测距一般采用 ns 或 ps 级脉宽的脉冲激光。

（5）激光发散角

激光发散角一般为 1~5 mrad。激光器用于激光测距上必须与发射光学系统相匹配,其发散角应由测距机的具体指标提出,可以是固定值,也可以是连续变化的。

发射光学系统常用的是望远镜系统,倒置使用,可以压缩激光发散角。发射光学系统倍率的选取,要根据不同的使用情况而定。如果仅从测距能力上考虑,倍率越大越好。但倍率大,外形尺寸也大,同时像差、衍射、加工精度和造价等都有一定限制。发散角也不能太小,过小的发散角导致激光光束很难瞄准。一般的测距系统发散角不小于 1 mrad,而高精度、超远程测距,光束发散角可在 1~0.1 mrad。

5.2.1.3　激光接收分系统

激光接收分系统对空间目标反射回波进行会聚和探测,对激光测距的探测成功率起着重要的作用。激光接收分系统主要有接收光学系统、特殊光学元件、光电探测器、前置放大器和主波取样头等部分,其中探测器的量子效率对测距系统的整体性能有着重要的影响。

（1）接收光学系统

由于开普勒望远镜系统出射光为平行光,可均匀地照射整个光敏面,同时又可在物镜与目镜的共焦平面上放置视场光阑,用于限制接收视场和遮拦杂散光,因此中小型激光测距机都普遍采用这种形式;对远程和超远程激光测距机来说,由于接收光学系统物镜的口径和焦距都相当大,为了使系统结构紧凑,常采用牛顿式光学系统。

（2）光电探测器

从提高激光测距机的性能方面看,提高对目标回波的接收灵敏度比提高射向目标的激光功率更有效,因为提高接收灵敏度不会增加测距机的体积、质量和功耗,而提高激光发射功率将使它们大大增加。激光测距机的小型化、微型化固然与激光技术的发展有关（比如低阈值技术、无功耗染料调 Q 技术）,但起决定性作用的还是接收技术的迅速发展,它使系统的接收灵敏度提高了两个数量级。探测激光回波的光电探测器以前是光电倍增管,现在大多采用硅雪崩光电二极管。硅雪崩光电二极管,特别是达通型硅雪崩光电二极管,由于它具有 100 以上的倍增因子,而且暗电流很小,是目前 1.06 μm 激光测距机最常用的优良探测器。

（3）特殊光学元件

在激光接收装置中还有一些滤光片、衰减片等特殊光学元件。加入这些元件,可以提高激光测距机的性能,提高接收机的灵敏度,增大作用距离,提高瞄准跟踪精度,扩大增益范围,改善体积和设计的灵活性。

（4）主波取样头

主波取样头的作用是对发射出去的激光主波进行取样,并转变为电脉冲,用于驱动距离计数器开门。主波取样的方法有多种,常用的是用硅光电二极管探测从全反射镜透射出来的一部分激光。全反射镜的透过率只有 0.05% 左右,但激光发射功率很大,如 10 MW,这时射到硅光电二极管光敏面上的激光功率可达几十瓦以上,硅光二极管光敏面不能承受这样大的功率,因此,必须在其前面进行衰减,使主波取样头能够正常地输出信号。

(5)前置放大器

前置放大器的作用是把光电探测器输出的回波信号幅度放大到足以驱动距离计数器,而信号前沿又基本不变。

对前置放大器的主要技术指标要求如下。

①增益

从提高测距能力上看,增益越高越好。但由于接收系统对放大器带宽有较高的要求,同时对放大器本身的噪声也有一定限制,因此放大器增益也不同。在使用光电倍增管作为接收元件时,由于光电倍增管本身增益高,一般只要求具有几十至几百的增益就足够了;在使用硅光电二极管作为接收元件时,要求增益尽可能高,一般几千至几万倍;在使用雪崩光电二极管作为接收元件时,要求增益几百至几千倍。

②带宽

一般说来,前沿很陡的脉冲信号经前置放大之后,其前沿将变坏,变坏程度取决于放大器带宽。对激光接收系统来说,前置放大器的带宽应与光电探测器输出的脉冲信号前沿相匹配。例如,光电探测器输出的脉冲信号前沿 $\tau_1 = 10$ ns,整机要求前置放大输出信号前沿 $\tau_2 \leqslant 15$ ns,那么从下式可计算出整机对前置放大器响应时间 τ 的要求为

$$\tau = \sqrt{\tau_2^2 - \tau_1^2} = 11 \text{ ns} \tag{5-9}$$

放大器响应时间 τ 与其带宽 Δf 有如下关系:

$$\Delta f = \frac{0.35}{\tau} = 30 \text{ MHz} \tag{5-10}$$

③输入阻抗和输出阻抗

输入阻抗应大于或等于光电探测器的负载电阻,输出阻抗应与计数器的输入阻抗相匹配。一般放大器输出阻抗与距离计数器输入阻抗都取 50 Ω,并用 50 Ω 特定阻抗的电缆线连接。

④噪声电平

前置放大器输出端的噪声电平应小于距离计数器的触发门限电平(阈值电平),以免放大器本身噪声引起距离计数器误触发。在所有光电系统中,高性能的低噪声前置放大器不仅是决定系统性能的一个重要因素更是系统稳定工作的前提保证。

5.2.1.4 信息处理分系统

信息处理装置包括门控电路、门电路、时标振荡器、脉冲计数器、距离显示器及延时复位电路等部分。

门控电路应满足这样的功能:主波脉冲到来时,输出开门电平,将门电路打开;回波脉冲到来时,输出关门电平,将门电路关闭。为了使门电路稳定地工作,此后门控电路应处于闭锁状态,任何干扰脉冲对它不起作用。门控电路的种类有许多,但大多由双稳态电路构成。

门电路相当于一个开关,在主波到来时,使时标脉冲进入计数显示系统,在回波信号到来时,使时标脉冲停止进入计数显示系统,简单的可以用与门完成。

时标振荡器的作用是产生标准时间脉冲,由于测距精度与时标脉冲频率 f 有关,所以要求时标振荡器有较高的频率稳定度。时标振荡器早期一般采用石英晶体振荡器,其频率稳定性,一般可达 $10^{-6} \sim 10^{-7}$。目前,卫星激光测距一般使用铯原子钟以及氢原子钟频标系统,其频率

的精度和稳定度均在 $10^{-12} \sim 10^{-14}$ 量级。

由激光测距公式 $R = ct/2$ 可知光波往返 1 m 的传输时间约为 6.6 ns,因此时标信号的周期应为 6.6 ns,也就是时标振器的频率应取 150 MHz 左右。如果要求距离计数器分辨率为 5 m,则时标振荡器的频率最低应取 30 MHz 左右。

脉动计数器和距离显示器的作用是记录时标脉冲进入的数目,并送入计算机将被测目标的实际距离,通过显示元件将距离数据显示出来,一般为十进制。

距离计数器的分辨率就是距离显示器最末位数对应的距离值。对米级精度的脉冲式激光测距机来说,一般要求距离计数器最末位数对应的距离值为 1 m,取分辨率为 1 m。

距离计数器的容量应等于或稍大于测距机的最大可测距离,即最大测程。

延时复位电路是在激光电源触发氙灯时开始工作的,延时时间小于激光工作物质的稳态寿命。其复位的作用是在主波脉冲到来之前,使门控电路和脉冲计数器、距离显示器处于归零位置,即使各电路处于起始工作状态。延时的目的是使在氙灯触发到激光输出这段时间内,电路的起始工作状态不会被干扰掉。延时复位电路可以由 TTL 电路构成。

必须指出,若从增加抗干扰能力出发,复位脉冲的后沿应尽量靠近激光主波。可是,即使是同一激光器,激光主波产生的时刻也不是固定不变的,可能有几十微秒的波动。同时温度或电源电压的变化,也会影响电路的延迟时间,所以复位脉冲也不能太靠近激光主波,一般应提前几十至一百微秒。

5.2.1.5　作用距离方程

假设激光发射功率为 P_L,出射光斑为圆形,激光光束内的能量分布是近似均匀的或至少是轴对称的。如图 5-7 所示,当不考虑大气对激光能量的衰减作用时,激光照射到目标 D_T 上的功率为

$$P_T = \frac{\pi D_T^2/4}{\pi D_A^2/4} P_L = \frac{D_T^2}{(D_L + R\theta_t)^2} P_L \tag{5-11}$$

式中,D_L 为起始点的光斑直径;D_A 为在目标处的光斑直径;D_T 为目标直径;R 为从测距机到目标的距离;$\theta_t = 2\theta_{t'}$,为激光发射角。

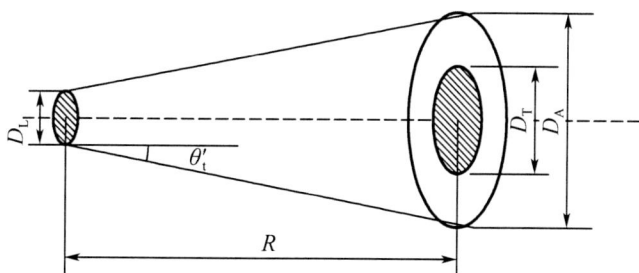

图 5-7　激光传输示意图

如图 5-8 所示,假如目标对激光的反射率为 ρ,那么对于有效口径 D_R 的接收光学系统来说,所能接收到的回波信号功率为

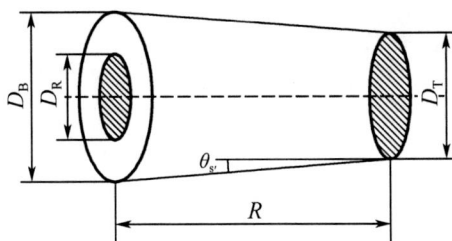

图 5-8　激光回波示意图

$$P_r = \frac{\pi D_R^2/4}{\pi D_B^2/4} \rho P_T = \frac{D_R^2 \rho P_T}{(D_T + R\theta_s)^2} \tag{5-12}$$

式中，$\theta_s = 2\theta_{s'}$，为回波发散角；D_B 为接收系统回波光斑直径。

把(5-11)式代入(5-12)中，可得出

$$P_r = \frac{D_R^2 D_T^2 \rho P_L}{(D_T + \theta_s R)^2 (D_L + \theta_t R)^2} \tag{5-13}$$

一般地，$D_L \ll D_A$，$D_T \ll D_B$，因此式(5-13)可简化为

$$P_r = \frac{D_R^2 D_T^2 \rho P_L}{R^4 \theta_s^2 \theta_t^2} \tag{5-14}$$

实际上，激光是通过发射光学系统发射，由接收光学系统端接收，过程中会造成一定的衰减，分别用透过率 T_t 和 T_r 描述。大气对激光信号的吸收和散射也会使信号衰减，用大气透过率 T 来表示。由于激光传输是双程的，故总的透过率为 T^2。考虑上述衰减因素后，可求得实际回波功率为

$$P_r = \frac{D_R^2 D_T^2 \rho P_L T_t T_r T^2}{R^4 \theta_s^2 \theta_t^2} \tag{5-15}$$

因为目标反射面积为 $A_T = \pi D_T^2/4$，接收光学系统有效接收面积为 $A_R = \pi D_R^2/4$，所以对任何形状的目标和任何形状的接收光学系统来说，到达光电探测器的回波功率表达式为

$$P_r = \frac{16 A_R A_T \rho P_L T_t T_r T^2}{R^4 (\pi \theta_s \theta_t)^2} \tag{5-16}$$

测距距离为

$$R = 4\sqrt{\frac{P_t T_t T_r T^2 A_\sigma \rho \varepsilon \gamma}{\pi P_r}} \tag{5-17}$$

激光测距机的作用距离和激光器的发射功率、光学系统特性以及探测器的探测能力有关。大气情况及目标特性属于客观存在的外部测距条件，要想获得更大的作用距离，可以着手提高激光发射功率、改善前端光机结构的设计和后端的接收信号处理系统。在激光测距系统设计中，可以通过提高激光发射单元的发射功率 P_t，增大接收单元的面积 A_r，增大发射光学系统和接收光学系统的透过率 T_t、T_r，减小发射光束的发射角 θ_t 来实现。但这样做势必将增加对激光器、光学系统的要求，使系统的体积和复杂度上升，同时增加激光测距系统的制造成本，并且可提升的空间有限。在不改变前端光机结构的前提下，通过采用合适的信号处理算法，提高回

波探测电路的性能,优化系统的最小可探测功率 P_{min},是提高激光测距机最大可测距离的有效途径。

5.2.1.6　技术指标

脉冲式激光测距机的主要技术指标有探测概率和虚警概率、最大可测距离、测距精度等。

（1）探测概率和虚警概率

激光测距机接收回波信号时,由于噪声的干扰,使得回波信号信噪比恶化,给正确判定回波信号的有无带来困难,造成探测概率降低和虚警概率增加。

激光测距机在测距过程中,在主波脉冲开门以前或者主波脉冲开门以后且回波脉冲尚未来到这段时间,若因噪声和干扰超过了门限电平而把门打开或关闭,此时距离显示器所显示的距离是假距离,称它为虚警。

噪声可在背景、探测器、前置放大器中产生。噪声本身是随机的,如果前置放大器放大倍数很高,把各种噪声放大的很大,那么噪声能超过门限电平的机会也多,虚警概率也大。当然,反过来虚警概率也可以小,但必须要求回波信号的电平相对来说要高一些,因此放大器的放大倍数应该合适,也就是要求有合适的信噪比,使虚警概率与仪器灵敏度统一比较合理。同时,更需要在线路结构、参数等方面尽量降低噪声。合理的信噪比往往是由多次实验来确定的。

此外除了噪声,各种干扰也能引起虚警。其主要干扰有主波（激光发射脉冲）形成前的干扰、大气的后向散射干扰、无效测距周期（没有收到有效回波信号）计数器满数后的干扰。

在一般测距过程中,主波形成前的干扰主要为激光电源的干扰。激光电源在工作过程中要产生一系列高频高压脉冲,这些脉冲通过电源线、地线或空间辐射进入距离计数器,将影响距离计数器工作的稳定性和可靠性,甚至使距离计数器发生错误动作,产生错误计数。在激光传输过程中,云层、山头及其他障碍物也会产生回波,使距离计数器产生错误动作,这类干扰称为假目标干扰。

假设信号 s 峰值为 m,噪声 v 是均值为 0、方差为 σ 的高斯噪声,回波信号表示为 z。令 H_0 假设表示信号 s 不存在,H_1 假设表示信号 s 存在,即

$$H_0 : z = v \tag{5-18}$$

$$H_1 : z = s + v \tag{5-19}$$

如图 5-9 所示,如果判决阈值为 I_t,当观测数据 z 落入 Z_0 域时,判决 H_0 成立;观测数据 z 落入 Z_1 域时,判决 H_1 成立。

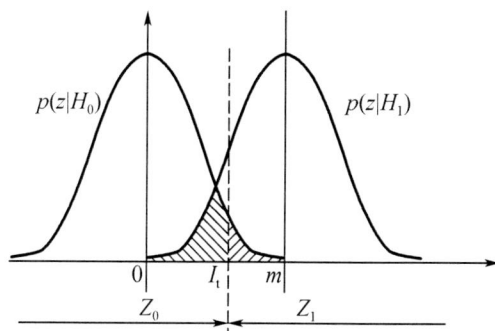

图 5-9　门限判决域示意图

假设 H_1 为真,判决为 D_1(表示选择 H_1 为真),是正确判决。在信号检测中,这是有目标信号而判决为有目标,称作探测概率,用 P_D 表示,则

$$P_D = P(D_1 \mid H_1) = \int_{Z_1} p(z \mid H_1) \, dz = \frac{1}{\sqrt{2\pi}\, \sigma} \int_{l_t}^{+\infty} e^{-\frac{(z-m)^2}{2\sigma^2}} \, dz$$

$$= \frac{1}{\sqrt{2\pi}\, \sigma} \int_{-\infty}^{m-l_t} e^{-\frac{z^2}{2\sigma^2}} \, dz = \frac{1}{\sqrt{2\pi}} \int_{\frac{l_t-m}{\sigma}}^{+\infty} e^{-\frac{z^2}{2}} \, dz \tag{5-20}$$

如果假设 H_0 为真,判决为 D_0,是错误判决。在信号检测中,这是没有目标信号而判决为有目标,称为虚警概率,用 P_F 表示,则

$$P_F = P(D_1 \mid H_0) = \int_{Z_0} p(z \mid H_1) \, dz = \frac{1}{\sqrt{2\pi}} \int_{\frac{l_t}{\sigma}}^{+\infty} e^{-\frac{z^2}{2}} \, dz \tag{5-21}$$

在实际的信号检测中,希望探测概率为 1,而虚警概率为 0。判决阈值 I_t 是根据探测概率和虚警概率的要求来确定的。减小判决阈值,探测概率就会增加,但是虚警概率也会增加。如果增加判决阈值,在减小虚警概率的同时探测概率也降低。只有回波信号的信噪比提高,使得 $p(z \mid H_0)$ 和 $p(z \mid H_1)$ 曲线在横轴下面积的公共部分减小,才能保证探测概率增加的同时降低虚警概率。所以增加激光测距机检测性能的方法归根结底还是要通过增加回波信号的信噪比来解决。

实际应用中,探测概率不可能到达 1,虚警也必然存在。通常是依据客观条件的不同来设定合适的阈值实现恒虚警率(constant false alarm rate,CFAR)检测。

大气湍流效应所引起的强度起伏、相位起伏等直接影响着探测系统对目标的测距性能。而对于相干探测系统,相位起伏和到达角起伏则是主要考虑因素。

一个有效的接收系统必须设计成能正常工作在有可能导致误码(误码率即虚警概率)的噪声环境之中。一般来说不存在信号时,噪声包含背景噪声、散粒噪声、接收机暗电流和热噪声。按 Yura 的假设,在不存在大气湍流时信号和噪声光电流可由高斯统计规律描述,这样虚警概率(P_F)和阈值的噪声比(TNR)间的关系可表示为

$$\text{TNR} \approx \left[2\ln\left(\frac{2LB}{\sqrt{3}\, cP_F}\right) \right]^{1/2} \tag{5-22}$$

式中,B 是接收机滤波低通带宽;L 是最大接收距离;c 是光速。

当一个光子探测器位于激光通过大气传输的光路上时,可观察到带宽为几十到几百赫兹的大气闪烁。由于信号受到湍流的影响,不再是固定不变的,而是一个随机变化量,利用信号电流 i 的概率密度函数 $P_i(i)$,探测概率应重新表达为

$$\langle P_d \rangle = \int_0^{\infty} P_i(i) P_d(i) \, di \tag{5-23}$$

式中,$\langle * \rangle$ 表示对大气湍流统计取系统平均。

根据前面的讨论,可以得到

$$P_d(i) = \frac{1}{2} \left[1 + \text{erf}\left(\frac{i-i_t}{\sqrt{2}\, \sigma_n}\right) \right] \tag{5-24}$$

式中 i 为信号电流强度,$P_i(i)$ 满足对数正态分布

$$P_i(1) = \frac{1}{\sqrt{2\pi\sigma_{\ln I}^2}\,i} \exp\left\{ -\frac{\left[\ln(i/\langle i_s\rangle) + 0.5\sigma_{\ln I}^2{}^2\right]}{2\sigma_{\ln I}^2} \right\} \tag{5-25}$$

式中，i 是光电流系统平均；$\sigma_{\ln I}^2$ 是对数强度方差。

测距成功率取决于信号探测概率与虚警概率，其计算公式为

$$P_c = (1 - P_F)P_D \tag{5-26}$$

式中，P_c 为成功探测概率；P_F 为虚警概率；P_D 为信号探测概率。

（2）最大可测距离

由激光测距机最大可测距离公式可见，要提高回波功率从而增大测距，有如下一些途径。

①提高激光接收功率

提高激光测距机中激光器的发射功率，提高发射光学系统和接收光学系统的透过率（镀增透膜）均可提高激光接收功率。但这些措施都受到仪器本身的限制，不可能大幅度的提高，尤其通过方程可以看出 $R \propto P_L^{-1/4}$，加大接收光学系统的有效接收面积，P_L 要提高 16 倍，R 才能提高一倍，这样付出的代价太大。

②压缩激光发散角

压缩激光发散角，但也不能压缩太多，否则瞄准困难，体积增大。

③加装合作目标

角反射器是一个由三个互相垂直的反射面构成的四面体，相当于截取玻璃立方体的一角，如图 5-10 所示。角反射器能使入射到目标上的光线几乎全反射地原路返回测距机。这时回波发散角 θ_s 很小，目标反射率接近 1，因此可大大提高回波功率。

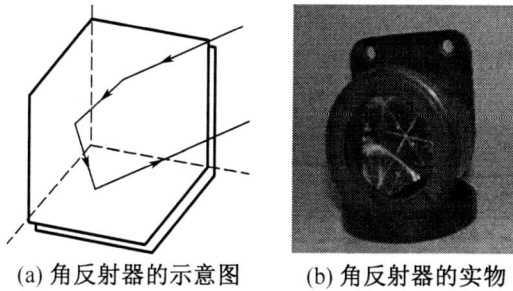

(a) 角反射器的示意图　　　(b) 角反射器的实物

图 5-10　角反射器的示意图和实物

在目标上加装后向角反射器，对于卫星（即合作目标）激光测距是一种行之有效的办法，但对于空间碎片等非合作目标是不现实的。对于合作目标，$\rho \geq 0.8$，$\theta_s \approx 10^{-5} \sim 10^{-6}$ rad，而大多数漫反射目标 $\rho \leq 0.2$，由此有两者之比为 $3.2 \times (10^{11} \sim 10^{13})$。这种比较虽然不完全恰当，但却充分反映了使用后向反射器的优点。

④选用性能好的光电探测器

描述光电探测器性能的两个物理量为探测概率和最小可探测功率。

在激光测距机中，用作光电转换的探测器件在弱光作用下量子过程服从统计规律。此规律一般用探测概率这个物理量来描述。假如以 ρ_{so} 表示光电探测器至少能转换出一个光电子的概率，以 ρ_n 表示激光回波在光电探测器内可能产生的平均光电子期望值，那么它们之间的

关系为

$$\rho_{so} = \sum_{r=1}^{n} \frac{(\rho_{n})^r e^{-\rho_n}}{r!} \tag{5-27}$$

因为实际的激光接收系统总是存在噪声的,为了有效地探测,回波信号在光电探测器内所产生的平均光电子数,必须高于折算到光电探测器上噪声所产生的光电子数,也就是要求信噪比至少要大于1。为了抑制噪声对距离计数器的干扰,通常使距离计数器的触发门限电平略高于大多数噪声脉冲的电平,因而噪声引起的错误计数概率很小。如果用 N_t 表示脉冲计数器的门限电平所对应的光电子数,那么在接收系统的响应时间和激光脉冲前沿相匹配的条件下,回波信号的探测概率为

$$\rho_{so} = 1 - \sum_{r=1}^{N_t-1} \frac{(\rho_n)^r e^{-\rho_n}}{r!} \tag{5-28}$$

只要我们对接收系统的探测概率 ρ_{so} 提出具体要求,就可根据上式算出光电探测器必须给出的最小可探测信号的平均光电子数期望值 ρ_n,然后由下式可算出相应的最小可探测功率 $P_{r\min}$:

$$P_{r\min} = \frac{h\nu\rho_n}{\delta_\lambda \eta} \tag{5-29}$$

式中,$h\nu$ 为每个入射光子的能量;η 为光电探测器的量子效率;δ_λ 是激光脉冲半宽度。

如果激光测距系统接收峰值功率为最小可探测功率,即当 $P_r = P_{\min}$ 时,激光测距机的最大可测距离为

$$R_{\max} = 4\sqrt{\frac{P_t T_t T_r T_\sigma^2 A_r \rho \varepsilon \gamma}{\pi P_{\min}}} \tag{5-30}$$

所以,在不考虑大气情况及目标特性的情况下,激光测距机的最大可测距离和激光器的发射功率、光学系统特性以及探测器的最小可探测功率有关。最小可探测功率是设计测距机的重要参数,它和测距机的最大测距有关。但是必须指出,最小可探测功率是对一定探测概率而言的。

（3）测距精度

激光测距的原理是通过测量激光脉冲从测站至空间目标的往返时间来获得相应的距离测量值,其所测距离的表达式为

$$R = \frac{1}{2}ct = \frac{1}{2}cNTR_0 = \frac{cT_0}{2}N \tag{5-31}$$

由式(5-31)可以看出,脉冲计数器产生的误差是由脉冲计数器脉冲个数 N 和时钟频标脉冲宽度 T_0 所决定的。而光速值是一个定量,因此光速的测定误差不作为测距的误差源来考虑。

脉冲计数器时钟频标脉冲个数 N 的误差可分解为主波探测计时误差、回波探测计时误差、脉冲宽度引起的计时误差、计数器计时误差和时间同步误差。脉冲计数器时钟频标脉冲宽度 T_0 的误差可分解为频标误差和脉冲计数器的电路误差。此外,不通过脉冲计数器而反映出来的主要误差源有:系统延迟测量误差,包括地靶距离标定误差、地靶常规标校测量误差;气象参数采集和大气修正模型误差。

①系统误差分析

大气折射率 n 不准引入的误差。在不考虑大气湍流的条件下,由于 n 受大气气压、温度、湿度的影响较小,n 值测量误差约为 10^{-6};对于远程测距就要考虑采用高精度的测量方法和校正手段。

时标振荡器的振荡频率不稳引入的误差。实际应用中受温度等因素影响会产生一定的频率漂移,使测量结果产生误差,通常采用高稳定的晶体振荡器产生基准时钟,或采用锁相环对时钟进行频率综合、去抖动等进一步处理。对于目前使用的高精度和高稳定度时间频率系统,如铷原子钟以及氢原子钟频标系统,其频率的精度和稳定度均在 $10^{-12} \sim 10^{-14}$ 量级,该项误差应在 $0.5 \sim 0.8$ mm 范围内,在目前的测距精度下可不做修正。

②随机误差分析

脉冲信号幅度与宽度变化引入的漂移误差。由于大气衰减、目标反射特性的影响,激光回波光脉冲的相位、幅度就会随距离、气候条件、目标反射特性的改变而改变,给起止时刻的鉴别带来误差,由此引入的误差称为漂移误差。

系统时间响应特性引入的误差。由于从发射激光采样的参考波和回波信号强度差异很大,导致作用于探测器时产生的时间延迟不同;触发门电路时的时间响应也不一样,由此造成的时间误差最大可达 10^{-8} s 量级;加之放大器的有限带宽常引起脉冲上升时间的延迟误差;各种噪声叠加在信号上也能产生触发时间误差,这些都会造成计时不准。

计数量化误差。因为激光发射脉冲、目标回波脉冲与时钟脉冲不同步,它们与计数时钟之间存在着一个随机的时差,这就是人们常说的计数量化误差。

在激光测距的上述误差中,起主要作用的是漂移误差和计数量化误差。可以通过提高计数时钟的频率来降低计数量化误差,但它的提高也受到各种因素的限制,不可能无限制提高。

③系统综合精度估计

系统综合精度的估算公式采用下式计算:

$$\sigma = \sqrt{\sum_{i=1}^{n} \Delta\sigma_i^2} \tag{5-32}$$

式中,σ 为系统的综合测距精度;σ_i 为系统的单项误差。

目前,激光测距的性能指标向高分辨、高精度、高速率、远距离方向发展,并且低功耗和小型化的应用需求不断增加。为了获取更高的测距精度和更大的测程,人们不断提升相关器件、激光器和光学系统的性能,并寻找新的探测体制和信号处理方法。系统开始发展和采用高重频、窄脉宽、窄线宽、多光束输出的激光器和发射结构,高时间分辨率的计时器件,高灵敏度和快速响应的探测器,专用集成电路(ASIC)等,以及先进的微弱信号检测技术和噪声抑制技术等。

5.2.2　时刻鉴别技术

由于激光脉冲在空中传输过程中的衰减和畸变,导致接收到的脉冲与发射脉冲在幅度和形状上都有很大不同,引入漂移误差。另外,在时刻鉴别过程中还存在时间抖动,它是由于输入信号噪声和来自接收通道的附加噪声产生的,抖动幅度还与信号脉冲上升沿宽度、信号强度、时刻鉴别单元的带宽以及鉴别类型有关。

如何设计时刻鉴别单元以达到消除或减小漂移误差和时间抖动,是脉冲激光测距的重要研究课题之一,目前时刻鉴别的方法主要有三种:前沿时刻鉴别法、恒定比值时刻鉴别法和高通容阻时刻鉴别法,如图 5-11 所示。

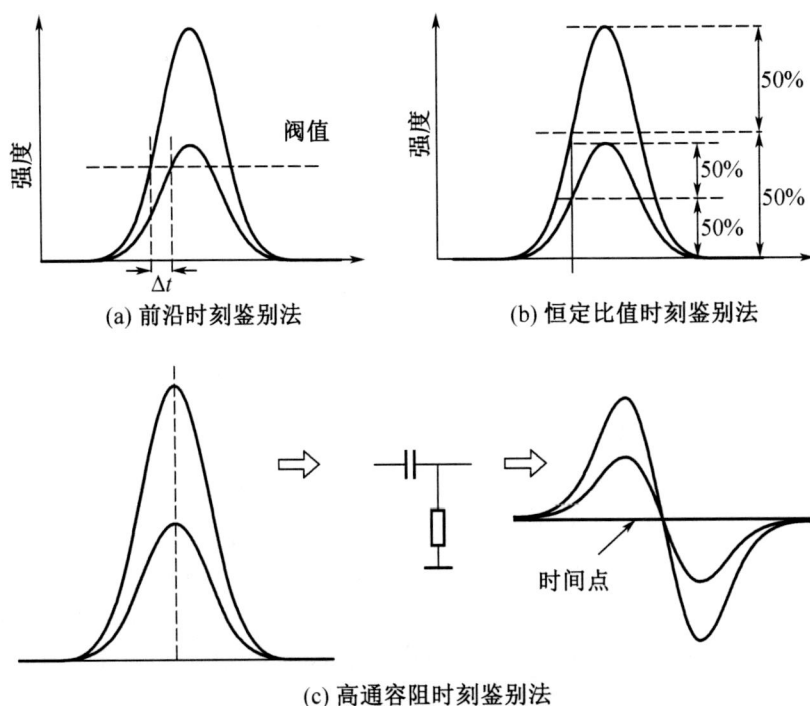

(a) 前沿时刻鉴别法

(b) 恒定比值时刻鉴别法

(c) 高通容阻时刻鉴别法

图 5-11　激光测距机计数器时刻鉴别方式

其具体原理为:图 5-11(a)前沿时刻鉴别法通过设置固定阈值的方式来确定起止时刻。当脉冲前沿的强度等于设定阈值时,判决该时刻为起止时间。当信号幅度衰减严重时,采用此方法的测量误差是很大的。图 5-11(b)为恒定时刻比值鉴别法。所谓恒比定时技术,就是不管信号幅度如何变化,始终在信号前沿的固定部位(一般取前沿中点,因为该点对应最大斜率)触发计数器,使距离计数器的门开启(对应于主波信号)或关闭(对应于回波信号)的时刻不随信号幅度变化。因而可消除由于信号幅度变化所引起的测距误差。恒定比值可以根据探测概率、虚警概率设定,此处取 50%,即取脉冲上升沿中半高点到达的时刻为起止时刻。恒定比值时刻鉴别法能较为有效地消除由脉冲幅度变化带来的误差,但不能消除波形畸变和噪声的影响。图 5-11(c)所示为高通容阻时刻鉴别方法,接收通道输出的起止信号脉冲通过一高通容阻滤波线路,原来的极值点转变为零点,以此作为起止时刻点。它的误差主要受信号脉冲在极大值附近斜率的影响,可以有效地克服波形畸变带来的误差,但对噪声敏感。

5.2.3　飞行时间间隔测量技术

到目前为止,飞行时间间隔测量主要有三种方法:数字法、模拟法和数字插入法。

最普通的激光测距信息处理装置简称为计数器。把主波作为开门信号,回波作为关门信号,在门被打开期间钟形脉冲通过门,计数器数出钟脉冲的个数。这样被测时间 T_x 为

$$T_x = NT_0 \qquad (5-33)$$

式中,T_0 是钟脉冲周期;N 是通过门的钟脉冲个数。

被测距离 R_x 可写成如下形式:

$$R_x = c(N \pm 1)/2f_0 \tag{5-34}$$

式中,f_0 为钟频;± 1 是由于主回波开关门与钟频异步造成的计数误差。

数字法的优点是线性好,与测量范围无关。数字法的测量精度主要取决于时钟频率,为正负一个时钟周期。由于时钟频率的限制,其测量精度非常低,即使频率高达 10 GHz 的时钟,精度也只有 100 ps,与之对应的距离误差为分米量级。

模拟法工作原理图如图 5-12 所示。在待测时间间隔 t_m 内对一已知电容以大电流 i_1 进行充电,然后对其以小电流 i_2 放电($i_1/i_2 = k$),则放电时间为 kt_m,相当于对 t_m 展宽 k 倍。其优点是测量精度可达皮秒量级,但是由于电容的充放电存在非线性,随着测量范围的增加,精度会降低。另外,电容的充放电性能受温度的影响非常大($10 \sim 30$ ps/℃),对测量系统的环境温度特性要求非常高。

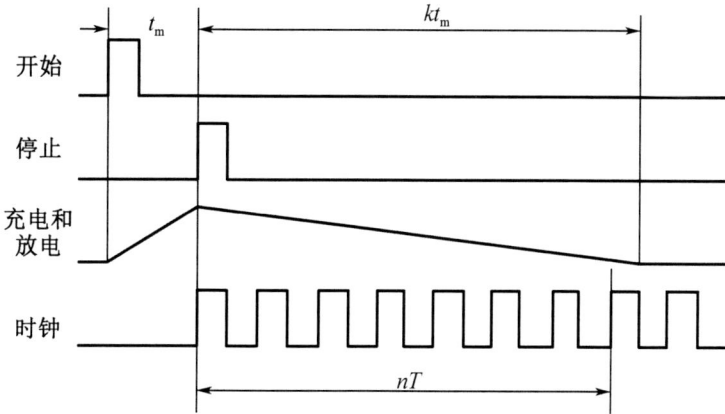

图 5-12 模拟法工作原理图

采用数字法和模拟法进行飞行时间间隔测量时,存在计数量化误差。数字插入法通过采用数字法结合各种不同的插入法可减小计数量化误差,实现精确测量。数字插入法在保持了数字法优点的同时,测量精度得到大幅提高,能够适应高速、大测量范围和高精度测量的应用领域。时间内插法原理如图 5-13 所示。

由图 5-13 可看出,待测时间间隔 $T_x = T_3 + T_1 - T_2$。其中,T_3 是钟周期 T_0 的整数倍,且与钟脉冲同相,T_1、T_2 均小于 T_0。内插器的主要功能是从钟脉冲、取样脉冲和回波脉冲三者的时序和相位关系中取出时间间隔 T_1、T_2 和 T_3。其中,T_3 显然可用计数器精确测量;T_1 和 T_2 的结束边是与钟脉冲有固定相位关系的,因此 $T_1 - T_2$ 相当于一个自由时间间隔。若将 T_1 和 T_2 扩展 K 倍,即

$$\begin{cases} T_1' = KT_1 \\ T_2' = KT_2 \end{cases} \tag{5-35}$$

再用扩展后的 T_1' 和 T_2' 控制两路电子门,让相同频率的钟频通过它们,且 T_1' 和 T_2' 的过门脉冲数分别为 N_1 和 N_2,则 $N_1 - N_2$ 的总测量误差为 ± 1 个钟周期。由于 T_1' 和 T_2' 已扩展了 K 倍,故总测量误差 $\Delta T = T_x$。直接计数不能精确测量的 $\Delta T = T_0/K$,例如当 $T_0 = 66.733$ ns、$K = 100$ 时,则

$\Delta T = 0.667$ ns,相当于测距误差为± 0.1 m。用过门脉冲数表示待测时间间隔T_x的表示式为

$$T_x = \left[KN_3 + (N_1 - N_2) \right] \frac{T_0}{K} \qquad (5-36)$$

显然,采用这种方法比采用同样钟频的直接计数法测距精度提高了K倍。

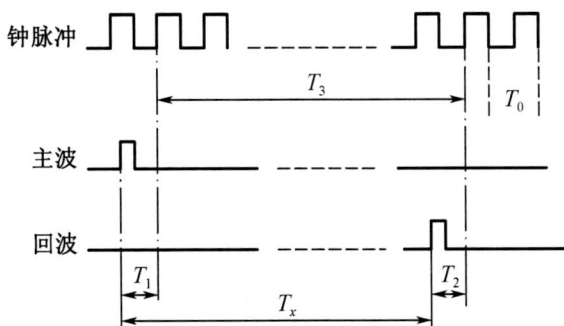

图5-13 时间内插法原理

目前,已有的数字插入法的实现形式主要有三种:延迟线插入法、模拟插入法、差频测相插入法。其中,延迟线插入法和模拟插入法最为常用,可以采用多种实现形式。这种技术利用同样高的钟频测量时,分辨率比普通计数器提高三个量级。

5.2.4 噪声滤波技术

在空间目标激光测距中,由于目标距离较远、漫反射目标反射率低、目标方向有云、月光过强等因素,一般情况下回波很弱。激光测距机在接收目标回波信号的同时,不可避免地会引入背景杂散光等干扰,尤其是白天近地天空辐射是空间目标激光测距系统最主要的干扰源,这是由于大气对太阳光的散射而产生的。在夜晚,噪声主要来源于大气对月光、其他星体光和城市照明等散射。它们的存在使得测距机接收信号的信噪比恶化,很容易形成错误的触发,产生虚警。

如何有效地滤除噪声,是提高数据获取成功率的关键。由于空间目标通常距离较远,因此很难将回波光子数提高到直接超过背景噪声的水平。而通过增大接收望远镜口径和增大激光器发射功率等办法,都会付出高昂的成本,因此,必须采取有效的噪声滤波技术。目前,大多是通过以下几种方法来实现。

（1）距离门控技术

距离门控技术是一种时间滤波技术,可以有效地减少噪声的干扰。由于测距机工作时,只在极短的时间内响应回波信号,其余时间都在等待或进行数据处理等工作,假定可以确定目标距离的大致范围,就可以通过设置距离波门来控制测距机的接收系统工作。在出射激光束离开发射物镜的同时令距离波门关闭,对接收到的信号不做任何处理;在目标返回的激光束可能到达接收物镜的时间段内打开波门。在波门关闭期间,接收系统完全不工作,大气后向散射光波和其他杂散干扰都被拒之门外,这就是距离门控技术的基本思想。通过控制距离门来减少背景噪声是一种行之有效的办法,也可有效排除后向散射的干扰,降低虚警概率,提高探测概率,目前已经得到广泛应用。

（2）背景辐射自动补偿技术

因为背景噪声电流随天空亮暗变化、大气因素变化而产生大幅度的波动,引起一定的虚警,所以一般情况下可以采用背景辐射自补偿电路。即将探测器输出的一部分分流到背景辐射直流放大器,该直流放大器输出的电平值随着背景变化而增减,然后把该电平与参考电平相加成为新的阈值电平,这样就形成了浮动的阈值门限。这种方法可以明显降低背景辐射的影响,提高检测概率。

（3）光谱和空间滤波技术

白天天空背景的噪声源是由于天空中微粒对太阳光的散射谱宽很宽,因此在接收系统中可以采用测距机激光工作波段附近的超窄带干涉滤光片滤除背景散射光。如果采用带宽仅为 0.15 nm 的超窄带干涉滤光片,则天空背景噪声对此接收系统的影响估计将减小为 0.15/500,即 3×10^{-4}。虽然滤光片对于中心波长也有一些影响,一般透过率仅为 30%,但相比之下,系统的信噪比得到了很大提高。在夜间观测的情况下,夜天空背景噪声很小,可以采用带宽为 2~5 nm 的干涉滤光片,甚至可以不采用光谱滤波方法。比超窄带干涉滤光片性能更好的是 Fabry-Perot 滤光器加上普通的干涉滤光片,中心波长透过率可以提高到 60% 以上。性能更好的是太阳观测中的滤光器,带宽可以做到更窄,透过率可以提高 60% 以上。

在光学接收系统中,利用接收视场光阑来进行空间滤波也是被广泛采用的方法。在白天测距时,如果视场较大,噪声光子数与视场成正比,与探测成功率成反比,大量的噪声通过视场进入接收探测器会产生虚警。当视场减少时,噪声光子数减少,相应的探测成功率也会提高。因此减少视场是一种非常有效的提高探测成功率的方法。

除了上述方法外,还有很多方法可以降低测距机的虚警概率,如信号积累技术,脉宽检测方法等,另外还可以采用软件措施降低虚警概率。

5.2.5　光子计数远程测距技术

目前,研究者主要基于单光子探测技术提升激光脉冲探测的系统灵敏度、突破距离和探测速率等技术瓶颈;采用直接探测体制的光子计数激光远程测距也是通过测量发射激光脉冲与回波脉冲之间的时间间隔来获得目标的距离信息。

5-2　光子计数测距原理

传统脉冲激光测距探测器采用的是线性工作模式,即采用工作在线性雪崩增益模式下的雪崩光电二极管（APD）探测器,由于探测阈值较高,为保证信噪比,接收的回波光子数一般需要在几百个以上,由此带来的系统特点如下:

（1）系统一般采用大口径接收光学设计,由此带来系统体积、质量都较大;

（2）采用大能量激光光源,实现方法一般是采用固体放大激光器,单脉冲能量达到数十至数百毫焦,受限于此,激光重频在 1~100 Hz 范围内,难以提高。

与传统脉冲激光测距不同的是,光子计数激光测距采用高重频、低能量的激光器和灵敏度极高的单光子探测器（PMT 或 Geiger-mode APD）,可以有效响应回波脉冲中的单光子级的微弱信号,将脉冲测距体制下对包含大量光子信号的回波波形探测转变为对单个回波光子事件的计数,利用光子事件的多次累积实现目标信号提取,提高探测概率和作用距离。

光子计数激光测距原理示意图如图 5-14 所示。激光探测单元对光子发射时刻之后的光子回波脉冲发生时间进行标记,通过多次发射进行光子事件累积,提取目标回波光子到达时

刻,通过与光速常量的计算,获得目标相对距离。

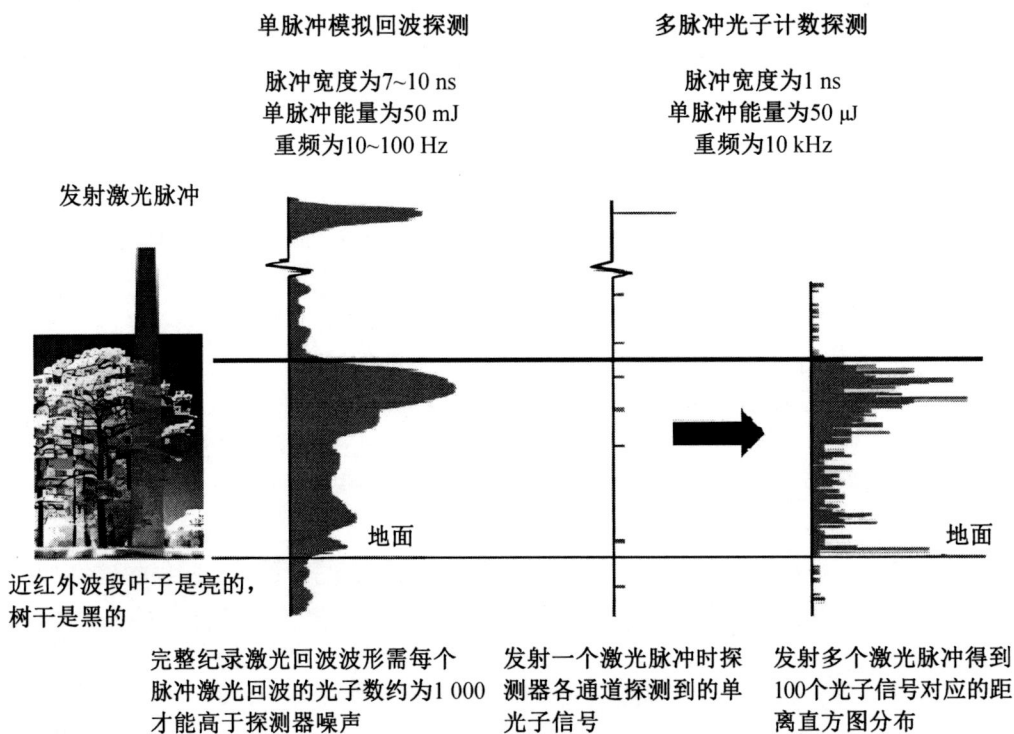

单脉冲模拟回波探测

脉冲宽度为7~10 ns
单脉冲能量为50 mJ
重频为10~100 Hz

多脉冲光子计数探测

脉冲宽度为1 ns
单脉冲能量为50 μJ
重频为10 kHz

发射激光脉冲

近红外波段叶子是亮的,树干是黑的

地面

地面

完整纪录激光回波波形需每个脉冲激光回波的光子数约为1 000才能高于探测器噪声

发射一个激光脉冲时探测器各通道探测到的单光子信号

发射多个激光脉冲得到100个光子信号对应的距离直方图分布

图5-14 光子计数激光测距原理示意图

光子计数测距一般采用如下方法:

(1)在一次激光脉冲发射后的时间 ΔT 内,将上述 ΔT 产生的光电子信号到达时间(相对于起始脉冲信号)全部记录下来。其中 ΔT 一般大于所探测的目标距离对应的时间间隔,以保证目标表面的回波产生的光电信号会被记录下来。

(2)对同一目标点采用高重频激光进行多次探测,探测次数根据激光回波能量的强弱而定,保证探测成功即可。

(3)对时间 ΔT 进行划分,划分为若干个时间片(range bin),时间片的划分间隔根据时间测量的分辨率制定。例如,时间测量的分辨率到达亚纳秒量级,则时间片的划定也可以在此量级。也可直接将时间转换为距离信息 ΔR 进行划分,效果一致。

(4)经过若干次对同一目标的激光探测后,将所有得到的回波、背景噪声、暗计数信号的到达时间作为数值,填入第(3)步中划分好的时间片,于是得到一个如图5-15所示的所有信号统计直方图。其中,横轴表示时间片或者距离片划分,纵轴表示每个时间片或距离片的信号个数统计,即"光子计数"的概念。

(5)根据距离相关理论,即同一个距离下的回波到达时间应该是分布在几个相邻的时间片,是高度相关的,而背景噪声和暗计数在时间片上的分布是随机分布,因此经过多次统计,在目标距离处的相邻时间片必然出现一个真正信号的计数峰值,这对应着真正的距离信息。如果划定一个计数阈值,可轻松将噪声信号滤除,从而提取距离信息。

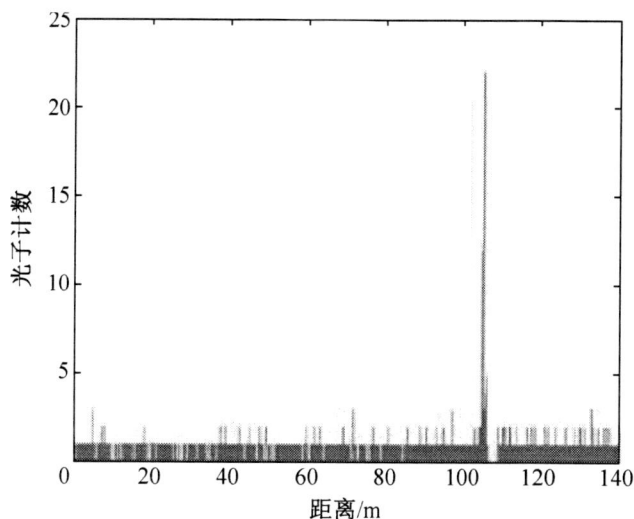

图 5-15　典型的光子计数激光雷达信号统计直方图

　　光子计数激光测距比传统脉冲激光测距下激光能量下降了三个量级,激光发射能量的降低使得激光重复频率大大提高,从而可以获得较高的系统采样率。除了采样率的提高,光子计数激光测距是通过对光子事件累积来实现噪声信号的滤除,本质上是一种概率探测,恶劣的目标特性和工作环境只会影响其探测概率,而不会出现完全探测不到目标的情况,可靠性高。光子计数激光测距技术的优点是能够以较低的激光脉冲能量获取远距离目标的距离信息,大大简化了激光探测系统,降低了系统对于功耗、光学系统口径等的要求。

5.2.6　卫星激光测距

5.2.6.1　系统基本组成

　　卫星激光测距系统(SLR)可以分为硬件和软件两大部分,按照仪器设备的功能,可将卫星激光测距系统进一步细分为时间子系统、激光发射子系统、回波接收子系统、控制子系统和微光导星分系统等,卫星激光测距系统组成如图 5-16 所示。

　　(1)时间子系统

　　时间子系统是由时间计量的起点和单位时间间隔的长度来定义的。在空间碎片观测系统中一般使用协调世界时(UTC)。

　　测距系统的时间子系统主要是全球定位系统(GPS)时间频率接收机。GPS 时间频率接收机为测距系统的时间频率标准提供标准的 UTC 与频率信息,即 10 MHz 时间频率信号和 1 PPS(秒脉冲)信号,实现本地观测时间与 UTC 的同步。现有的 GPS 时间频率接收机的时间同步精度应在 100 ns(UTC)左右,频率精度优于 1×10^{-13}。时间子系统直接影响数据的好坏,如果时间子系统有误,则记录的观测时间就会不正确,观测数据就没有应用价值。

　　(2)激光发射子系统

　　激光器是 SLR 的核心部件之一,其光束质量稳定性及模式等对空间碎片激光测距的成功与否有着很大的影响。在 SLR 中采用高功率、高光束质量的激光器能够大幅提高接收的回波光子数,提高探测成功率。在功率一定的情况下,提高激光器的重复频率可减小单脉冲激光能量,长时间工作对激光器本身和光学系统的损伤较小,提高了激光器可靠性和使用寿命,同时也会提高单位时间内的回波光子数,从而增加了对目标的快速捕获能力。另外,减小激光器的单脉冲能量,增加了空中飞行物体的安全系数,减小了实验中对飞行物体规避的损耗。

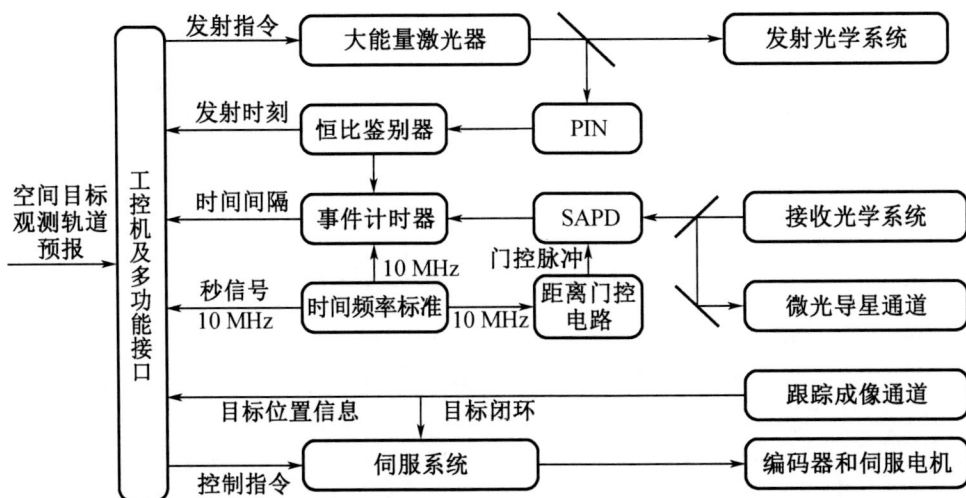

图 5-16　卫星激光测距系统组成

（3）回波接收子系统

由于卫星目标距离远回波光子微弱,SLR 中的探测器应具有单光子探测或光子计数能力。一般采用 Geiger 模式 APD。由于 APD 探测器的暗噪声、雪崩电压、雪崩增益随温度变化明显,要使 APD 在高重复频率下工作状态稳定,必须采用高性能制冷器进行降温和恒温。

在非合作目标激光测距系统中,通常采用门控电路控制方法滤除天空背景光、热噪声等影响。

由于从碎片返回的激光回波受到发射能量的波动、光斑内能量分布的不均匀、大气效应及瞄准误差等影响,其幅度偶然涨落可达百倍,且很难避免,这便影响了测距精度。一般需采用恒比定时鉴别器,使脉宽的形状相同但幅度不同的脉冲,在同一比例处触发,触发时刻基本不变,能够降低回波脉冲幅度变化所引起的定时误差。

（4）控制子系统

控制子系统是 SLR 的核心部分,它的作用是:根据时间子系统提供的时间信号进行时间同步,实现各子系统的观测同步;与伺服进行数据交换,通过伺服实现对经纬仪的指向控制;控制激光发射子系统的出光频率、出光时刻,规避后向散射等;控制探测器的信号响应开启时间,为探测器提供门控信号;实时读取主回波时刻信息,画数据点图,进行数据采集与存储;实现控制子系统与其他子系统的通讯;根据数据点图的图像信息,分别实现对激光发射光束和经纬仪指向的调整。

控制子系统由控制软件、控制电路板、其他外围设备组成。

控制软件用于实时对高重复频率激光测距硬件进行控制和数据通信,确保激光测距系统实时、稳定、可靠运行,协调各设备同步观测。软件分系统按照工作的对象可分为三部分:

①硬件服务的跟踪控制软件和仪器测试校正软件。

②数据服务的卫星实时跟踪预报软件、数据预处理软件、恒星实时预报跟踪软件、望远镜指向校准软件。

③管理服务的数据管理软件等。

跟踪控制软件是激光测距观测工作管理和控制的核心,负责与系统中各分系统的数据通信、信号控制、转台跟踪以及数据采集。跟踪控制软件与时间基准通信来完成时间同步与时钟设置,与伺服分系统通信来完成望远镜的实时跟踪,与时间计时器通信来完成观测数据的采集。同时,跟踪控制软件还用于设置光电探测器的距离门,控制激光器的发射状态。卫星实时跟踪预报软件利用全球数据分析中心提供的卫星预报星历来进行测站的轨道预报,卫星轨道的预报值用于驱动望远镜跟踪卫星,根据距离的预报值设置光电探测器的开门接收时刻。卫星实时跟踪预报软件分为概略预报和精密预报。概略预报可对全部观测卫星进行较长时间的预报,主要用于观测任务的编排;精密预报采用 1 s 或 20 s 的预报间隔分别预报近地星或远地星通过测站上空的实时位置,用于实际的观测任务。数据预处理软件对观测得到的数据进行处理,主要任务是:剔除原始观测数据中的噪声,保留有效的观测数据;对有效的观测数据进行系统延迟校正;解算观测数据的单站测距精度、时间偏差、距离偏差等参数;产生标准点数据,按照统一的数据格式保存并将有效的观测数据和标准点数据发送到相关的数据发送中心。应用恒星实时预报跟踪软件的目的是通过对测站上空的恒星进行预报和观测,获得望远镜在空间指向的位置偏差。通过望远镜指向校准软件来建立望远镜指向修正模型,利用观测恒星所得到的位置偏差观测值来解算模型系数。在进行卫星观测时,利用解算得到的模型系数修正望远镜对观测目标的指向,提高测距观测的成功率。

控制电路产生系统需要精确时刻和各种信号,以触发其他设备同步执行观测任务。另外,SLR 中的跟踪子系统及监控子系统也起着很重要的作用。跟踪子系统包括伺服系统和编码器。伺服系统的主要功能是实时获取控制系统发送的引导数据,驱动经纬仪到达指定位置。同时,将经纬仪的真实位置信息反馈给控制软件。监控系统主要包括 CCD 相机及图像处理系统,用于监视观测目标、激光光束及视场中心的相对位置关系,为主控系统提供跟踪控制依据。

(5)微光导星分系统

空间目标的观测依赖于观测目标的位置预报,预报精度的好坏将影响观测的成功率。在预报精度较差的情况下,如一些低轨卫星、发射初期的卫星、甚至用两行根数预报的空间碎片观测等,这些空间观测目标的预报经常会偏离接收视场的中心,包括偏离激光光束的指向位置。利用微光导星分系统可以监视并修正观测目标的跟踪位置偏差。

在卫星激光测距系统中,微光导星分系统主要用于监视激光光束的指向位置和观测目标的空间位置。影响激光光束指向的因素有:一是激光器的稳定性;二是发射光路的稳定性。高精度的皮秒激光器在运行过程中需要定期维护,激光器的维护会改变激光光束的指向。而发射光路受温度、光学器件稳定性等因素的影响,各反射镜片均可能发生微量移动,致使出射的激光光束在空间产生偏移。激光光束的指向偏移影响了测距的成功率,利用微光导星分系统可监视激光光束的偏移,再利用发射光路中的电动调节机构可随时修正激光光束的指向偏移。

微光导星分系统结构如图 5-17 所示。微光导星分系统是采用主镜分光的方式来监视观测目标和激光光束的,从望远镜主镜光路中通过分光镜分离出一小部分光,如果激光器采用的是 532 nm 波长的绿光,则分光镜可使得 98% 的绿光反射到光子接收探测器中,用于激光测距,其余2%的绿光可透过分光镜进入微光导星分系统,用于监视激光光束指向。而可见光的波段可全部透过分光镜进入微光导星分系统,用于监视空间观测目标的位置。

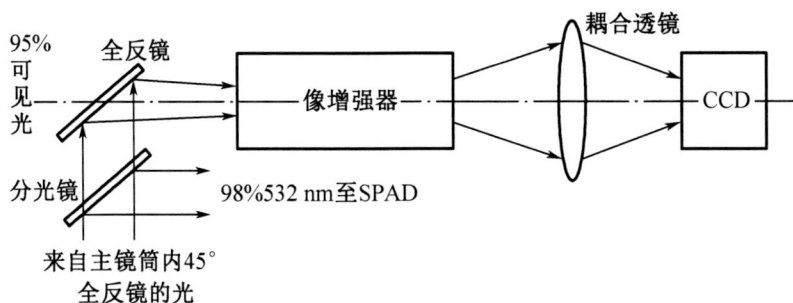

图 5-17　微光导星分系统结构

5.2.6.2　系统工作流程

卫星激光测距观测工作的流程包括如下方面。

(1)卫星观测预报

第一步是获取卫星预报星历。卫星预报星历每天更新一次或数次,视不同的卫星而定。一般来说,近地星的轨道变化较大,有些近地星会一天更新四次;而远地星的轨道相对稳定,大多远地星每天更新一次。每次提供的预报星历长度约4~5天。地面测站为了获得尽可能高的预报精度,应及时下载相关卫星的预报星历,使用最新的预报星历进行卫星的轨道预报。

第二步是进行卫星概略预报与观测计划编制。卫星概略预报的目的是计算所有可观测空间目标通过测站上空的运行情况。卫星概略预报的主要内容信息有观测目标名称或代号、目标通过测站上空的起始与结束时刻、目标过顶的最大高度角、目标进出地影的状态、望远镜的旋转方向等。观测计划编制是根据卫星概略预报的内容信息制定的。卫星通过测站上空的起始与结束时间长度随卫星的轨道高度而不同,近地星的可观测弧段一般在10~15 min,中轨道 Lageos 卫星在40 min 左右,2 万多千米高的远地星通过上空的时间可长达4个多小时,而同步卫星可观测的时间就更长。因此,在同一个时间段内,可能会出现多颗卫星同时经过测站上空的情况,这时就需要根据卫星的观测权重来编制观测计划。卫星的观测权重也会依据观测任务的变化而进行调整。

卫星过顶的最大高度角以及进出地影的状态可供观测员在实际观测时参考。当卫星的预报精度不是很好,而卫星又不处在地影中为可见时,可通过微光导星系统来修正望远镜的指向位置或卫星的预报位置,提高测距的成功率。

空间碎片的轨道预报选用两行轨道根数 TLE 和 SGP4 轨道预报模型进行观测预报。两行轨道根数是空间目标轨道模型的一组描述参数,经过 SGP4 模型后可以输出指定时刻目标的位置和速度信息。在空间碎片预报中,由于 SGP4 给出的坐标值为真赤道平春分点(TEME)坐标系,而观测中使用的数据为测站坐标系下的数值,因此在应用中需进行坐标转换。空间碎片观测预报的流程图如图5-18所示。

根据目标预报须满足的可见条件,即高度条件、天光条件、地影条件,应用空间碎片预报软件进行目标预报,最终生成两种信息文件:一是含有 UTC、目标代码、起止时间、最大高度角、可见期、估算的回波指数、雷达散射截面(RCS)、当日观测任务总数量等信息的观测任务文件;二是测站地平坐标下的 UTC 时刻、方位、高度、距离、速度等信息的跟踪文件。

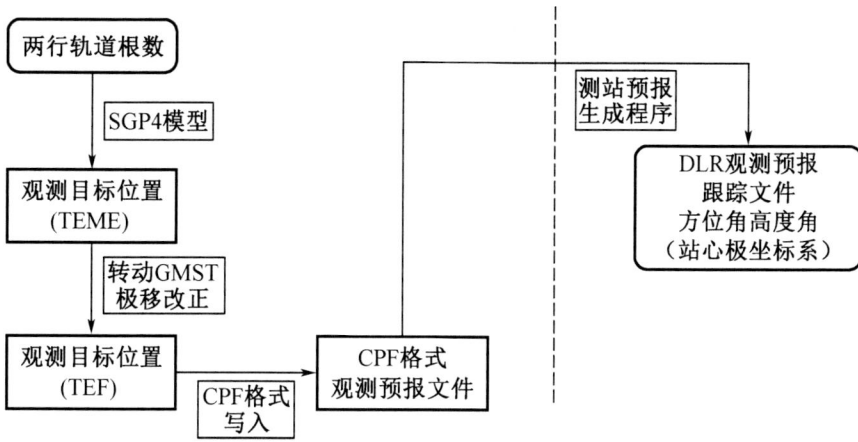

图 5-18　空间碎片观测预报流程图

观测任务文件中各行的信息为观测目标的弧段信息,分别表示观测日期、星期、观测目标代号(Norad 编号)、该目标的开始时刻(时、分)、该目标的结束时刻(时、分)、预报弧段的可见情况、该弧段估算的最大回波指数和该目标的 RCS 信息。预报弧段的可见情况有三种:全弧段可见、部分弧段可见、全弧段不可见。

(2)目标跟踪与激光出射方向控制

第一步是卫星实时跟踪预报。卫星的实时跟踪预报是针对观测的卫星以及观测的弧段进行更为精密的预报。实时跟踪预报所采用的预报星历和预报算法与概略预报大致相同,但计算的步长更密些,预报的内容更多些。对于近地星,一般可选用 1 s 的预报步长;对于远地星,一般可选用 20 s 的预报步长。实时跟踪预报的结果既用于实时跟踪,也用于观测后的数据预处理。对于实时跟踪,还需要根据观测的工作频率将预报数据加密到毫秒量级乃至每一次观测瞬间,以用于控制望远镜的转动和设置光电探测器的开门信号。

在白天测距中,为了避免望远镜指向太阳而导致的接收器件损坏,还需要在跟踪预报中计算太阳在观测时刻的位置。采用规避太阳的算法来修改卫星的预报轨道,当望远镜的指向位置与太阳位置的夹角小于一个限定值时,望远镜将不按卫星的预报轨道运行,而是采用规避轨道,以避免望远镜直接指向太阳。

第二步是卫星实时跟踪观测。控制软件读取预报生成的指定目标的跟踪文件信息,传递给伺服系统,由伺服系统和编码器协调工作,确保在观测时段内实时跟踪目标。实时跟踪观测过程中距离门的设置主要与卫星的预报星历精度和观测背景有关。对于预报精度比较好的观测目标,可设置较小的距离门,以减少背景噪声的影响;反之,当预报精度比较差时,只能设置较为宽泛的距离门,以避免阻隔有效数据的接收,但同时也增加了背景噪声的干扰。在夜间观测时,即使设置了较为宽泛的距离门,也能正常观测;但在白天时,只能设置最小的距离门,否则无法规避白天噪声的影响。由于空间碎片轨道低、预报差、经过测站时间短、运动快等特点,空间碎片激光测距系统中一般采用高性能伺服驱动器和高精度的光栅编码器,提高伺服子系统的跟踪性能,有利于进行空间碎片激光测距。

第三步是时间偏差修正及目标闭环跟踪。实时跟踪观测时的时间偏差修正,对于预报精度差的观测目标是一项很重要的修正。预报星历精度差会导致预报结果在方位和俯仰的位置指向产生偏差。预报星历精度差也会导致预报结果在距离上产生偏差,无法设置正确的距离门。望远镜位置指向的偏差修正既可以通过输入时间偏差来修正,也可以通过输入位置修正量进行改正。但距离方向的偏差在实时跟踪观测时,只能通过时间偏差来修正。

由于空间碎片的两行根数预报精度误差达到千米量级,大多数目标初期无法立刻进入监视视场,需要进行目标搜索。搜索到目标后,采用目标闭环跟踪的方法,将目标锁定到视场中心。

第四步是激光出射方向控制。在测距过程中,发射光轴与接收光轴的平行度要求很高。测距系统对目标闭环跟踪后,需将激光光束对准目标,而由于温度变化等原因会造成 Coude 光路和激光光束的偏移,很难保证激光束总在视场中心,测距过程中需要实时修正激光束指向,使之尽量在望远镜视场中心,从而保证从目标返回的光能进入接收视场。因此需要实时监视激光光束的位置,并不断调整光束的位置,使发射与接收光轴尽可能平行。可采用基于图像处理技术的激光束指向修正方法,激光经发射光路射向观测目标,CCD 跟踪拍摄高重复频率激光后向散射图像,并采用一定的图像处理技术,提取出激光后向散射的光束边缘信息,通过线性拟合的方式以及一定的修正措施,精确求取出激光束的光尖点位置以及光尖点与接收视场中心的偏差量。通过发送偏差量至激光束指向修正系统,实现激光束指向的自动修正。图 5-19 为激光束输出闭环调整的结构示意图。

第五步是后向散射规避。在高重复率激光测距中,获得了更多的有效数据,但同时高重复频率系统发射出去的激光信号被低空(50 km 高度,对流层)大气散射到打开的探测器视场内,产生大量的后向散射干扰信号,造成有效信号的损失。后向散射现象引起探测回波失效的时间,与激光器脉冲能量、重复频率、视场大小都有关系。为了避免激光后向散射的影响,需采用距离门控技术。

(3)回波接收与数据采集

第一步是回波接收。接收主镜将碎片漫反射的回波经过接收目镜使光束变成平行光后,通过滤光片后射向微弱光子探测器件的光敏面上。在探测器前应配有滤光片,以过滤天空背景星光的影响。通过采用滤光片作为光谱滤波的器件,有效抑制了天空背景的星光,提高了信噪比。滤光片的带宽较窄,可滤掉绝大部分来自天空背景的星光。其缺点是滤光片的中心波长会随温度变化,故必须置于特制的恒温槽内。

由于激光测距的特点,在测距过程中需要进行系统标校去除系统延迟,从而得到测站到目标的精确距离。为了确保数据的精度,标校时的系统状态应尽量与实测碎片时状态一致。由于空间碎片测距的漫反射回波率与带有角反射的地靶测量回波率有着很大的差异,因此在接收光路中安置可变视场光阑调整系统标校的回波率。

回波光子汇聚到探测器后,探测器经光电转化得到回波电信号,送入事件计时器,记录回波时刻。控制计算机定时从事件计时器中读取主回波时刻算出时间间隔。

第二步是主回波时刻匹配算法。在测距中,使用事件计时器记录主波与回波到来的精确时刻。对于高重复率激光测距,激光主波信号发出与回波信号到达之间的间隔内将有几十或上百个主波出现,所以事件计时器实时采集到的相邻主回波时刻是不对应的,需根据预报进行主回波对应时刻匹配。

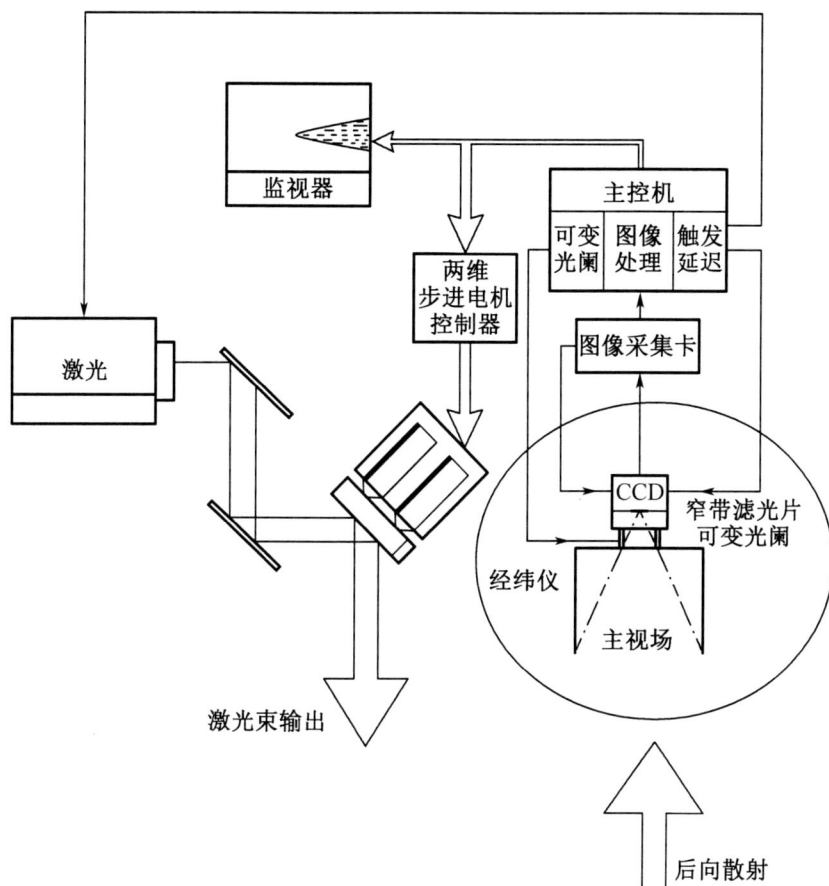

图 5-19　激光束输出闭环调整的结构示意图

第三步是多次迭代滤波的方法实现低信噪比数据识别。在实时高重复频率激光测距过程中,接收系统接收到的回波,除了有效数据外也包括大量噪声。若有大量的背景噪声掺杂在有效信号中,则有效信号不易被识别出来。继常规的空间滤波(应用可变光阑孔)、时间滤波(精确距离门控时间)和光谱滤波(高透过率的带通滤光片)之外,在系统中加入多次迭代滤波的数据识别方法,对有效数据进行识别检测,从而降低信号误判的概率,提高探测的成功率。

第四步是系统标校。卫星与空间碎片激光测距期望获得的数据,是卫星与空间碎片到测站望远镜质心的距离。然而在进行实际观测中,获得的是激光从主波到探测器获得的回波信号之间的时间间隔。这个时间间隔包括测量系统的光路延时、电路延时等,把这些延时统一称为系统延时。激光测距系统通过测量地面已知距离的靶标激光飞行时间间隔,减去该距离对应的理论激光飞行时间间隔,获得系统延时。在处理卫星与空间碎片测距数据时减去系统延迟,即可得到观测目标至望远镜质心的距离。地靶测量主要用于消除系统延迟,地靶测量数据是否正确直接影响观测数据是否有用。在观测中,由于系统各部分随时间和温度变化而变化,要正确消除系统延迟,就需要及时进行地靶测量。

地靶标校的测量工作是穿插在卫星与空间碎片观测的过程中进行的。地靶标校的目的是获得系统的延迟值,使卫星的测距值能归算到测站的参考点上。地靶一次测量时间的长短与激光的发射频率有关,地靶测量通过一定数量的观测值来获得地靶测量的平均值。从理论上来说,每次卫星与空间碎片的观测前后都应进行地靶的标校测量,将测前地靶值和测后地靶值取平均后作为本次观测数据的系统延迟改正值。对于随时间变化较大的观测环境或系统状态,也可对观测时间段内多次观测的地靶值进行拟合,内插至观测瞬间的测星数据,以提高系统延迟标校的准确性。

由于工作环境中气压、温度、湿度的变化会引起观测设备的变化,随着观测设备工作时间的增加其自身会产生温度漂移,造成系统延迟改变。另外,观测过程中激光飞行时间也受大气折射的影响,在观测结果中不仅包含了系统延迟,还包含了大气折射的伪距,要得到正确的距离,还需要进行大气折射改正。因此,在观测数据中记录观测时的气压、温度、湿度等气象参数,以便在数据处理时减去全部延迟信息,得到目标到测站望远镜质心的真实距离,供观测数据进一步应用。

(4)观测数据预处理

在激光测距中,高重复频率时光电接收器件的热噪声和天空的背景噪声大量增加,导致异常值成级数倍增长。观测数据要想使用,必须应用预处理,剔除异常值。在预处理过程中观测的全部数据点都进行处理,经过直接剔除、多项式拟合、生成"标准点"数据三步完成预处理操作。

以固定时段为单位,将有效观测数据按一定的算法综合组成一个数据点,有效代表原来数据的信息,此数据点称为"标准点"。时段的长短取决于观测目标高程。预处理程序的输出文件为目前国际激光测距要求的统一 CRD 格式。

习　题

1. 脉冲激光测距的原理是什么?
2. 影响脉冲激光测距精度的主要误差源有哪些?
3. 简述光子计数测距的原理。
4. 简述恒比定时技术原理。与阈值判决方法相比其优点是什么?
5. 推导最大可测距离公式,并分析影响因素有哪些?
6. 为提高脉冲激光测距机的作用距离,关键技术有哪些?
7. 提高脉冲激光测距性能的主要方法有哪些? 并简述其基本原理。
8. 在军用激光测距机的应用中需要考虑哪些因素及参数?
9. 卫星激光测距技术有哪些特点? 简述卫星激光测距系统组成及工作原理。
10. 激光探测系统与微波雷达相比有哪些优缺点? 它们各自适合什么应用背景?
12. 军用激光探测系统的发展趋势是什么?

第6章 主动光学与自适应光学技术

主动光学(active optics)和自适应光学(adaptive optics,AO)是现代控制理论在光学领域内最为振奋人心的成就。随着望远镜口径的增大,主镜由于重力及温度梯度引起的变形显著增加,传统的被动支撑方式很难保证主镜的面形精度。主动光学可以通过主动控制主镜形状,来修正星像波阵面误差,克服望远镜中从静态到几赫兹频率之内的一些误差。自适应光学的概念来源于天文望远镜观测中遇到的大气湍流扰动问题,自适应光学系统不仅能够补偿望远镜本身的缺陷,甚至能够补偿传递到该系统的光波的缺陷,从而可以获得望远镜衍射极限所代表的星像质量。

本章在介绍像差源、波前传感器技术、波前校正器技术的基础上,重点论述主动光学系统和自适应光学系统的基本原理。

6.1 引　　言

在经典光学系统中,光学信息的接收和传递性能被动地依赖系统中各个元件面形与位置的稳定性和精确性,而没有一种内在的光学修正机构来改善系统的性能。这种被动的系统需要使用刚度很高的结构和膨胀系数很低的镜面材料来克服因为重力或温度而产生的误差。因此望远镜的质量和成本几乎是其口径的三次方的函数。同时,这种被动光学系统不可能消除因为光波本身即光波从光源到该系统的传播而引起的缺陷和误差。

采用轻巧的光学系统加上可以实时调整光学元件形状的装置,可以逐步抵消因为重力和温度所产生的系统误差,并可降低望远镜的质量和成本。这些在低频时间段(从直流到三十分之一赫兹)里对镜面形状和镜面之间距离的调整机构就是最初的主动光学系统。主动光学的工作开始于20世纪60年代,经过近30年的发展,1989年欧洲南方天文台建造了一台3.5 m新技术望远镜。1992年,主动光学技术再一次应用于10 m凯克拼合镜面望远镜之中。主动光学技术可以用来克服望远镜中从静态到几赫兹频率之内的一些误差。如果将主动光学技术向高频方向延伸,那么风和大气湍流对望远镜成像的影响就可能获得补偿,这种新的补偿系统就是自适应光学系统。

17世纪,初人类就有了望远镜,400余年来,它大大扩展了人类对远方目标的观察能力。但开始使用望远镜不久人们就发现了大气对观测的影响,当放大倍率较大时,成像光斑模糊抖动,大大影响观测分辨力,这就是大气湍流产生动态波前误差的结果。18世纪初,牛顿在他的书中就已经描述了大气湍流使像斑模糊和抖动的现象。他认为没有什么办法来克服这一现象,"唯一的良方是寻找宁静的大气,云层之上的高山之巅也许能找到这样的大气"。到20世纪50年代以前,天文界和光学界就像谈论天气一样谈论大气湍流的影响,还创造了一个专用名词"Seeing"(视宁度)来描述这一现象。对于天文望远镜来说经典光学望远镜是不能逾越大气视宁度所给定的分辨极限的。几个世纪以来,人们对此无能为力,只能按照牛顿的思路,以极大的努力寻找视宁度特别好的观测站址。1953年,美国天文学家Babcock提出用实时测量波前误差并加以实时补偿的方法来解决大气湍流等动态干扰的设想,这就是最早的自适应光学思想,但是方案没有付诸实施。到了20世纪60年代后期和70年代初期,美国先进研究计划局(ARPA,即后来的DARPA)开始资助自适应光学研究,主要有两个方向:激光传输和对卫星成像。经过50余年的发展,AO技术已经基本发展成熟,建立了基本的理论架构,波前探测器、处理器和校正器的基本形式也已成熟,已经在天文观测、激光传输、激光通信等许多领域得到了广泛的应用。

主动光学和自适应光学都属于闭环控制的光学系统。在这种系统中,望远镜成像误差的具体情况可利用一定的手段探测出来。这种探测出来的信号,通过放大和处理进入执行机构,来校正或者补偿这种成像误差,使望远镜系统获得最好的像质。这种像质的极限情况是由望远镜的衍射极限所决定的。相对于被动光学系统,自适应光学也是主动光学的一部分。但是从主动控制的理论来看,为了补偿光学信息在高频上的缺陷和误差,在控制系统中必须提高采样频率,这样的控制机制属于自适应控制的范畴,因此主动光学中的这一部分被称为自适应光学。目前的倾向是将光学系统控制过程中凡是用于补偿光学信息低频缺陷和误差的归于主动光学,而将那些补偿高频缺陷和误差的归于自适应光学。

6.2 像 差 源

6.2.1 大气湍流

大气是一种随机性极强的介质,大气中的大气分子、水滴、气溶胶和沙尘微粒的密度随时间、温度、湿度、风速和海拔高度等因素的变化而变化。也就是说,在大气中,任一点的大气运动速度的方向和大小无时无刻不在发生着不规则变化,产生了各个大气分子团相对于大气整体平均运动的不规则运动,这种现象称为大气湍流。

大气湍流是大气中的一种重要运动形式,它的存在使大气中的动量、热量、水气和污染物的垂直和水平交换作用明显增强,远大于分子运动的交换强度。

大气湍流的发生需具备一定的动力学和热力学条件:动力学条件是空气层中具有明显的风速切变;热力学条件是空气层必须具有一定的不稳定度。

大气湍流最常发生在三个区域上:第一个区域在大气底层的边界层内。我们根据大气的形态及各参量的不同可把大气分为对流层、平流层、中间层、电离层和外层五个梯次。对流层是大气层的最底层,包含了大部分的空气和水汽,厚度为8~17 km。人类大多数生产活动以及天气变化基本发生在这一层。由于温度、风速、大气压强的变化使得在对流层出现湍流现象。第二个区域在对流云的云体内部。第三个区域在大气对流层上部的西风急流区内。

1941年,柯尔莫哥洛夫(Kolmogorow)建立了大气湍流速度场的统计理论。该理论认为:大气湍流外尺度在各向同性局部湍流的惯性区上限为L_0,大气湍流内尺度下限为l_0,在这个各向同性的局域湍流区域内,结构函数满足"三分之二次方定律":

$$D_n(r) = \begin{cases} C_n^2 r^{2/3} & l_0 \ll r \ll L_0 \\ C_n^2 l_0^{2/3} (r/l_0)^2 & r \ll l_0 \end{cases} \tag{6-1}$$

式中，r 是两点间距离；C_n^2 是折射率结构常数，表示大气折射率起伏的大小，可以用它来简单表征大气湍流的强度，其值和当时大气环境(温度、风速、高度)有关。

科学家们在研究大量实际观测数据的基础上，提出了一些适用于不同地理环境和气候条件的 C_n^2 模型，但目前还没有统一的关于湍流强弱的划分办法。C_n^2 的量级在 $10^{-18} \sim 10^{-13}$ $\mathrm{m}^{-2/3}$。达维斯(Davis)曾提出一种划分，折合到 C_n^2 的数值是：

强湍流 $C_n^2 > 2.5 \times 10^{-13}$；

弱湍流 $C_n^2 < 6.4 \times 10^{-13}$；

中等湍流 $2.5 \times 10^{-13} < C_n^2 < 6.4 \times 10^{17}$。

需要说明的是，大气折射率结构常数 C_n^2 并不是完全意义上的常数，随时间和空间的不同而改变，实际上是描述当地当时的大气折射率湍流强度的系数。随着季节、时间等因素的变化，大气折射率结构常数也会出现上下波动，如在春、秋、冬季节，C_n^2 的值会较高；白天的值就会高于夜间或早晨；在晴天的值高于阴天或多云天气，这是由于晴天时，对流现象对大气影响比较严重，会出现大量的湍流元，大气表现为不稳定状态，大气折射率结构常数就会比较大。

由于大气湍流运动导致了大气折射率的明显不均匀，湍流尺度连续分布于外尺度 L_0 和内尺度 l_0 之间，不同湍流尺度作用于不同光束直径，光波强度、相位和传输方向均会受到扰动而出现相应的随机变化。由此引起光束飘移、强度起伏(闪烁)、光束扩展和像点抖动等一系列光束传输的大气湍流效应。

当一束光在大气中传过一段距离后，在垂直其传输方向的平面内光束中心位置将做随机变化。这种光束的漂移效应可用光束位移(整体或某一轴上分量)的统计方差表示。光束漂移主要起因于大尺度涡旋的折射作用。

大气信道各部分就像棱柱和透镜，它使通过的光束产生偏斜，由于风使湍流跨过光束横向漂移，所以偏斜方式随湍流气体通过光束的时间有关。如果在湍流大气中与光源相距一定距离处测量光的强度，会出现光强 I 随时间围绕平均值 $\langle I \rangle$ 做随机起伏的现象。这种现象就是大气闪烁(强度起伏)效应。

光在均匀介质中传播具有均匀波前，而在湍流大气中传播时则由于光束截面内不同部分的大气折射率的起伏，导致光束波前的不同部位具有不同的相移，这些相移导致随机起伏形状的等相位面。这种相位形变导致光束波前到达角起伏，从而也导致望远镜中像点抖动。

所谓光束扩展是指接收到的光斑半径或面积的变化。一般来说，当光束通过尺度大于光束尺寸的湍流传播时，光束将产生偏折；而当光束通过半径较小的湍流时，将产生光束扩展，较小湍流对光束的偏折作用较小。

当湍流强度较强时，由于光束破碎成多个子光束，光束抖动不再十分严重。这时接收到的光斑的短曝光图像不再是单个光斑，而是在接收面内随机定位的多个斑点。因此，长曝光像将是模糊了的短曝光像。

地对空天文观测中，来自目标星体的光束波前为平面。该平面波在传输过程中，经过大气湍流后，光线折射的方向各不相同，因此各光线到达地基光学望远镜入瞳面的位置、光程和时间都会发生改变，进而出现随机变化的曲面波前，即发生波前畸变，使像点弥散、图像模糊，像点在图像上发生随机的抖动(漂移)，导致目标成像质量下降，严重影响光学系统成像分辨率。

为了直观地反映大气湍流对成像系统分辨率的影响关系，Fried 引入了大气相干长度来描述这种影响，用 r_0 表示。r_0 表示大气湍流对光波波前扰动强度的一个空间特征尺度，其物理意义为当光学成像系统的口径大于 r_0 时,在有湍流影响的条件下,光学成像系统的角分辨率不再与口径 D 有关,而是不大于口径为 r_0 的光学成像系统衍射极限分辨率。

根据光学理论,光学测量成像系统的理论角分辨率应为 $1.22\lambda/D$(单位为角弧度),其中 D 为光学口径,λ 为波长。通过增加光学成像系统口径似乎可以提高光学成像系统的角分辨率,然而由于大气湍流效应,大口径光学测量成像系统的角分辨率远远达不到理论的衍射极限分辨率。当大口径光学测量成像系统的光学系统口径 D 大于大气相干长度 r_0 时,光学系统的角分辨率仅仅约为 $1.22\lambda/r_0$。因此,大气相干长度 r_0 表征湍流条件下的光学成像系统衍射极限分辨率,反映大气动态扰动对目标成像的影响程度。r_0 是大气光学中一个十分重要的参数。在观测波长确定的情况下,r_0 越短,表示大气湍流活动越剧烈,目标图像质量越差;r_0 越长,则大气湍流活动越平稳,目标图像质量越好。地球大气湍流的相干长度在可见光波段一般为几厘米至十几厘米。

6.2.2　非大气类像差源

在望远镜的成像过程中,有很多因素会影响望远镜的成像质量。这些因素有:

(a)光学设计残余像差;

(b)光学加工误差;

(c)光学镜面支承系统误差,光学部件的位置误差及跟踪、指向引起的误差;

(d)在(c)中列出的实际偏差的长时间变化;

(e)光学元件的热变形所引起的误差;

(f)光学元件长时间材料性质的变化或结构变形(镜面翘曲);

(g)空气或大气的效应,即圆顶、望远镜和大气宁静度;

(h)光学元件在风力下的变形;

(i)结构或镜面谐振引起的高频误差。

以上因素都影响望远镜成像,对波阵面有很大影响。因此在望远镜中主动光学和自适应光学主要就是用于校正这种波阵面的相位误差。在这些因素中由于误差来源和性质各不相同,它们具有完全不同的时间尺度和频率范围。

这些误差的频率范围分别如下。

(1)直流分量:如(a)和(b)中的误差。

(2)极低频分量:如(f)中的变化具有很长的时间尺度。

(3)低频分量:如(d)所代表的变化,以数月或数十天为时间尺度;还有(e)中的变化也很慢,频率低。

(4)中频分量:如(c)中的误差具有交变分量,这种交变分量在跟踪时具有 10^{-3} Hz 的数量级,在寻星时具有 10^{-2} Hz 或以上的数量级;还有(h)中的作用包含 $0.1 \sim 2$ Hz 的频率范围。

(5)高频分量:如(i)中的误差,频率范围为 $5 \sim 100$ Hz;另外,(g)中的误差也有很宽的频率范围($0.02 \sim 1\ 000$ Hz)。

6.3　波前传感器技术

波前传感器可直接测量波阵面的误差,波阵面误差的实时检测是主动光学和自适应光学中十分重要的一环。目前,应用在现有硬件条件下能够实时测量波前畸变的波前传感器主要包括夏克-哈特曼波前传感器、横向剪切干涉仪、曲率波前传感器等几种。其中,夏克-哈特曼波前传感器因其优异的综合性能,得到了最为广泛的应用。

6.3.1　夏克-哈特曼波前传感器

夏克-哈特曼波前传感器的雏形是一种根据几何光学原理测定光学系统像差的经典哈特曼方法,于 1900 年由德国人哈特曼提出,其基本原理如图 6-1 所示。

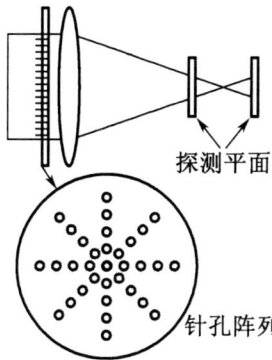

6-1　夏克-哈特曼波前传感器

图 6-1　经典哈特曼原理示意图

在被检光学系统前放置一块开有按一定规律排列的小孔的哈特曼光阑,光束通过光阑后被分割为若干细光束,通过测量被检光学系统焦平面前后垂直光轴截面上的光点差异,就可以根据几何关系确定被检光学系统几何像差。然而,由于焦平面前后光斑直径较大,导致光斑质心测量精度低,而且由于只利用了小孔透射的光能量,其能量利用率也很低。针对上述问题,夏克于 1971 年对经典哈特曼法进行了改进,采用微透镜阵列替代了哈特曼光阑,这样既能提高光斑质心测量精度,又大幅度提高了光能利用效率。这种改进后的装置被称为夏克-哈特曼波前传感器,其基本原理如图 6-2 所示。

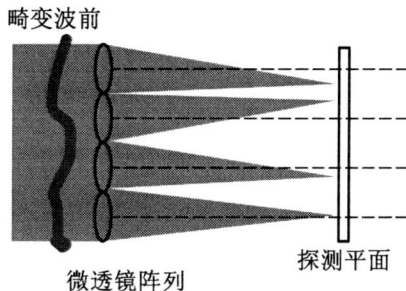

图 6-2　夏克-哈特曼波前传感器原理示意图

它用一个阵列透镜对波前进行分割采样,每个子透镜作为一个子孔径,将光束聚焦成一个光斑阵列。用一阵列光电探测器分别测出各光斑的中心坐标。先用标准的平行光照明阵列透镜测出每一子孔径对应的光斑中心坐标作为参考基准,当入射光束有波前畸变时,子孔径范围内的波前倾斜将造成光斑的横向漂移,测量光斑中心在两个方向上的漂移量,就可以求出各子孔径范围内的波前在两个方向上的平均斜率:

$$\begin{cases} G_x = \dfrac{\partial W(x,y)}{\partial x} = \dfrac{x_c - x_{c0}}{f} \\ G_y = \dfrac{\partial W(x,y)}{\partial y} = \dfrac{y_c - y_{c0}}{f} \end{cases} \tag{6-2}$$

式中,f 为子透镜焦距;(x_c, y_c) 为实际像点坐标,(x_{c0}, y_{c0}) 为参考像点坐标。其中实际像点坐标可通过质心法求得:

$$x_c = \frac{\sum\limits_{i,j}^{L,M} x_{ij} I_{ij}}{\sum\limits_{i,j}^{L,M} I_{ij}}, \quad y_c = \frac{\sum\limits_{i,j}^{L,M} y_{ij} I_{ij}}{\sum\limits_{i,j}^{L,M} I_{ij}} \tag{6-3}$$

式中,(x_c, y_c) 为第 i 个子孔径的光斑质心位置;x_{ij} 为第 (i,j) 个 CCD 像元光斑中心坐标;I_{ij} 为第 (i,j) 个 CCD 像元接收的信号强度;$L、M$ 分别为 CCD 传感器 $x、y$ 方向的像元数。

从波前斜率来重建波前相位分布算法有许多种,主要可以分为两大类:区域法和模式法。

(1)区域法

区域法是将波前梯度写成有限差分的形式,并做数值积分。由于积分是在一个区域进行的,它被称为区域法。波前斜率就可以近似地写成有限差分的形式:

$$\beta_0^x = \frac{1}{2d} \big[\omega(x_0 + d_x) - \omega(x_0 + d_x) \big] = \frac{1}{2d_x} (\omega_1 - \omega_{-1}) \tag{6-4}$$

这里的下标 0、+1、-1 描述了相邻的微透镜区域。波前可以写成:

$$\begin{cases} \omega_{i+1,j} = \omega_{i-1,j} + 2d_x \beta_{i,j}^x \\ \omega_{i,j+1} = \omega_{i,j-1} + 2d_x \beta_{i,j}^y \end{cases} \tag{6-5}$$

该等式可以通过最小二乘拟合或者迭代等方法来得到。

(2)模式法

在模型法中,波前可以被描述成为解析的导数形式。对于任何一个空域上的波前都可以用一组正交的多项式进行线性组合表示,多项式的每一项称为一个波前模式,即

$$W(x,y) = \sum_{k=1}^{n} C_k Z_k(x,y) \tag{6-6}$$

式中,C_k 为需要确定的模式系数;$Z_k(x,y)$ 为泽尼克多项式;n 为正交多项式的模式数。

由于泽尼克多项式的低阶项与倾斜、离焦、像散、彗差、球差等光学初级像差能很好的对应,从而可用于进行波前重构。

根据波前斜率和波前之间的关系,波前斜率可以采用正交泽尼克多项式的一阶偏导构成的基函数进行拟合:

$$\begin{cases} G_x = \dfrac{\partial w(x,y)}{\partial x} = \sum_{k=1}^{n} C_k \dfrac{\partial Z_k(x,y)}{\partial x} \\ G_y = \dfrac{\partial w(x,y)}{\partial y} = \sum_{k=1}^{n} C_k \dfrac{\partial Z_k(x,y)}{\partial y} \end{cases} \tag{6-7}$$

夏克-哈特曼波前传感器具有光能利用率高动态范围与测量精度适中、结构简单、可用于宽带白光照明系统、无波前缠绕问题等优点,综合性能突出。

6.3.2　横向剪切干涉仪

剪切干涉仪最早于 1947 年由 Bates 提出,根据不同的剪切方式分为横向剪切干涉仪、旋转剪切干涉仪和径向剪切干涉仪。其中,横向剪切干涉仪最为常见,其基本原理如图 6-3 所示。70 年代初,Hardy 等提出利用旋转径向光栅产生外插剪切干涉实时测定大气湍流的方法,在自适应光学系统发展初期阶段得到广泛应用。

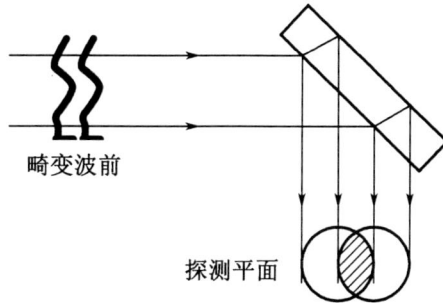

图 6-3　横向剪切干涉仪原理示意简图

6.3.3　曲率波前传感器

以上波前传感器都可以视为基于斜率的波前传感方法,即都是通过实时测量波前局部斜率从而拟合得到波前畸变像差,而非直接测定像差。因此,应用这几种波前传感器的自适应光学系统均需要通过复杂的矩阵运算才能够将波前传感器的输出信号转换为波前校正器的驱动信号,而且随着系统规模的增大运算量急剧增大。为了降低系统运算量,Roddier 等于 1987 年提出了一种曲率波前传感技术,其基本原理如图 6-4 所示。

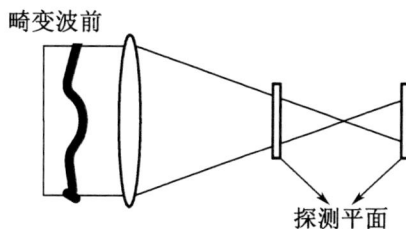

图 6-4　曲率波前传感器原理示意图

曲率波前传感器通过探测前后两个离焦面光强分布,来分析待测波前曲率,继而解算波前畸变。由于波前像差与曲率的关系可以通过泊松方程描述,而自适应光学系统应用的静电驱动薄膜式变形镜与双压电变形镜的驱动电压与镜面变形量也符合泊松方程关系,所以可以直接将曲率传感器的输出信号经放大后用于驱动薄膜式或者双压电变形镜,从而实现快速波前校正,提高自适应光学系统的带宽。但曲率波前传感器目前主要适用于探测波前畸变的低阶成分,并且对于校正器驱动信号与校正量不满足泊松方程的情况,无法实现匹配。

6.4 波前校正器技术

实现对光束相位的动态控制有多种不同的选择,这些器件统称为波前校正器。获得波阵面误差以后,重要的工作就是去补偿这个误差从而获得更好的星像质量。不管是主动光学还是自适应光学,都需要一些补偿波阵面误差的装置。在主动光学中这些装置就是主动镜面的执行机构,主要是位移触动器、力矩触动器和力触动器。这些触动器使镜面产生位移或者产生表面变形。在自适应光学中,这些装置包括相位校正或摆动镜、变形镜和自适应副镜。摆动镜和薄膜镜面相似,仅仅校正波阵面中贡献相当大的前几项低阶误差项,而自适应副镜仅仅用于少数望远镜中。

波前校正器是自适应光学系统最为核心的器件,是自适应光学系统中的执行器,它决定了整个自适应光学系统的整体性能,最根本的需求是将由波前传感器探测到的扭曲的波前相位恢复到理想的波前(一般是平面)。其思路是引入和扭曲波前互补的波前误差从而达到"抵消"的效果,如将原本的平面反射镜加工成互补的面形就能实现这样的功能。但实际光学系统使用中面临的波前误差是动态的,靠这样的事先加工成特定形状的互补反射镜不能满足实时性要求,需要一种能够实时地改变面形来匹配波前误差的器件,于是催生了变形反射镜(简称变形镜)、高速倾斜反射镜(简称倾斜镜)这样的与传统光学元件迥异的特殊器件。传统的光学元件一般要求有非常稳定的光学反射或透射面形,而波前校正器则需要根据系统探测的波前误差来改变自身的面形从而实现"补偿"的功能,而且这种变化往往需要快速而精准。

6.4.1 触动器

机械式的镜面触动器是从镜面支承装置中发展起来的。被动的镜面支承装置可以提供固定的支承力和支承位置。这种重力补偿装置常常是一些杠杆平衡装置或者是气垫装置。触动器实际是一种特殊的可以改变镜面受力状态的镜面支承装置。由于这种受力状态的改变,镜面形状和镜面位置的变化正好补偿了波阵面中的部分误差。

主动光学系统中的力触动器主要用于薄镜面望远镜。图6-5是两种典型的力触动器。在一种力触动器中,杠杆臂上的电机起着调节可动平衡重位置的作用,可动平衡重位置的改变使镜面所受到的支承力大小产生变化。而支承点下的力传感器(load cell)则起着监测和反馈输出力大小的作用。另一种力触动器包含有两个层次,其中一个层次是一个被动液压装置,它用于支承固定的轴向载荷,而另一个层次是电机驱动的弹簧,用于主动光学附加力的补偿。

还有一种气动压力型触动器可以获得很高精度的压力输出,这种触动器包括上下两组加力装置。一组加力装置包括上下两个气室,采用差压方法提供支承力和支承强度。上面一组提供稳定的镜面支撑力,而下面一组提供可以调节的镜面主动变形支承力,两组力叠加后同时施加于镜面底部,这样所获得的力可以达到很高的精确度、灵敏度和很大的动态范围。

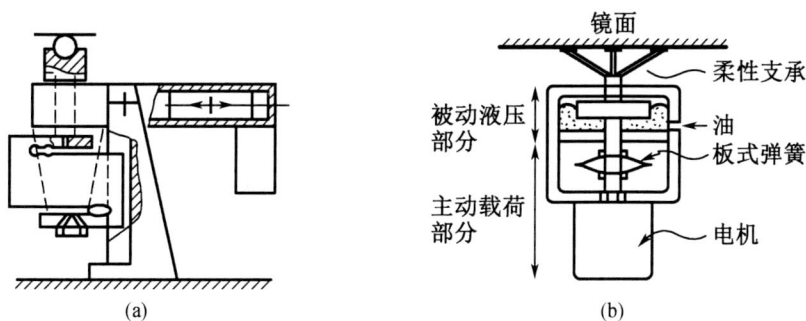

图 6-5　两种典型的力触动器

为了防止触动器对镜面产生摩擦力矩,触动器与镜面的接触部分通常使用由钢质的或者相互垂直的薄片形成的柔性连接,以避免触动器和镜面之间产生不需要的弯曲力矩。

力矩触动器和力触动器十分类似。如果在镜面背后胶接两个方块,分别在这两个方块上施加一定的力,则在镜面上就会产生一定的力矩。力矩触动器常用于拼合镜面上的离轴抛物面的预应力抛光之中。

相比于力和力矩触动器,位移触动器的设计要难得多。位移触动器需要在支承力变化的情况下均保持精确的镜面位置精度。拼合镜面的主动光学就需要这种位移触动器。在拼合镜面系统中,各个子镜面的位置需要调整到工作波长(100 ~ 500 nm)的几分之一。同时,整个系统还需要十分稳定、精确、可靠,用以作为一个被动的镜面支承系统。

凯克望远镜使用的位移型触动器如图 6-6 所示。这种传动机构有一个精密滚珠丝杠可产生所需要的位移,而外界载荷的变化可以通过其中的弹簧和液压装置来加以调节,所以不影响它的位置精度。在这个装置中,电机后面的编码器可以提供位移值的执行情况。为了获得精确的位移执行量,这种触动器的分辨率是 4 nm,它的调节范围是 1 mm。

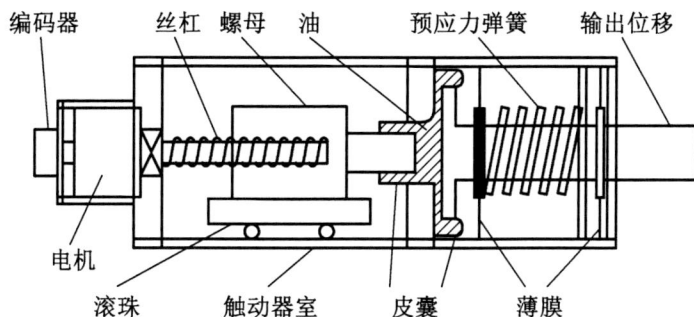

图 6-6　凯克望远镜使用的位移型触动器

6.4.2　变形镜

变形镜又称变形反射镜(DM),主要运用于校正波前畸变,它由很多驱动单元组合而成,每个驱动单元都有自己独立的控制器,在外加电压控制下,变形镜的镜面可以产生需要的形变量,从而对波前像差进行调制。

6-2　变形镜

在自适应光学中使用的小变形镜常常是由很多压电陶瓷驱动器或者其他静电驱动器带动薄玻璃面的变形所构成的。在变形镜中镜面表面可以是连续的,也可以是不连续的。在表面不连续的变形镜中,子镜元可以由单一触动器驱动,子镜面没有倾斜自由度,这样产生的波阵面是不连续的。要改善这种情况,每一个子镜元需要三组触动器来驱动。如果镜面表面是连续的,它在波阵面补偿上的能力通常是具有相同触动器数量的不连续表面的变形镜的四分之一到八分之一。

在压电触动器中通常有两种伸缩效应:压电效应和电致伸缩效应。压电效应是具有电极化性质的铁电材料所具有的一种特性。铁电材料包括压电材料、热电材料和液晶材料。锆钛酸铅(PZT)压电陶瓷材料就是一种特殊的铁电材料,属于压电材料。在这种材料上施加应变会产生电压,同样施加电压会使材料产生应变。这种电压和应变是线性关系,但是有较大的迟滞性。与压电效应不同,电致伸缩效应是铁电材料所共有的特点,如铌镁酸铅(PMN)压电陶瓷材料就是铁电材料,它就具有这种效应。在铁电材料上施加电压的时候会产生应变,但是不存在相反的效应。电致伸缩效应所产生的位移和电压平方成正比,并且具有很好的重复性。由于压电材料是铁电材料的一个分支,所以压电材料会同时具有压电和电致伸缩两种效应。另一种铁电材料是液晶材料,它在自适应光学中可以用于相位改正。

压电晶体所产生的变形可能同时包括压电和电致伸缩两种效应。压电效应需要材料自身具有电极化的特点,而电致伸缩效应则不要求这一点。电致伸缩效应的迟滞性很小(<3%),所以电致伸缩效应的触动器比较稳定,不容易老化,但是它常常有较强的温度干扰。

如果在一个小薄镜面的背后胶接一个个小磁体,并且在它后面的镜室上胶接相应的小线圈,也可以形成一个适用的变形镜。还有一种变形镜尺寸很小,它是采用半导体光刻技术加工的,被称为微镜阵列(micromirror array)或微电子机械系统(micro electronic mechanical system,MEMS)。这种微镜阵列的面积利用率高(>95%),具有较大的位移变化范围(5~10 μm)、很小的像元尺寸(<200 μm)、很快的时间响应。这种变形镜的潜在成本低,很可能会成为变形镜的主要形式。

如果将两片大小相同、极化相反的压电材料胶接在一起,同时在胶接面上安装一个控制电极,则可以形成双压电晶体变形镜。双压电晶体变形镜和薄膜变形镜的特性相似。

目前,变形镜朝着小型化的趋势发展。分立驱动器的压电变形镜是目前常用的变形反射镜,驱动器间距大致在 8~12 mm,减小变形镜大小必需缩小驱动器间距,但会降低驱动器的强度,增加制作难度。IOE 研制的 1 085 单元的变形镜,其驱动器间距为 3 mm,通光口径为 100 mm。

双膜片变形镜(Bimorph DM)电极尺寸可能做到 2~3 mm,这种变形镜的变形影响函数比较宽,对温度比较敏感。

用微机械(MEMS)技术可以制作单元尺寸几百微米的变形镜。法国的 ALPAO 研制的音圈电机驱动的 MEMS 变形镜,单元间距为 1.5 mm 和 2.5 mm,单元数可达 277,行程可达

15 mm,响应时间<1 ms。IOE 研制的 140 单元的 MEMS 变形镜,行程为 1.8 μm,驱动器间距为 0.4 mm。2002 年,先进光电望远镜(AEOS)的 AO 系统首次采用基于 MEMS 技术的静电薄膜镜代替传统的变形镜波前校正器。

6.4.3　液晶相位改正器

液晶相位改正器或者液晶相位调制器是一种新发展的自适应光学器件,它能够部分代替自适应光学中的变形镜。液晶体是一种介于液体和固体之间的相态。在固态时,分子具有位置性和方向性,而在液态时,分子的这两种特性将全部消失。然而在液晶态时,分子的位置性消失,但保持了它的方向性。当一些液体分子呈圆柱形状,此时其具有电极化特性及双折射特性。这样线偏振光在经过这种材料时,平行于分子主轴的正常光有一定折射率,而垂直于分子主轴的非常光则有另一种折射率。当光线介于两者之间时,其折射率为

$$n(z) = \frac{n_e^* n_o}{(n_e^2 \sin^2\theta + n_o^2 \cos^2\theta)^{1/2}} \tag{6-8}$$

式中,n_o 和 n_e 分别为正常光和非正常光的折射率;θ 是入射光线和分子主轴之间的夹角。折射率是一个复数,星号表示它的共轭复数。

液晶相位改正器和液晶显示十分相似。当液晶材料像三明治一样夹在有固定距离的两块玻璃之间时,三明治内部的玻璃表面有一层使分子整齐排列的涂层。在液晶显示中,两个相对的玻璃内层的分子排列正好相互垂直,而在相位改正器中两面玻璃上的分子排列互相平行。由于玻璃上常有透明材料的 ITO(indium tin oxide)电极,当玻璃两侧存在电场时,液晶分子的排列就会发生变化,如图 6-7 所示,分子的倾斜角度与电场强度有关。这时线偏振光经过这个装置后的相位变化为

$$\Delta\phi = \frac{2\pi}{\lambda} \int_{-d/2}^{d/2} [n(z) - n] dz + \langle \Delta\phi \rangle_{\text{themal}} \tag{6-9}$$

式中,d 为改正器中液晶体溶液的厚度,通常是几微米;n 为没有外电场存在时的折射率。式中最后一项 $\langle \Delta\phi \rangle_{\text{themal}}$ 受温度的影响,通常是 1.7×10^{-7} 弧度数量级,可以忽略不计。相位改正器需要使用线偏振光,如果是非偏振光,则需要两个同样的改正器。另一种方法是在改正器的前面贴上一个四分之一的波片,同时在改正器的后面贴上一个镜面,当光线经过相位改正器时,一个偏振光的相位发生延迟。而经过镜面反射后,另一个偏振光的相位也会产生延迟。

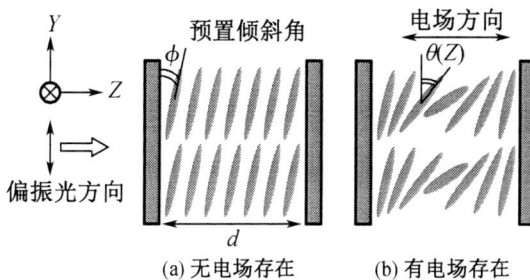

图 6-7　液晶晶体的分子排列

液晶相位改正器的单元数可以很多,用于 AO 系统具有体积小、可以批量生产的优点。自

20 世纪 70 年代开始就进入了人们的视线。90 年代,国际上联合研制单台口径为 8.4 m 的 LBT 望远镜时,就曾探讨过使用液晶波前校正器的可行性。随着液晶器件制作工艺的迅速发展,液晶波前校正器可以很容易实现数十万甚至上百万的高像素密度,且像素尺寸可以小到 $10\sim20$ μm,各像元独立驱动,通过相息图的衍射可以轻松实现十几微米的波前位相校正量,而其位相调制量只需等于 1λ。以往的研究结果表明,液晶的像素数只要达到传统变形镜驱动器数目的 25 倍就可获得同样的校正精度,那么百万像素液晶波前校正器完全可以满足 10 m 级望远镜的校正密度要求。

但是液晶相位改正器校正范围有限($0\sim2\pi$ 相位),响应速度较慢,只能用于偏振光,光谱范围不宽,不能耐受强光等,这些缺点均限制了其应用,使其不能应用于大气视宁度差的台址。

每种器件均有自身的优点和缺点,所以针对特定的应用领域存在器件选择的最优化问题。在一定情况下,主要考虑如下因素:

(1)空间频率。在给定的系统中需要校正的波前相位的频谱是一定的,这个频谱可以用统计的方法来定义(如透过湍流成像的自适应光学系统中),也可以用更精确的方法来定义(如要求系统校正某项的 Zernike 像差等)。

(2)校正幅值。给定系统中的各种像差应该(或选择性地)经由波前校正器进行校正,波前校正的变形量直接决定了所能校正的像差的幅值。

(3)时间响应。很多情况下要求时间频率与空间校正频谱配合,如大气湍流的时间特性决定了自适应光学系统工作带宽,不是所有的波前校正器都能满足这样的要求。

(4)波长特性。有些器件只适合单色光的校正,而有些器件可以对多色光进行校正。

(5)与波前传感器的匹配。在波前传感器的选择受限制时应考虑波前控制器的动作能否被波前传感器很好地探测。

(6)光能利用效率。在光强较弱的情况下,光的散射和吸收是决定性的考虑因素。在满足系统以上要求后,就可确定波前校正器的类型和规模了。

6.4.4 高速倾斜镜

自适应光学系统中需要校正的像差有很大的成分是波前的整体倾料,而用变形镜有限的变形能力满足不了这样的需求,引入专门校正整体倾斜像差的波前校正器可以化解这个矛盾。倾斜镜用来校正波前倾斜,只需要将镜面进行偏摆扫描来补偿探测到的波面整体倾斜,剩余的相对复杂的波面留给变形镜进行校正。

倾斜镜(图 6-8)通常为二维,镜面支撑在三个直角排列的支点上,x、y 方向相交于原点的支点是固定的。x、y 方向的支点是压电驱动器,可分别推动反射镜在两个方向正反转动。

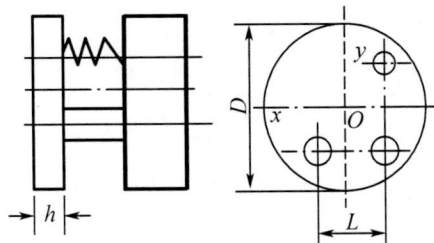

图 6-8 倾斜镜结构

自适应光学系统对倾斜镜提出的需求:有合适的摆角,即倾斜量,同时速度足够快,并且在扫摆过样中保持面形不变,以保证校正的是纯粹的倾斜像差而不会给变形镜带来额外的校正量。

(1)最大倾斜角

倾斜镜在 x 或 y 方向的最大转角为

$$\theta_{max} = \delta_{max}/L \tag{6-10}$$

式中,δ_{max} 为 x 或 y 驱动器的位移量;L 为 x 或 y 中心到固定支点中心的距离。

(2)谐振频率

倾斜镜要有足够的控制带宽。倾斜镜是由许多元件组成的光学器件,而多种元件又形成了许多不同的惯性——弹性系统,它们有不同的谐振模式,因而有不同的谐振频率。限制倾斜镜控制带宽的是其中某个最低的谐振频率值。触动器的弹性和镜面的惯性所决定的谐振模式可能成为最低的谐振频率。

一般的自适应光学系统要求高速倾斜镜的谐振频率为几百赫兹,随着口径的增大谐振频率会相应降低。

(3)镜面的面形

倾斜镜要有较好的镜面光学质量,要求反射镜有足够的厚度(直径的 1/10 以上),以便在抛光或装夹时不变形。这也保证了倾斜镜在工作过程中不会给变形镜引入额外的面形误差。

随着音圈电机在变形镜上的成功应用,倾斜镜中应用音圈电机的方案也是可行的,带来的益处是能够获得更大的倾斜行程。另外,基于 MEMS 工艺的倾斜镜也有成熟的技术。

6.5　主动光学系统

随着望远镜口径的增大,主镜由于重力及温度梯度引起的变形显著增加,传统的被动支撑方式很难保证主镜的面形精度,可以改变主镜形状,调整镜面的相对位置来加以修正。因此主动光学一般是指通过主动控制主镜形状,来修正星像波阵面误差的方法和装置。目前,世界上口径 4 m 以上的望远镜大多采用了主动光学技术,通过检测望远镜的波前误差,对主镜面形及次镜位置做实时校正,使望远镜保持优良的成像质量。国外的 3.5 m NTT 望远镜、3.5 m SORT 望远镜、3.67 m AEOS 望远镜、4.2 m SOAR 望远镜、6.5 m MMT 望远镜、8 m Subaru 望远镜、8 m Gemini 望远镜、8.2 m VLT 望远镜、8.4 m LBT 望远镜等,都采用了主动光学技术。

在主动光学望远镜中常常依靠很多的区间环路,这些区间环路被称为精密测量系统(metrology system)。这些精密测量系统包括对距离、位移、角度、像的位置和光程等的测量系统。主动光学望远镜的控制系统包括两种不同类型,用于单一镜面的面形控制和用于拼合镜面的镜面控制。两种控制系统在执行机构选择上也不相同,前者使用力触动器。它们的主动控制过程也略有差异。对于单一主镜的情况,镜面的变形可以通过在它的背面施加力触动器来实现。对于拼合镜面,必须对子镜面的位置进行实时控制。

6.5.1　单系统的主动光学

在单一镜面光学望远镜中(图6-9),主动光学控制系统包括波阵面传感器、控制计算机以及主镜和副镜上的触动器。这里波阵面误差表示成类泽尼克多项式或者镜面谐振时的弯曲振型的形式。类泽尼克多项式可以表示为径向多项式和角向多项式的乘积,各个分量代表不同的像差模式(例如各种球差、彗差、离焦、像散等)。由这些误差表达式,计算机根据薄板理论给出所需的触动器输出量来补偿这个误差,整个控制系统是闭环的。

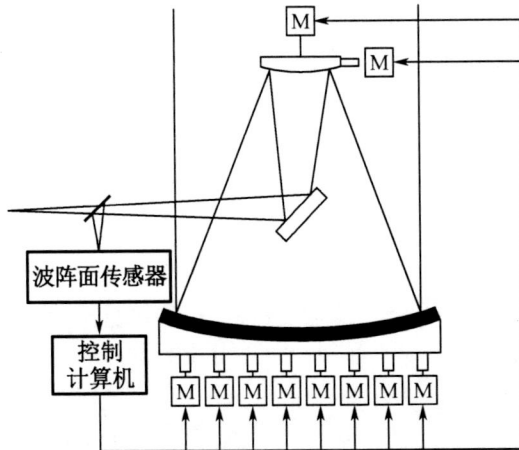

图6-9　单主镜望远镜的主动控制示意图

当使用镜面谐振时的弯曲振型的时候,同样可以取谐振频率低的一些振型,这些振型仅需要非常小的支承力变化来获得,而所需的最小镜面支承力是通过力的优化获得的。因为镜面的弯曲振型均互相正交,所以通过它们可以合成任何复杂的镜面变形形状,从而补偿任何波阵面误差的面形。

6.5.2　拼合镜面系统的主动光学

在拼合镜面望远镜中,主动光学控制过程略有不同,这时主要的控制目的是保证各个子镜面的正确位置。每个子镜面有三个可控制的自由度,对于由 N 个子镜面构成的望远镜,总共有 $3N$ 个需要主动控制的自由度。为了决定整个镜面的指向和位置,需要锁定三个主动控制触动器,因此共剩下$(3N-3)$个自由度来决定每一个子镜面的位置,这$(3N-3)$个自由度的位置误差值将由镜面之间的位移传感器来测定。通常这些位移传感器的数目远远大于镜面自由度的数目,这时多余的位移传感器将作为备用或用于校核。

图6-10为美国10 m凯克望远镜位移传感器的布局。这个望远镜的总自由度为105,而位移传感器的总数为168。因为传感器数目大于总自由度,利用最小二乘法可以获得所需要触动器的调整量。

假设全部子镜面都处于正确位置,这时各个位移传感器的读数值应该为零。而当镜面受到干扰、各镜面指向不同方向时,焦面上就会出现 N 个子像点(几何光学情况)。也就是说由于镜面位置的误差,总像斑增大,这个像斑的均方根半径就可以作为评价镜面控制的标准。

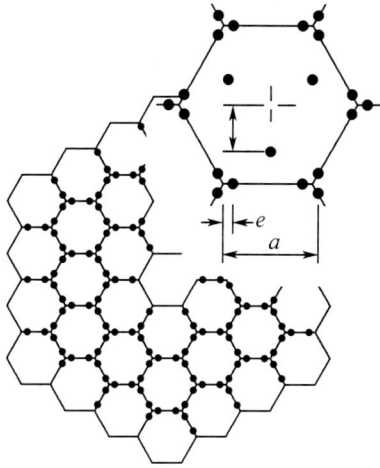

图 6-10　10 m 凯克望远镜位移传感器的布局

在拼合镜面望远镜的主动控制中,不同阶段有不同的控制要求(图 6-11)。在子镜面调整的初期,仅仅要求各镜面共焦,而不要求光的相干,这时像斑的大小或者单个子镜面的波阵面传感器可以作为镜面调整的依据,调整后的各个子镜面将没有任何倾斜的误差;而在最后阶段,所有的子镜面不但要求共焦,而且要实现相干。这时的关键是取得相对平行的各子镜面之间的轴向相位误差(piston error)。检测轴向相位误差的传感器称为相位差传感器(phasing sensor)。获得子镜面之间的相位差后,各个子镜将利用位移触动器调整它们的位置,这个调整过程要重复进行以获得最好的整个镜面的均方根误差。

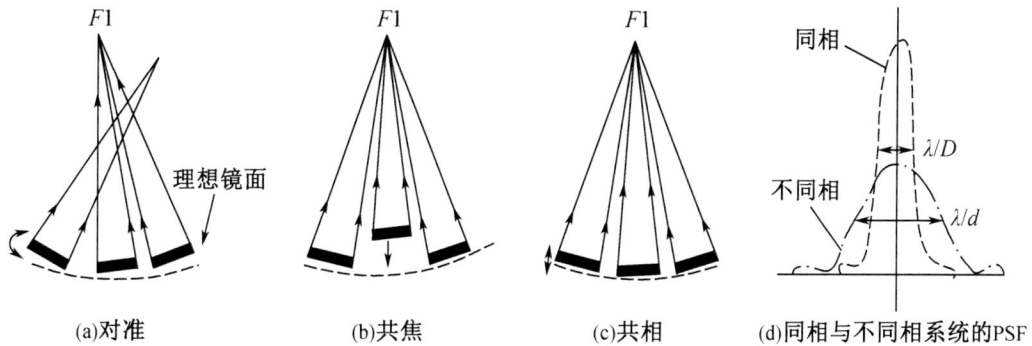

(a)对准　　　　(b)共焦　　　　(c)共相　　　　(d)同相与不同相系统的PSF

图 6-11　拼接式系统

注:同相时其扩展宽度为 λ/D,不同相时其扩展宽度为 λ/d。其中,d 为单镜片直径,D 为整镜直径。

在没有大气扰动的情况下,共焦的子镜面所产生的像是由子镜面的艾里斑尺寸所决定的,但是对于共相位望远镜来说,像斑尺寸是由望远镜整个大镜面的艾里斑尺寸所决定的,这时的星像将非常锐利。

6.6 自适应光学系统

自适应光学技术专门用以修正从低频到高频很广阔的频段上星像的波阵面误差。自适应光学实现的基本原理为相位共轭补偿,有非线性光学式自适应光学系统、解卷积式自适应光学系统和校正式自适应光学系统三种方式。

非线性光学式自适应光学系统的基本思想为:利用非线性光学相位共轭效应(NOPC),使得出射光束与入射光束相位共轭,实现光波波前畸变的自动校正。尽管这种方式直接快速并且有效,但由于非线性材料和技术的限制,目前主要停留在理论研究阶段,应用仅仅限于激光发射等小范围。

6-3 自适应光学系统

解卷积式自适应光学系统的基本思想为:首先实时测量波前误差和目标像的光强分布,然后按照光学原理解卷积的方法恢复目标的像。这种系统不需要校正回路,结构简单,成本低廉,而且具有很好的实时性、自适应性和灵活性,只是对计算速度要求很高。随着计算机技术的飞速发展,这种系统必将会得到更大的应用与发展。

校正式自适应光学系统的基本思想为:采用波前传感器实时测量入射光的位相,可以任意变形的光学元件产生可控的光学相移,实时补偿入射光的波前像差,使入射光经波前校正器后输出平面波。随着科技的进步,校正式自适应光学系统的发展已经比较成熟,是至今为止应用最普遍的自适应光学系统。本节重点讨论校正式自适应光学系统。

6.6.1 系统组成

根据应用不同,校正式自适应光学系统有多种形式,但从原理上看主要由三部分组成:波前传感器获取波前像差信息;波前校正器(变形镜和倾斜镜)执行波前像差实时补偿;波前控制器完成波前信息处理和波前校正器控制量的计算。典型的校正式自适应光学系统结构原理示意图如图 6-12 所示。

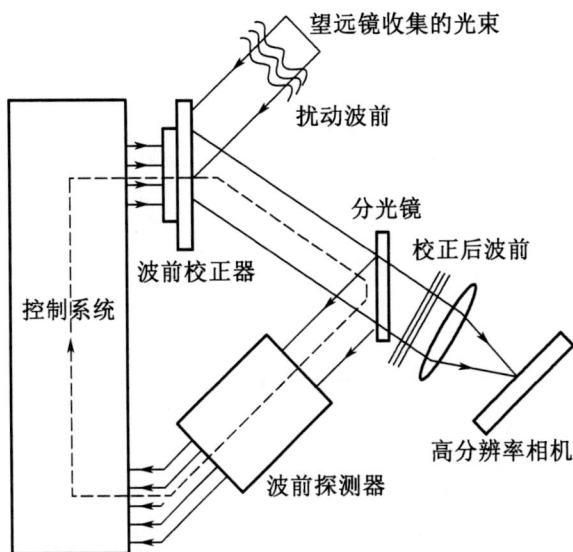

图 6-12 典型的自适应光学系统结构原理示意图

自适应光学系统规模主要根据大气相干长度 r_0 确定,当波前探测器的子孔径大小和波前校正器的单元大小与 r_0 相当时,能够较好地补偿大气湍流引起的波前相位畸变。可以估算望远镜通光口径内的系统规模 N 大致为

$$N \approx (\pi/4) \cdot (D/r_0)^2 \tag{6-11}$$

以大气相干长度 $r_0 = 13 \text{ cm}$ 为例,4 m 口径的地基望远镜所需的驱动单元数为 744。而目前国际上驱动器的数目最多也仅为 1 377 单元。这是因为:一方面,驱动器之间不能过密,否则会导致邻近驱动器之间的相干性太强,无法保证补偿面形和足够的校正量,同时也容易引起谐振,限制了驱动频率。一般驱动器之间的间隔为 5~10 mm,甚至可以到几十毫米。另一方面,驱动器的价格相当昂贵,想通过增大变形镜口径来降低驱动密度而增加驱动单元数,不仅要付出天文数字的经济代价,同时在加工制造上也很难完成。此外,变形镜还有阻尼震荡、加工周期长、磁滞效应等缺点。

6.6.2　波前控制器

波前控制器则是负责连接波前传感器和波前校正器的中枢,它接收波前探测器发来的信息,重构解算出波前畸变和施加至波前校正器所需要的控制信号,经过数模转换和高压放大器,使波前校正器产生需要的波前补偿,完成自适应光学系统的闭环。

波前控制器实现波前复原和生成控制信号两个功能。波前复原是利用一定的算法将波前传感器得到的波前畸变的斜率或曲率处理为波前畸变的相位。波前相位再通过适当的控制算法产生控制信号来控制波前校正器产生动作。

(1)波前复原

以测量斜率为基础的波前传感器只能测量出各子孔径的波前平均斜率数据,但自适应光学系统校正的是波前相位误差,所用的方法是在波前校正器的每个驱动器上施加校正电压以直接引入波前相位补偿。为了将波前传感器所测的量转化为波前相位误差或驱动器上的校正量,必须用一种算法来建立测量值和校正值之间的联系,这种算法称为波前复原算法。

波前复原算法是自适应光学中的关键技术问题之一,人们对此进行了广泛的研究并提出了多种算法,主要有区域法、模式法、直接斜率法等。在区域法复原过程中,波前相位是直接根据一系列离散的相位斜率测量值估计出来的;而在模式法复原过程中,波前相位首先被展开为一系列正交基函数的线性组合,采用波前斜率测量值估计这些基函数的系数得到波前相位,当选定了作为基底的多项式函数后,其对应的多项式系数可表征波前相位。而直接斜率法则是直接求出每一个驱动器上应施加的电压。

(2)波前控制

在 20 世纪 70 年代早期的自适应光学系统中,采用的是模拟电路网络构成的经典控制器形式。模拟控制器的优点是速度快、控制带宽高、实时性好;缺点是调整困难、精度差、灵活性差,对较小规模的系统实现容易,在较大规模和较复杂的系统中难以很好地工作。随着电子技术水平的进一步发展和微型电子数字计算机的出现,计算机控制技术迅速发展起来,80 年代以后建成的自适应光学系统中普遍采用了数字计算机控制技术,系统的控制器一般用数字控制器的方法设计。控制算法设计时要考虑的主要指标是误差传递函数的频率特性和带宽大小,必须满足没有阶跃响应静态残差,有尽可能高的带宽、闭环系统稳定、不产生振荡等要求。

（3）波前处理器

波前处理器的功能是图像采集、斜率或曲率计算、波前复原、控制运算、数/模转换等。在波前传感器采样频率一定的情况下，为了提高自适应光学系统的控制带宽，就必须提高波前处理器的运算速度以尽量减少系统延时，这需要使用运算速度达几亿次每秒的专用计算机。在实际的自适应系统中，一般是针对特定系统设计个性化的波前处理器。

目前，波前处理器的实现方式有 DSP 阵列、FPGA 阵列、FPGA+DSP、CPU 集群、GPU 集群、CPU+协处理器（FPGA+GPU）等。

6.6.3　激光导星

早期的自适应光学使用自然星进行波阵面探测，自然星所覆盖的天区范围十分有限，所用视场的大小取决于等晕角（isoplanatic angle）的大小，经过大气的等晕角尺寸很小，所以可用视场也很小。所谓等晕斑就是在视场中一个很小区域内，大气扰动可以近似地表示为一个常数，也就是说，这个区间内的星光几乎通过同一个大气扰动区域。因此当这个区域内的一个点的大气扰动获得补偿以后，所有这个区域内的星像大气扰动均得到了补偿。

为了扩展天区覆盖，Feinlieb 和 Hutchin 于 1981 年分别提出了利用大气对脉冲激光的瑞利后向散射作为自适应光学系统的引导光源，Happer 于 1982 年则建议利用距地面 92 km 处的钠原子层与入射激光的共振后向散射光作为自适应光学系统的引导光源，引发了自适应光学技术的第二次革命，从此有了激光导星的概念。

激光导星技术（laser guide star，LGS）利用激光在大气中产生后向散射光，通过一定的探测技术手段，在波前探测器上成像，由此采集下行链路的大气湍流信息，实现与波前校正器和波前控制器的闭环。从具体技术角度来说，又分为瑞利激光导星技术和钠激光导星技术两种形式，其原理示意图如图 6-13 所示。

（1）瑞利激光导星技术

瑞利激光导星技术利用脉冲激光器，经过相匹配的望远镜准直扩束后发射至大气中，由于大气密度随高度指数下降，通常会选择聚焦在 20 km 以下的高度范围。大气分子对激光产生较强的后向瑞利散射光，并有一部分返回地面接收望远镜。通过距离选通技术，对一定高度和厚度范围内的瑞利散射光进行探测，然后提取该采样高度以下的波前信息并进行相应的闭环校正，进而

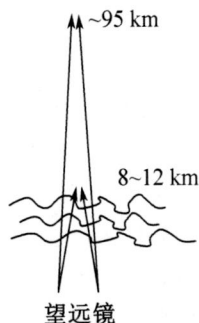

图 6-13　瑞利激光导星和钠激光导星原理示意图

获得所观测目标的高分辨率图像。图 6-14 所示为瑞利激光导星的基本原理。

影响瑞利激光导星波前探测能力和精度的因素主要有：

①激光脉冲能量。根据瑞利散射的特性，在一定范围内，激光脉冲能量越大则回波强度越大。

②激光光束质量和光学系统。优异的激光光束质量和与之相匹配的光学系统可以使出射激光聚焦在一个更小的范围内，能量更集中，即在波前探测器上将看到更小更亮的瑞利导星。

③激光波长。根据瑞利散射的公式可知，瑞利散射的回波强度与波长的四次方成反比，这意味着同样功率条件下，采用波长越短的激光可以获得越多的回波光子数。

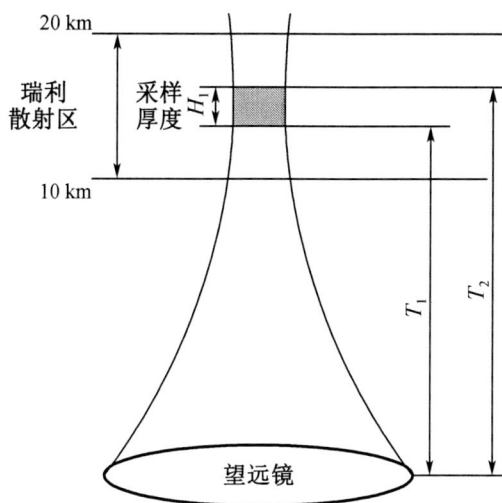

图 6-14 瑞利激光导星的基本原理

④大气采样高度和厚度。大气分子密度随着高度的增加呈指数性下降,为了获得足够的瑞利返回光,需要根据实际条件选择适当的高度和厚度。

因此,需要根据实际情况,如望远镜口径、探测器类型、成本要求等综合选择和搭建可以接受的瑞利激光导星系统。该技术最大的优点就是非常灵活,可用的脉冲激光器种类繁多,如 355 nm 波段、532 nm 波段,技术均较为成熟,成本也较低,因此是最早发展和应用的激光导星技术。但是它也存在明显的缺点,即因为有限采样高度,在望远镜口径增大时,由锥形采样引起的称为"聚焦非等晕性"的效应也越来越明显,大大影响实际自适应校正精度,如图 6-15 所示。

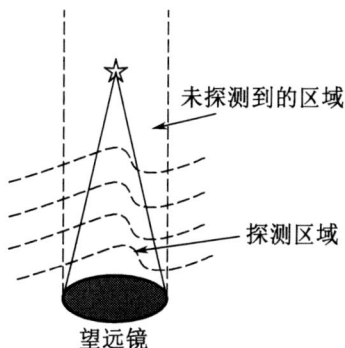

图 6-15 激光导星锥形效应

由于这个原因,国际上大口径天文望远镜自适应光学系统采用瑞利激光导星技术的并不多,而是普遍采用导星群技术,主要有大型双目望远镜(large binocular telescope,LBT)先进瑞利引导地面层自适应光学系统,采用由 6 路激光组成的星群,以及 William Herschel 望远镜的多目标自适应光学系统 CANARY,采用由 4 路激光组成的星群。

(2)钠激光导星技术

钠激光导星技术是利用一束中心波长与钠原子 D_2 谱线严格匹配的高性能激光激发距地面约 92~95 km 处的钠原子层共振发出后向散射光,经由地面望远镜接收后在波前探测器上成像,完成对大气湍流的采样。相比于瑞利激光导星技术,钠激光导星技术最明显的优点是它的高度提高了数倍,对大气湍流的采样更加充分,大大减小了前面所提到的聚焦非等晕误差影响。钠原子层采样高度高,共振后向散射强,具有明显的优势。但由于该技术需要激光波长与钠原子能级跃迁谱线严格一致,并且为了提高激发和能量利用效率,需要将线宽控制的很小,通常在 1 GHz 以内,因此对激光器也提出了严格的要求,技术难度复杂,研发成本高。

随着技术的进步,染料激光器、全固态和频激光器和光纤激光器等不同类型的激光器被相继研发出来,并且性能也在逐步提高,钠激光导星技术成了热门的研究领域,也成为国内外大口径望远镜的主流选择。

由于激光导星锥形效应的影响,导致其对低阶畸变探测误差较大,通常自然星也会用来探测离焦等低阶畸变。望远镜接收的光波被分为了三个部分:被观测目标的光波前、自然导星的光波前和激光导星的光波前。自然导星发出的光波前进入低阶探测和倾斜探测支路,来提供倾斜信号和大气湍流畸变中低阶的信息;激光导星的光波前进入高阶畸变探测光路,来探测大气湍流的高阶信息,同时激光导星的光波前也需要提供激光发射系统的抖动信息。探测到的自然导星的倾斜信号用来控制倾斜镜。自然导星探测到的大气信息也用来修正激光导星探测到的大气湍流。激光导星探测器上的整体倾斜信息用来控制激光发射系统以消除激光导星的抖动问题。

另外,随着望远镜口径的进一步增大,单颗钠导星也面临着聚焦非等晕性的问题。下一步的发展趋势是采用如基于多颗导星组成星群的多共轭自适应光学(multi-conjugate adaptive optics,MCAO)技术来扩大自适应光学系统的校正视场。这种新技术的可用视场不受大气等晕角的影响,可以达到整个视场的区域,使望远镜在全天区和全视场的自适应光学成为可能。

习　　题

1.像差源有哪些？对成像系统的影响是什么？

2.波前传感器的作用是什么？有哪些类型？试举例说明波前传感器的原理。

3.波前校正器的作用是什么？有哪些类型？试举例说明波前校正器的原理。

4.简述主动光学的原理。

5.简述校正式自适应光学系统组成及工作原理。

6.波前控制器的作用是什么？有哪几部分组成？

7.激光导星的作用是什么？有几种导星？各自特点及应用场合是什么？

第7章 空间目标探测新技术

随着空间目标日益增多、空间日趋拥挤、空间碎片的不断增长以及空间自然环境的不断变化,当前的空间监视能力还存在监视空隙,监视间隔时间还比较长,对卫星机动、碎片分解等事件反应缓慢,目标特性获取能力不足,造成对目标识别分析能力弱。因此,各国都在探索新的技术或技术体制提升探测识别能力。

本章瞄准近年来光电探测技术发展的前沿,介绍空间目标偏振成像探测技术、激光成像探测技术、光谱探测技术,并进一步分析空间目标光电探测技术的发展趋势。

7.1 偏振成像探测技术

偏振成像探测技术是近些年来光电探测技术发展的前沿,它是将偏振成像的新兴技术与太空态势感知的重大需求相结合,用偏振探测的手段获取航天器、空间碎片等空间目标的偏振特性,进而实现目标的监测和识别。空间目标散射光偏振特性与目标表面材料属性、表面形态和目标与太阳、观测者三者之间的几何关系有关。基于偏振特性可以有效地区分空间目标表面材料和结构差异;可以分析空间目标的姿态变化;偏振成像探测手段能够扩展空间目标光学探测的信息维度和信息量,并在增强探测能力、减少大气效应、反演目标材料等方面具有强度探测无法比拟的独特优势。

7.1.1 偏振产生的机理

7.1.1.1 偏振光的产生

光的传播具有方向性,横波的振动具有极性,能够沿着振动面里的任意方向振动,一般将光波分量的电场振动方向作为振动方向,且把振动呈现一定规律的光波称为偏振光。由麦克斯韦电磁理论可知,光的实质是一种电磁波,其电场分量 E 和磁场分量 B 相互正交。学者们对光的偏振特性研究,主要围绕光的电场分量 E 进行,电场分量也被称为光矢量。偏振光的定义是在传播过程中光矢量的大小和方向都发生规律性变化的光,根据其大小和方向随时间的投影不同,将偏振光分为线偏振光、圆偏振光和椭圆偏振光三种。除了偏振光,还存在自然光和部分偏振光。

光波作为电磁波(TEM波)的一种,在各向同性介质中以横波的形式传输。光矢量的振动方向可分为平行于入射面的 p 分量和垂直于入射面的 s 分量。自然光是复合光,由振动方向不同的许多光波叠加而成,在各个方向的振动概率几乎相等,不具有偏振性。

由菲涅耳反射定律可知,当非偏振光束在介质表面反射时,物体对光的 p 分量和 s 分量的反射程度不同,会产生部分偏振光。自然界中产生的偏振光也主要是自然光用不同入射角照射在具有不同偏振特性的材料而产生的。

当目标物体上光照的入射角由小变大时,其反射光的偏振特性的反差就先增大,然后减小。如果入射光线入射角为布儒斯特角,则其反射光为完全偏振光。由于目标物体表面并不全是平面的,很多情况下是曲面的,当光的入射角为布儒斯特角时,入射光在平行分量的反射为零,此时反射光的偏振对比度最大,目标物体的偏振信息也最强。目标物体的形态千差万别,即便是同一个辐射环境,目标物体的偏振信息也不可能相同,因此可以利用目标物体的偏振信息对其进行探测识别。对于人造物体,一般情况下其具有特定的外形,故利用可见偏振成像技术能够显著提高对人造物体的可见成像的分辨能力,能够较好显示物体的轮廓。

偏振特性也受到目标物体表面材质的影响。目标物体的折射率和磁导率由其材质决定,如果仅仅考虑折射率,在两种介质的折射率值相接近时,其偏振效应不明显;当两种介质的折射率相差较大时,偏振现象就更明显。研究表明,光的偏振特性与介质材料的折射率有直接关系,当材料的折射率从1增加到3时,折射光在垂直分量和平行分量上的偏振特性的反差逐渐变大。由于金属材料的折射率较大,因此对可见偏振成像信息影响更大,具有较大的偏振特性的反差。偏振信息还受到目标物体表面粗糙度的影响。当探测目标的表面粗糙度发生变化时,各向同性材质的表面与各向异性材质的表面偏振态的变化是不一样的,各向同性材质的表面偏振态会随着粗糙度的变大而减小,而各向异性材质的表面偏振态则相反。

当用偏振技术探测空间目标时,空间目标充当着天然反射起偏器的作用。自然光照射后,空间目标反射光中电矢量垂直分量和平行分量的振幅发生变化,因此反射光不再是各向同性的自然光,而成为部分偏振光或线偏振光。空间目标表面材料的散射光偏振特性与目标组成材料和不同材料表面的入射角有关。由于空间目标与观测者以及光源相对位置(由目标的轨道和组成部分姿态所引起)的改变,探测到的散射光偏振状态会相应地改变。这些信号可能会由于特定目标的构成而不同,因此可以作为目标识别的特征。

在红外波段,由于目标的红外辐射包括目标红外自发辐射和红外反射辐射,对于不透明物体,根据能量守恒的原则,反射率和吸收率之和等于1。物体对光的p分量和s分量的反射程度不同,因此对二者的吸收程度也不同,意味着吸收也将改变光的偏振特性。由基尔霍夫定律可知,善于吸收的物体也善于发射,因此目标的红外热辐射同样会表现出具有某种特定规律的偏振特性。不同的目标由于材料、观测角、表面状态(粗糙、光滑等)等因素的差异,不管是目标自身的红外自发辐射还是目标的红外反射辐射,都会表现出不同的红外偏振特性。自然环境中金属材料目标的红外偏振度相对较大,达到了2%~7%,以金属材料为主体的人造空间目标的偏振度和空间背景的偏振度差别较大。

7.1.1.2 偏振光的表示

光在传播过程中,其电场分量 E 总可以表示为两个振动方向互相垂直的偏振分量 E_x 和 E_y 的叠加(图7-1)。对于一个单色波来说,两个分量 E_x 和 E_y 具有同样的谐波形式,只是相位不同,可以表示为

$$\begin{cases} E_x = E_{ox}\mathrm{e}^{\mathrm{i}(kz-\omega t+\varphi_{ox})} \\ E_y = E_{oy}\mathrm{e}^{\mathrm{i}(kz-\omega t+\varphi_{oy})} \end{cases} \quad (7-1)$$

7-1 光的偏振分解演示

式中,E_{ox} 为 E_x 的分量振幅;E_{oy} 为 E_y 的分量振幅;$k=2\pi/\lambda$,为波数;$\omega=2\pi\lambda/C$,为光波角频率;φ_{ox} 和 φ_{oy} 分别为 E_x 和 E_y 的初始相位。

另外,$\delta=\varphi_{ox}-\varphi_{oy}$,表示两分量的初始相位差。

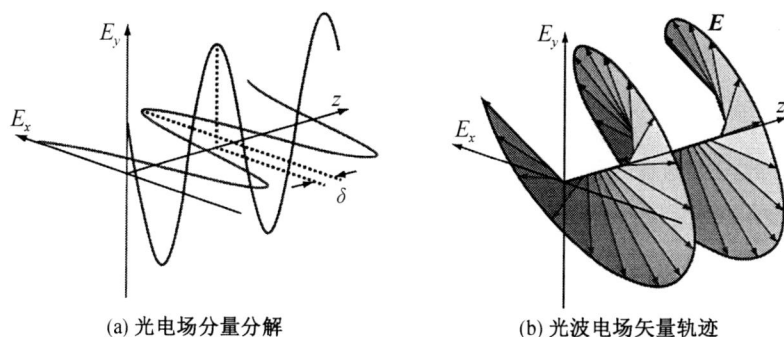

(a) 光电场分量分解　　　　　　　(b) 光波电场矢量轨迹

图 7-1　光电场分量分解和光波电场矢量轨迹

关于偏振光的描述方式,目前主要有琼斯(Jones)矢量法、斯托克斯(Stokes)矢量法、穆勒(Mueller)法等。其中,琼斯矢量法和斯托克斯矢量法都采用一个矢量来表征特定偏振态的光,并利用矩阵来描述介质对偏振光的传输特性影响,具有便于计算等优点而经常被使用。对于完全偏振光,可用琼斯矢量来表示它的偏振态;对于部分偏振光,常用斯托克斯矢量来表示它的偏振态;而穆勒法则主要用于表示偏振器件对偏振光产生的影响。

(1)琼斯矢量法

由于偏振光的两个分量表示为式(7-1),从中去除公共因子 $e^{-i\omega t}$,该投影方程可以用复振幅进行表示:

$$\begin{cases} E_x = E_{ox} e^{i\varphi_{ox}} \\ E_y = E_{oy} e^{i\varphi_{oy}} \end{cases} \tag{7-2}$$

1941 年,美国物理学家琼斯(R. C. Jones)发现使用式(7-3)的矩阵来表示上述方程具有更高的效率,该列矩阵也因此被称为琼斯矢量:

$$\begin{bmatrix} E_x \\ E_y \end{bmatrix} = \begin{bmatrix} E_{ox} e^{i\varphi_{ox}} \\ E_{oy} e^{i\varphi_{oy}} \end{bmatrix} \tag{7-3}$$

所以偏振光的强度可以被表示为下式:

$$I = |E_x|^2 + |E_y|^2 = E_x E_x^* + E_y E_y^* = E_{ox}^2 E_{oy}^2 \tag{7-4}$$

(2)斯托克斯矢量法

琼斯矩阵为偏振光的数学描述提供了新的思路,但是琼斯矩阵只能描述完全偏振光,应用受限。斯托克斯矢量法可以描述完全偏振光、部分偏振光和自然光,适用范围更广,且 4 个参量都是实数,可以直接测量,因而大多采用斯托克斯矢量法来表征光波的偏振状态。

斯托克斯矢量表示法是一种常用的表示方法,在工程技术中,考虑到偏振光的实际可测量,定义如下 4 个物理量:

$$\begin{cases} S_0 = E_x^2 + E_y^2 \\ S_1 = E_x^2 - E_y^2 \\ S_2 = 2E_x E_y \cos \delta \\ S_3 = 2E_x E_y \sin \delta \end{cases} \tag{7-5}$$

上述 4 个物理量称为斯托克斯参量,斯托克斯参量通常写成列矩阵 $[S_0,S_1,S_2,S_3]^T$。其中,S_0 表示光波的总强度,因而总是正的;S_1 表示 x 方向与 y 方向上的线偏振光的强度差,根据 x 方向占优势、y 方向占优势或者两者相等,分别取值为正、负或零;S_2 表示 $+\frac{\pi}{4}$ 方向与 $-\frac{\pi}{4}$ 方向上的线偏振光的强度差,根据 $+\frac{\pi}{4}$ 方向占优势、$-\frac{\pi}{4}$ 方向占优势或者两者相等,分别取值为正、负或零;S_3 表示右旋圆与左旋圆偏振分量的光强度的差值。四个参量之间满足关系 $S_0^2 \geqslant S_1^2+S_2^2+S_3^2$,其中等式只对完全偏振光成立。

通常可以将光分解为完全偏振光和自然光两个相对独立的部分,为了描述光偏振的程度,引入偏振度(DOP)的概念。DOP 是偏振光强和总光强之比,范围从 0 到 1,其中 0 表示光为非偏振光,1 表示光为完全偏振光。

DOP 可通过斯托克斯参数计算:

$$\text{DOP} = \frac{\sqrt{S_1^2+S_2^2+S_3^2}}{S_0} \tag{7-6}$$

另外,为了更进一步描述光中具体偏振态的占比,提出了线偏振度(DOLP)和圆偏振度(DOCP)的概念。DOLP 表示线偏振光强和总光强之比,DOCP 表示圆偏振光强和总光强之比。用斯托克斯参数表示为

$$\text{DOLP} = \frac{\sqrt{S_1^2+S_2^2}}{S_0} \tag{7-7}$$

$$\text{DOCP} = \frac{S_3}{S_0} \tag{7-8}$$

全偏振分量的偏振椭圆方位角 ψ 表示为

$$\psi = \frac{1}{2}\arctan\left(\frac{S_2}{S_1}\right) \tag{7-9}$$

偏振椭圆角度 χ 表示为

$$\chi = \frac{1}{2}\arctan\left(\frac{S_3}{\sqrt{S_1^2+S_2^2}}\right) \tag{7-10}$$

斯托克斯矢量法相较于其他方法能够更好地表征光波的偏振信息。

(3)穆勒矩阵

斯托克斯矩阵为偏振光的描述提供了完善的数学工具,但是要分析光通过光学器件后的偏振特性,需要同时考虑光学器件特性,这就需要采用新的数学处理方法——穆勒(Mueller)矩阵。穆勒矩阵由美国物理学家穆勒于 1943 年提出,用于表示斯托克斯矢量之间的变换。矩阵由 4×4 共 16 个参量构成,完整描述了介质的偏振属性。可通过水平线偏振光 H、垂直线偏振光 V、45°线偏振光 P、右旋圆偏振光 R 入射,并分别探测水平线偏振光 H、垂直线偏振光 V、45°线偏振光 P、右旋圆偏振光 R 出射情况下的能量值,即 16 种偏振态组合下的强度结果,即 $HH/HV/HP/HR$、$PH/PV/PP/PR$、$VH/VV/VP/VR$ 和 $RH/RV/RP/RR$。进而穆勒矩阵可按照下列公式计算得到:

$$M = \begin{bmatrix} M_{11} & M_{12} & M_{13} & M_{14} \\ M_{21} & M_{22} & M_{23} & M_{24} \\ M_{31} & M_{32} & M_{33} & M_{34} \\ M_{41} & M_{42} & M_{43} & M_{44} \end{bmatrix} =$$

$$\begin{bmatrix} HH+HV+VH+VV & HH+HV-VH-VV & 2(PH+PV)-M_{11} & 2(RH+RV)-M_{11} \\ HH+HV+VH-VV & HH+VV-VH-VV & 2(PH-PV)-M_{21} & 2(RH-RV)-M_{21} \\ 2(HP+VP)-M_{11} & 2(HP-VP)-M_{12} & 4PP-2PH-2PV-M_{31} & 4RP-2RH-2RV-M_{31} \\ 2(HR+VR)-M_{11} & 2(HR-VP)-M_{12} & 4PR-2PH-2PV-M_{41} & 4RR-2RH-2RV-M_{41} \end{bmatrix}$$

$$(7-11)$$

式中,HV 表示水平线偏振光 H 入射、垂直线偏振光 V 出射情况下的探测值;RH 表示右旋圆偏振光 R 入射、水平线偏振光 H 出射时的探测值;其他同理。

借助于穆勒矩阵,偏振系统对偏振态的变换可写为 $S_o = MS_i$,其中 M 是 $4×4$ 穆勒矩阵,S_o、S_i 分别表示出射与入射偏振光的斯托克斯矩阵。

当经过多个光学器件时,穆勒矩阵可以级联,级联之后的穆勒矩阵为各光学器件的穆勒矩阵之积,且后经过的光学器件的穆勒矩阵放在左边,表示为 $M = M_n M_{n-1} M_{n-2} \cdots M_1$。如此,可以通过穆勒矩阵与斯托克斯矩阵结合,通过数学方式完善描述偏振光透过光学器件之后的变化。

7.1.1.3　偏振器件

（1）线偏振器

产生线偏振光是偏振技术应用的重要基础,能够从自然光产生线偏振光的器件叫线偏振器。

从自然光产生线偏振光的方法主要包括利用反射和折射、利用晶体的二向色性、利用晶体的双折射以及利用光的散射特性。其中利用晶体的二向色性制作线偏振器是最常用和主要的方法。二向色性是指物质对光的吸收系数依赖于入射光的偏振状态,导致经过该物质的自然光只允许特定偏振方向的光通过,从而形成线偏振光。目前广泛使用的线偏振器称为 H 偏振片,该器件是一种人造偏振器件,是将聚乙烯醇薄膜浸泡在碘溶液中,这就形成了碘链,然后在高温环境下将其拉伸形成碘-聚乙烯醇构成的长链,碘中具有导电能力的电子能够沿着长链方向运动,入射光波电场的沿着长链方向的分量推动电子,对电子做功,因而被强烈地吸收,而垂直于长链方向的分量不对电子做功,能够透过,这样透射光就成为线偏振光。线偏振器允许透过的电矢量的方向称为透光轴,对于 H 偏振片来说,透光轴垂直于聚乙烯醇薄膜拉伸的方向。

对于线偏振器,设其透光轴与 x 轴成 θ 角,入射光在 x 轴和 y 轴的偏振态分量分别为 A_1 和 B_1,如图 7-2 所示。

在两坐标轴上分别使 A_1 和 B_1 向透光轴投影,分别得到 $A_1 \cos \theta$ 和 $B_1 \sin \theta$,这就是 A_1 和 B_1 两个分量在透光轴方向的分量。再分别过两个垂足向两坐标轴做垂线,共得到四个投影。将同一坐标轴上的投影分别相加,就得到从偏振器出射光在 x、y 轴的偏振态分量。具体可写为

$$A_2 = (A_1 \cos \theta + B_1 \sin \theta) \cos \theta = A_1 \cos^2 \theta + B_1 \sin \theta \cos \theta$$

$$B_2 = (A_1 \cos \theta + B_1 \sin \theta) \sin \theta = A_1 \cos \theta \sin \theta + B_1 \sin^2 \theta$$

$$(7-12)$$

所以线偏振器的琼斯矩阵为

$$G = \begin{bmatrix} \cos^2\theta & \dfrac{1}{2}\sin 2\theta \\ \dfrac{1}{2}\sin 2\theta & \sin^2\theta \end{bmatrix} \qquad (7-13)$$

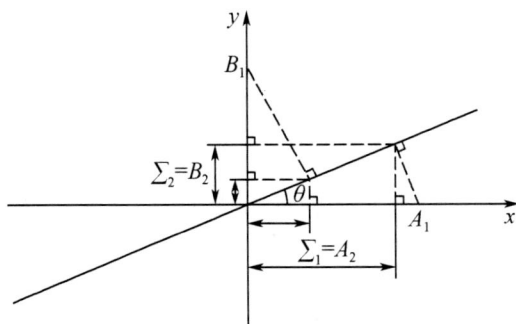

图 7-2　线偏振器分解过程

（2）相位延迟器

相位延迟器也称为波片，它可以使偏振光的两个相互垂直的线偏振光之间产生相位延迟，从而改变光的偏振态。相位延迟器主要通过偏振光在晶体中的双折射原理制作。

7-2　相位延迟器原理

自然光经过各向异性晶体时，则会有两束折射光，称这种现象为双折射（birefringence）。在单轴晶体内发生双折射的晶体中，两条折射光线的其中一条完全满足折射定律，在入射面内，这束光称为寻常光线，也称 o 光（ordinary ray）；而对于另一束光，其光线不满足折射定律，其入射角的正弦与折射角的正弦之比不是常数，且通常不在入射面内，这束光称为非寻常光线，也称 e 光（extraordinary ray）。o 光和 e 光都是线偏振光，且两束光在晶体中的传播速度不同，分别为 c/n_o 和 c/n_e，其中 c 为真空中的光速，n_o 和 n_e 分别为 o 光和 e 光对应的折射率。

晶体中存在一个特殊的方向，当光在晶体中沿这个方向传播时不发生双折射，这个方向称为晶体的光轴（optical axis of crystal）。在晶体内部，o 光与 e 光分别与光轴确立了 o 光主平面和 e 光主平面，且二者通常不重合。o 光的光矢量方向是垂直于其主平面的，e 光的光矢量方向平行于其主平面。定义主截面（principal section）为光轴和晶体表面法线共同确定的平面，光在这个平面内入射，o 光和 e 光都会在这个平面内，即 o 光主平面和 e 光主平面重合，也重合于主截面（此时 o 光和 e 光都在入射面内）。在实际使用时，都会让入射面与主截面重合，这就使对双折射的研究大大简化。

而发生双折射时，o 光的振动方向与 o 主平面垂直，因此始终与光轴垂直。而 e 光振动方向在 e 主平面内，当 o 主平面与 e 主平面重合时，则 o 光和 e 光的振动方向相垂直。相对传播速度快的光，其光矢量方向即是快轴方向。若是负晶体，则 e 光速度快，则 e 光矢量的方向就是快轴方向，正晶体刚好相反。

当用具有双折射性质的透明晶体制成平行平面薄板，且光轴与工作表面平行时，当光垂直入射到工作表面,即 o 光和 e 光沿垂直于光轴方向进入晶体,此时 o 光和 e 光以不同速度传播,但方向不变且相同。当光从厚度为 d 的波片出射后,产生的相位差为

$$|\Delta\varphi| = |n_e - n_o| d \frac{2\pi}{\lambda} \tag{7-14}$$

形成了两束振动方向相互垂直且有一定相位差的线偏振光(o 光和 e 光)叠加,一般会得到椭圆偏振光,如图 7-3 所示。在实际使用过程中,通常以晶体的快轴和慢轴作为 x、y 坐标轴,从而使 o 光和 e 光的电场振动方向与 x 和 y 轴重合,简化分析计算过程。

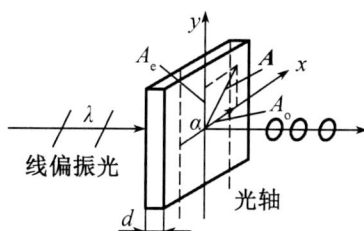

图 7-3 相位延迟器工作原理

通过调整波片厚度 d,可以形成不同的相位差,产生使出射光的两个分量产生特定相位延迟的作用。

7.1.2 偏振成像探测原理

由于偏振信息人眼不可感知,所以需要利用一定的偏振器件(如起偏器),对场景的偏振信息进行偏振调制,最终用包含偏振信息的强度图来表征偏振图像,称为偏振成像。

偏振成像系统通常包括 5 个部分:光源、起偏器(PSG)、检偏器(PSA)、图像传感器和处理器。

(1)光源:偏振成像中用于产生照明的物体,在被动成像中光源通常为自然光。

(2)起偏器:由于光源通常为非偏振光、特定偏振状态的偏振光或偏振状态随机的偏振光,而偏振成像中往往需要规定偏振态的偏振光,需要采用 PSG 与光源配合产生所需的偏振光照明。

(3)检偏器:用于控制进入图像传感器光束的偏振态,实现偏振态测量,通常在图像传感器之前。

(4)图像传感器:用来采集目标的偏振图像。

(5)处理器:用于对采集到的目标偏振图像进行处理,结算目标的偏振信息。

7.1.2.1 偏振图像信息获取

为了实现偏振成像,将目标的偏振信息转变为强度信息进行测量,根据偏振光的表示方法,通常采用测量斯托克斯矩阵的方式反演目标偏振信息。

斯托克斯矩阵中的 4 个参量可以利用改变相位延迟器或改变线偏振片的旋转角度得到的有关出射光强的方程组来求得。测量 (S_0, S_1, S_2, S_3) 4 个偏振参量,一般采用相位延迟器和检偏器协同工作的方式,其偏振测量示意图如图 7-4 所示。

一般采用透光轴角度为 $(0°, 60°, 120°)$ 的 Fessenkov 法,或者角度为 $(0°, 45°, 90°, 135°)$ 的

改进 Pickering 法。选取 0°、45°、90°、135°较为简便。

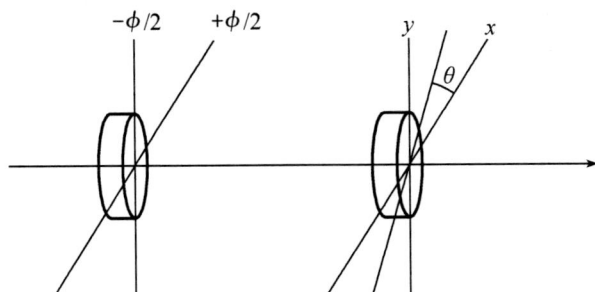

图 7-4　偏振测量示意图

0°、45°、90°三个角度下的光强表达式如下：

$$\begin{cases} I(0^0,0^0)=\dfrac{1}{2}(S_0+S_1) \\[2mm] I(45^0,0^0)=\dfrac{1}{2}(S_0+S_2) \\[2mm] I(90^0,0^0)=\dfrac{1}{2}(S_0-S_1) \end{cases} \tag{7-15}$$

当偏振成像中涉及圆偏振光分量时，可以设置相位延迟为 90°，偏振片旋转 45°后代入出射光强的表，得到

$$I(45^0,90^0)=\frac{1}{2}(S_0+S_3) \tag{7-16}$$

通过 4 个不同偏振方向的光矢量强度值求得斯托克斯矩阵，由上述 4 个光强表达式不难将斯托克斯矩阵改写为如下形式：

$$S=\begin{bmatrix} S_0 \\ S_1 \\ S_2 \\ S_3 \end{bmatrix}=\begin{bmatrix} I(0°,0°)+I(90°,0°) \\ I(0°,0°)-I(90°,0°) \\ 2I(45°,0°)-I(0°,0°)-I(90°,0°) \\ 2I(45°,90°)-I(0°,0°)-I(90°,0°) \end{bmatrix} \tag{7-17}$$

斯托克斯矢量法中的各参量图像代表的含义如下：

S_0 参量图像表示总的光强信息，反映目标所在场景的整体轮廓；

S_1 参量图像反映目标表面材料特征；

S_2 参量图像反映目标的边缘、轮廓等细节信息；

如果仅获取目标的强度和线偏振信息(S_0,S_1,S_2)，则称为线偏振成像；如果在获取线偏振信息的同时还获取圆偏振信息(S_3)，则称为全偏振成像。自然目标的圆偏振很弱，因而在非人造目标探测中一般仅采用线偏振探测，也就是说用前三个 Stokes 分量表述；而人造目标的圆偏振特性较强，与地物目标差异明显，因而包含线偏振与圆偏振信息的全偏振探测更加适合于从背景中凸显目标，同时，包含圆偏振的全偏振信息在雾霾、烟尘等传输环境下作用距离更远，因而更适用于特殊环境下的应用。

DOLP 图像包含目标偏振特性信息,图像亮度越高,目标偏振特性越强;一般设定偏振度图像和偏振角图像为偏振特征图像。

线偏振度能够很好地表征目标的表面漫反射或折射程度等特征,线偏振角能够表征目标表面的空间摆放程度、表面划痕等特征。

7.1.2.2　偏振图像处理

偏振特征图像的处理一般分为以下两步。

(1)偏振图像预处理

在实际应用过程中,偏振成像装置常会受到电路噪声、场景的变化以及机械振动等因素的影响,在偏振图像中混有噪声或出现畸变。为提高偏振成像装置的准确性和可靠性,在解算偏振序列图像、获取偏振特征图像之前,应先完成图像预处理。

图像预处理的过程需要分为图像配准和去噪两个步骤。图像配准主要是为了让图像像素在空间位置上一一对应,以克服成像过程中各种因素的影响,避免同一场景获取的图像之间出现较为明显的差异。常用的图像配准算法主要有基于区域的图像配准算法和基于特征的图像配准算法两种。相较于其他图像配准算法,基于特征的图像配准算法具有计算量小、稳定性强、适应性广等多种优点。

图像去噪主要是为了克服图像在数字化和传输过程中受到成像设备和外部环境噪声等多种噪声的干扰和影响。噪声的种类不同,去噪的方式也有所不同。其中最常用的去噪方法便是图像滤波,图像滤波的宗旨是,在最大限度保留图像细节特征的情况下完成图像去噪,有效抑制噪声。

(2)偏振图像特征的提取

目标的表面偏振特性根据探测角度和波长的不同而发生变化,目标的偏振信息中含有线偏振(S_1,S_2)、圆偏振(S_3)、偏振度 DOLP、偏振角等特征,通过对偏振信息的反演可以探测目标的纹理结构、边缘轮廓、表面状态和材料类型等特征。

针对不同目标,偏振图像特征差异较大,偏振图像特征提取方法可分为传统灰度图像特征提取方法和基于深度学习的方法。

按照特征提取的特征结构,典型基于灰度图像特征的偏振图像特征提取方法主要可以分为纹理特征、角点特征以及边缘特征。

纹理特征通常认为是具有重复特性的像素强度的局部变化模式,需要采用统计分析的方式对局部区域内的像素灰度分布进行处理。作为一种统计特征,纹理特征具有旋转不变性,是一种较为稳定的目标特征。常见的纹理特征提取方法主要包括统计方法、几何法、模型法等。

角点是偏振图像特征中的十分重要的局部特征,往往反映了目标由于结构、材质、角度等变化所产生的强散射点。经典的角点检测算法主要包括 Harris 角点检测、SIFT 角点检测、SURF 角点检测、ORB 算法等。

偏振图像的边缘指偏振图像灰度变化率最大的地方(图像灰度值变化最剧烈的地方)。偏振图像的边缘特征通常反映了物体轮廓、物体纹理突变、目标表面材质变化等高频信息,在通过偏振进行目标细节检测等领域具有重要作用。经典的边缘检测算子包括 Sobel 算子、Roberts 算子和 Canny 算子等。随着技术的发展,针对经典算法的鲁棒性较差、噪声敏感等不足,研究人员将小波变换、数字形态学等处理技术应用于图像边缘特征检测中,在特定应用领域中取得了较好的效果。

随着深度学习技术的发展,卷积神经网络在偏振图像特征提取中表现出了强有力的能力,已成为偏振图像特征提取的重要发展方向。相较于典型图像信息,偏振图像包含了偏振度、偏振角等信息,以偏振图像的偏振度、偏振角等特征参数作为输入,设计网络并进行训练,设计合理的损失函数是基于深度学习的偏振图像特征提取技术的重要研究方向。

7.1.3 偏振成像方式

早在20世纪70年代,人们就开始进行偏振探测研究工作,经过40多年的发展,目前已发展出四种较为常见的偏振成像方式,分别为分时型偏振成像、分振幅型偏振成像、分孔径型偏振成像和分焦平面型偏振成像。

7.1.3.1 分时型偏振成像

分时型偏振成像利用不同时间条件下分别改变偏振器件的状态依次采集不同方向调制后的强度图像来计算得到其偏振特性图像。这种方法是基于斯托克斯矢量表示法的,实现方式主要有旋转偏振调制光学元件(如旋转偏振片方式)或改变偏振调制光学元件的调制特性(如改变相位延迟片的方式),这两种方案最终都是获取不同调制状态下的图像以求解偏振特性图像。

7-3 分时型偏振成像原理

分时型系统的工作原理是:偏振片旋转到固定角度的同时,探测器获取到入射光通过偏振片的四幅强度图像,然后分别计算每个像素点上的斯托克斯偏振参量,进而计算每个像素点上的偏振度和偏振角,从而得到目标物体的偏振度图像和偏振角图像。根据分时型偏振成像的实现方式,主要包括以下两种类型。

(1)机械旋转偏振光学元件型

机械旋转偏振光学元件型(图7-5为最早的偏振探测仪器)出现于20世纪70年代,通过旋转不同角度放置的偏振片/波片到相机位置来记录不同偏振片状态下的图像。在实际的工程应用中,这种方法的优势是尽可能地缩小了分时所带来的误差,这是因为电机的旋转速度很快,能够完成四个方向偏振图快速采集。但是这种方案的快速也是一把双刃剑,其带来的弊端是当偏振片旋转速度及图像采集两者之间哪怕出现微小的不协调,也会带来旋转角度上的很大误差,进而使得计算得到的偏振特性图像也存在较大的误差。

图7-5 机械旋转偏振光学元件型

（2）液晶调制型

在目前的研究中,最常见的分时型偏振成像系统是由四分之一波片和旋转偏振片组成的偏振分析器,主要通过偏振片和波片(包括液晶调制型)组合的方式实现,如图 7-6 所示。

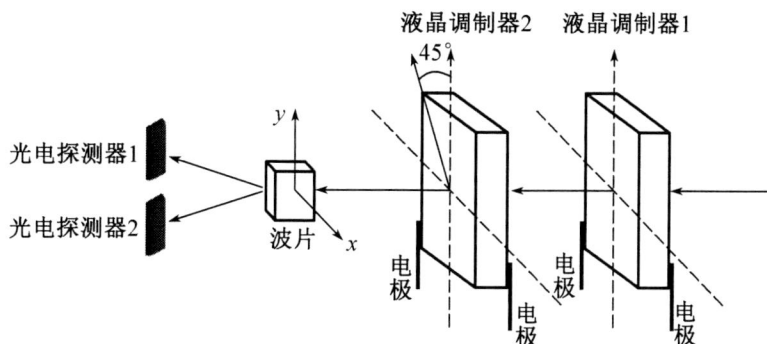

图 7-6　旋转偏振片及液晶调制型器件

随着液晶技术的成熟,工程上这种四分之一波片即相位延迟器的实现常见的有可变相位液晶延迟器,这种延迟器是通过程序控制驱动电压的方式来改变相位的延迟大小,进而达到改变偏振调制光学元件的调制特性的目的。由于这种相位延迟器对电压控制的要求非常高,因此存在着电路结构复杂,液晶对光强衰减导致探测距离降低,电控噪声、发热等对探测精度影响大的缺点。然而采用这种复杂的光路结构也有一定的优势,即使得探测速度大大提高,所以其适用于动态场景的偏振成像。

7.1.3.2　分振幅型偏振本像

为了克服分时工作在动目标观测中的不足,美国学者 Garlick 于 1976 年首次提出分振幅型测量的概念(图 7-7)。所谓分振幅即采用分束器将入射光分为 3 路或 4 路,后接 3~4 个探测器,每个探测器前加上不同偏振片,实现线偏或全偏振信息的同时探测,再利用计算机进行解算。

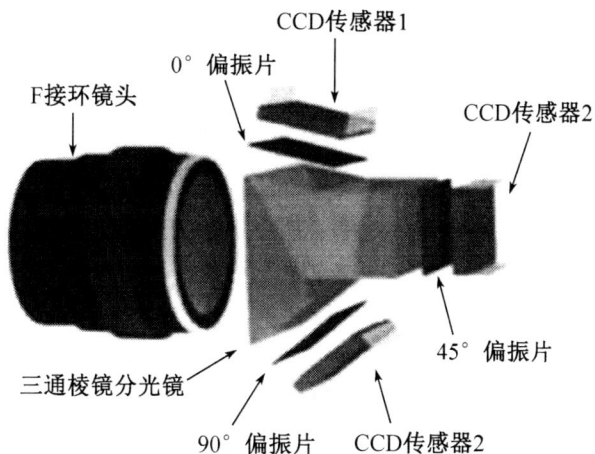

图 7-7　分振幅型偏振探测装置

该成像方式的优势在于可同时成像、能实现全偏振探测,且获取到的图像数据简单,相对而言探测时间较短、分辨率较高。该系统的弊端在于需要多个通道子系统,这就使得使用的偏振器件及光电探测器较多,成本较高。此外,由于每个光电探测器只能接收到入射光能量的八分之一,因此该系统能量利用率低,相对分时型偏振成像测量系统而言,体积和质量也更加大。并且与分时型偏振成像测量系统存在着共同的问题,即不同通道之间由于像素点位置的差异或者探测系统内部器件的机械移动等问题,导致各通道获得的四个角度的偏振强度图像不一致,从而带来成像误差。因此,这两种成像方式都需要与获取到的原始强度图像进行配准,以消除在拍摄过程中由于机械抖动、相位漂移等问题所带来的像素点位置的误差。

7.1.3.3 分孔径型偏振成像

为了克服分振幅型多光路、多探测器存在的体积大、配准难等问题,20 世纪 90 年代后期发展出了分孔径型偏振成像方式(图 7-8)。分孔径型偏振成像方式仍然是利用同一个前置物镜和探测器,将经过偏振分析器件的目标场景的不同偏振态送入光电探测器成像的过程。不同的是在上述分振幅型偏振成像测量系统的基础上分割光学系统的孔径使其变为四个视场共轴的偏振通道,使得末端的光电探测器能够同时采集到不同方向的偏振强度图像。利用微透镜阵列将入射光分为四部分,同时将一个探测器分为四个象限来实现用同一探测器接收,通过简单计算实现偏振成像。利用分孔径型偏振成像的代表单位如美国 Arizona 大学、偏振传感器公司等。

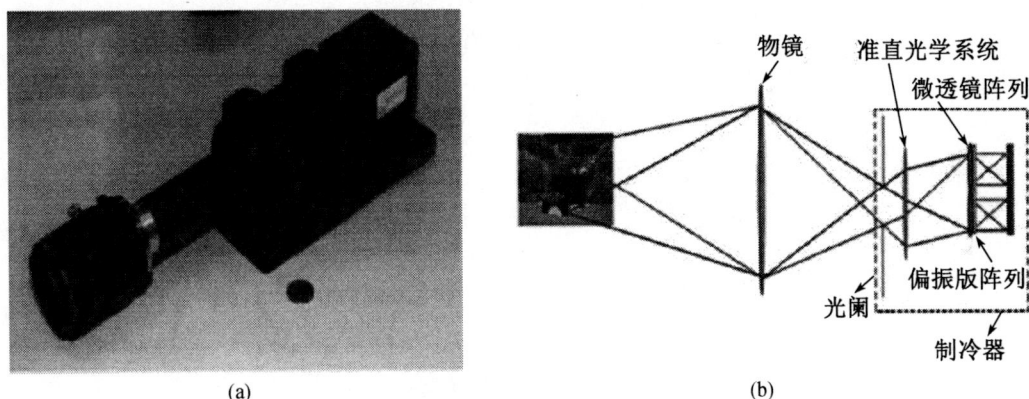

图 7-8 分孔径型线偏振成像探测装置

分孔径型偏振成像方式的优点是不仅能够实现同时探测,而且由于整个成像系统没有过多的分光器件,整个系统的结构紧凑、体积较小、系统稳定、成本较低。分孔径型偏振成像方式的缺点在于所用的离轴系统对机械装调要求比较严格,同时此系统的光学设计也相对较为复杂,相比于分振幅型偏振成像方式会损失部分空间分辨率。与前述两种测量方式的共性问题在于不同通道之间由于像素点位置的差异或者探测系统内部器件的机械移动等问题,系统也需要对获取到不同偏振方向的原始强度图像进行配准,以消除由于机械抖动、相位漂移等问题所带来的成像误差。

7.1.3.4　分焦平面型偏振成像

随着焦平面阵列技术尤其是焦平面探测器件的成熟发展,将四个不同方向的微偏振元件集成到四个相邻的光电探测端的成像阵列上,焦平面阵列中的每一个像素点都与不同方向的偏振器件一一对应,与上述成像方式不同之处在于在每一个 CCD 像元前段都有一个微型的、通过纳刻技术形成的偏振片,它能够在无须分光的基础上实现四偏振态成像。其原理如图 7-9 所示。

7-4　分焦平面型偏振成像原理

随着制作工艺的成熟与发展,此系统通过改变微偏振元件的方式不仅能

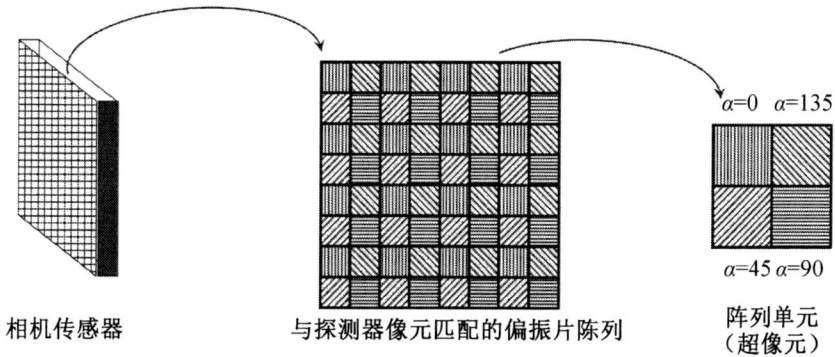

图 7-9　分焦平面型原理图

测量获取目标场景的线偏振分量,还能测量获取目标场景的圆偏振分量,这也是分焦平面型偏振成像测量系统的一个优点。此外,整个光路不需要进行分光,因此整个系统的结构紧凑、体积较小且系统稳定。其缺点在于分焦面成像系统的空间分辨率大大降低,这是由于每一个成像单元都是由三个偏振方向不同的线偏振通道和一个圆偏振通道组成。

分焦平面型偏振成像装置直接在探测器探测面阵前将每 4 个像元分为一组制作成微型偏振片阵列,实现偏振探测,系统有微型化的明显特点。其示意图及核心组元如图 7-10 所示。

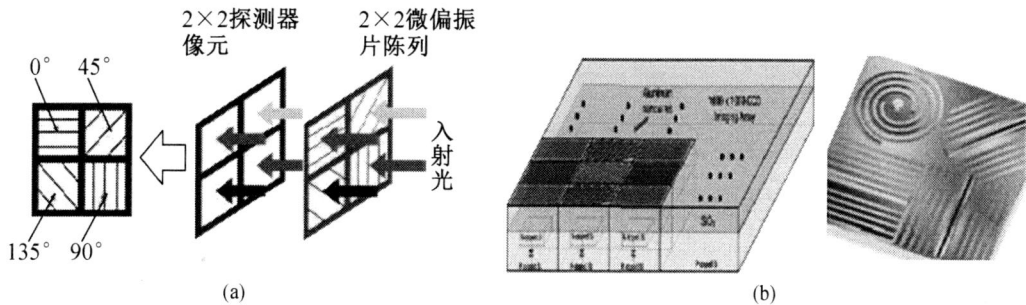

图 7-10　分焦平面型偏振成像装置示意图及核心组元

偏振成像探测技术的发展过程如表 7-1 所示。几种偏振成像探测系统的优缺点比较如表 7-2 所示。

表 7-1　偏振成像探测技术的发展过程

时间	探测方式	探测装置特征
20 世纪 70 年代	分时型	机械旋转
20 世纪 80 年代	分振幅型	多探测器、多光路、实时成像
20 世纪 90 年代	分孔径型液晶、声光调制型	单探测器、多光路、实时成像、电控旋转
21 世纪初	分焦平面型通道调制型	单探测器、单光路、全偏振、实时成像

表 7-2　几种偏振成像探测系统的优缺点比较

偏振成像测量系统	优点	缺点
分时型	系统结构简单、体积小、易搭建、数据处理简单、成本较低	不可同时成像、探测时间较长
分振幅型	可同时成像、能实现全偏振探测、探测时间较短、分辨率较高	结构相对复杂、体积较大、系统能量利用率较低
分孔径型	结构紧凑、体积较小、系统相对稳定	离轴系统对机械装调要求高、光学设计相对复杂
分焦平面型	系统集成度高、光路无须分光、可实现圆偏振分量的探测	空间分辨率低

7.2　激光成像探测技术

　　激光成像探测技术是将激光技术、成像传感器结合在一起而发展起来的新技术。其采用激光作为光源去照射目标，通过对目标反射回波的成像探测，可获取目标的距离、角位置、速度、运动轨迹及外形等信息，能够克服光电被动探测的缺点，可全天时、单站、远距离探测目标的距离、形状等信息。

7.2.1　距离选通激光成像

　　距离选通激光成像是通过选通成像器的开门时间来对不同距离的目标进行成像，可直观获取丰富的目标外形或基本结构，抑制背景干扰，可用于识别目标及目标特征部位。

7.2.1.1　基本原理

　　采用脉冲激光器、选通 ICCD 摄像机和延迟同步控制电路等构成的激光距离选通成像技术不仅可以获得目标的图像信息，而且可以获得目标的距离信息。基于距离选通的激光主动成像系统工作原理为（图 7-11）：首先，脉冲式激光器发射具有一定脉宽的激光束，在脉冲光照射目标并返回途中，成像探测器快门关闭；而后，当目标散射光返回探测器时，高精度同步控制装置使高速探测器快门瞬间打开，探测器接收脉冲光并迅速关闭；最后，高速信号与

7-5　距离选通激光成像原理

图像处理电路完成目标检测、特征提取和图像信息处理。

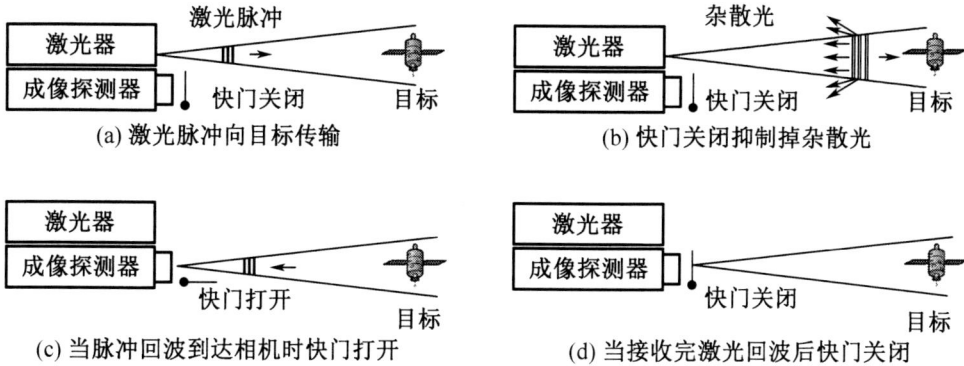

(a) 激光脉冲向目标传输

(b) 快门关闭抑制掉杂散光

(c) 当脉冲回波到达相机时快门打开

(d) 当接收完激光回波后快门关闭

图 7-11　距离选通激光成像原理示意图

分析整个成像过程可知：由于快门仅在很短时间内打开，仅在一定距离深度内的目标反射光可以成像，这就使所得图像对应了一定的距离信息。通过高精度的时序控制技术可实现对视场内不同距离目标或同一目标不同位置"切片"式成像，如图 7-12 所示。在应用中切片距离 L 可通过时序控制调节大小，切片距离 R 可通过延迟时间设定。在切片深度固定的情况下，探测器可接收的目标点的回波能量与目标点所处切片中的位置有关。当切片距离由近及远变化时，所得图像中目标点的像元灰度值则经历了图 7-12 中右边所示的由暗到亮而后再到暗（图中仅给出了由暗到亮部分）的变化过程，通过对获取的不同距离"切片"序列图像进行处理可获得图像像素点对应的各目标点的距离信息，从而重构得到目标的三维图像，这种三维成像方法简称时间切片技术（time-slice）。

另外，由于成像探测器一般具有高增益、窄快门特性，可弥补由于激光远程照明与选通时间短而造成的信号微弱的影响，且可屏蔽大部分的背景杂散光，较大幅度地提高了回波信号的信杂比，可获得目标与背景高对比度图像；窄快门可以有效减小目标运动造成的拖尾现象，提高成像清晰度。

距离选通激光成像探测系统（图 7-13）主要由脉冲激光器、成像探测器、高精度同步控制装置、综合控制与图像处理系统、接收/发射光学系统、电源系统等部分构成。其控制信号关系为：综合控制与图像处理系统实现与系统其他部分接口以及主动成像模块综合控制；高精度同步控制装置按照控制参数产生具有相对延迟时间的两路触发信号，分别触发脉冲激光器和成像探测器，使得照明激光经目标散射返回后成像探测器快门打开并成像。

激光成像系统需采用重复频率高、输出功率高、转换效率高、光束发散度小、均匀性好的脉冲激光器，为实现切片式成像还应选择适当的输出脉宽，并且权衡考虑激光器的体积、质量、致冷、寿命、维护等因素。

发射光学系统的作用是对激光器发出的形状不对称、发散角较大、存在像散的质量较差的光束进行准直、整形，从而输出发散角较小、形状较好的光束。它是发散角可调的准直扩束系统。

接收光学系统应当具有大接收孔径、高光学增益，尽量满足质量和体积小的要求。

为实现距离选通激光主动成像，要求探测器具有高速快门成像能力、高量子效率、低噪声、足够的增益动态范围。国际上该类器件主要有像增强型 CCD（intensified CCD，ICCD）、电子轰击型 CCD(electron bombed CCD,EBCCD)、APD 阵列、多阳极微通道阵列(MAMA)等。目前,国内技术条件有超二代、三代像增强器生产能力,其响应波段范围在可见和近红外,限制了激光波长的选择。

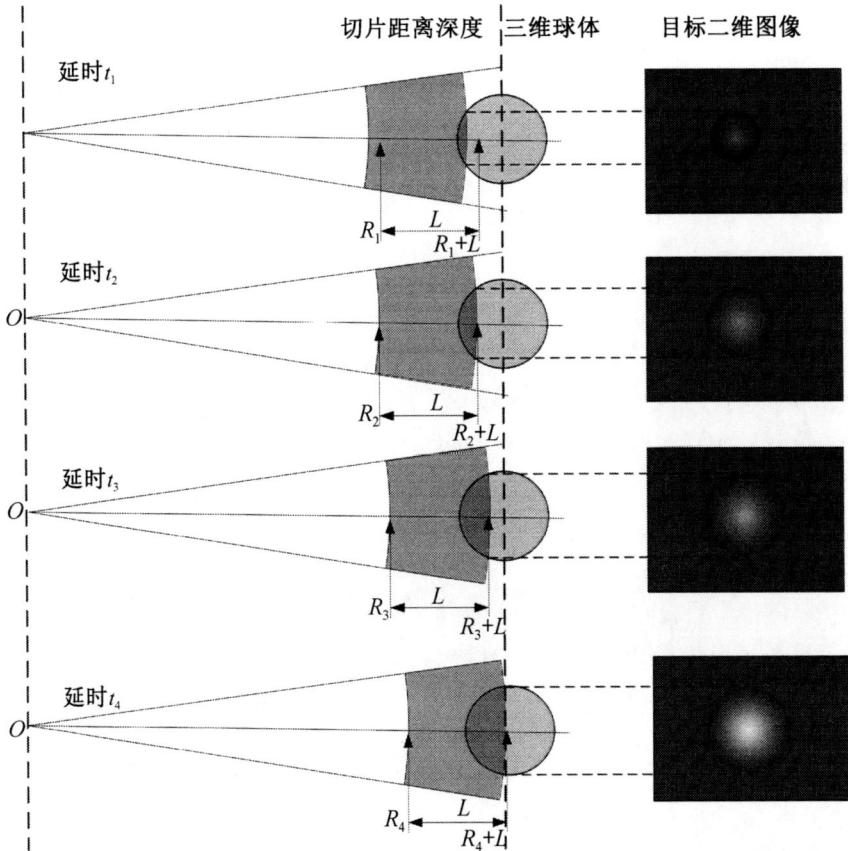

图 7-12　距离选通三维切片成像示意图

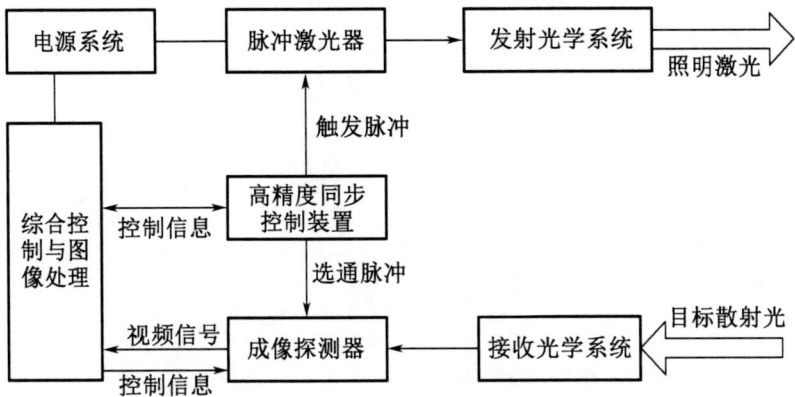

图 7-13　距离选通激光成像探测系统构成及信号关系框图

如图 7-14 所示为 ICCD 实物及像增强器光电转换示意图。

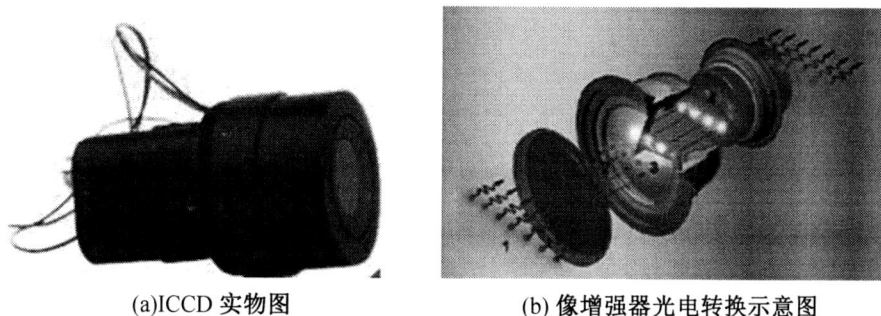

(a)ICCD 实物图　　　　　(b) 像增强器光电转换示意图

图 7-14　ICCD 实物及像增强器光电转换示意图

7.2.1.2　关键技术

距离选通激光成像探测系统涉及的主要关键技术如下。

（1）激光均匀照明技术

一般激光输出为高斯光束或近似高斯光束,存在光束中心和周边亮度不均匀的问题;另外,激光本身具有较好的相干性,相干照明成像会出现散斑现象,这两个因素对激光主动成像图像质量产生了较大影响。因此在激光照明系统设计过程中必须进行光束匀化处理,同时还应进行去相干处理。在现有匀化手段中,针对 YAG 激光采用双非球面镜系统,但是远距离均匀性不能保证,去相干并不理想;针对半导体阵列激光器一般采用微透镜阵列准直结束,多光束组束提高了均匀性、降低了相干性,但存在准直性较差的缺点;光纤耦合通过光纤将多光束耦合输出,匀化效果较好。目前,大功率、小体积、均匀化的照明光源设计问题仍旧是一个有待解决的关键技术。

另外,满足工程应用的激光器应具备环境适应性好、可靠性高、使用寿命长、功耗低、体积小的特点,这为激光电源、激光准直等提出了更为苛刻的要求。

（2）高精度同步控制技术

距离选通激光成像探测系统实现选通的关键是高精度同步控制技术。利用脉冲激光器和选通探测器,使被观察目标反射回来的光脉冲与探测器选通工作的时间间隔、快门持续时间高精度同步匹配,这样形成的目标图像主要与距离选通时间内的反射光有关,使得获得的每一帧图像都对应了一定的距离信息。同步控制技术需解决两个问题:一是精度和稳定度,二是控制策略。精度和稳定度取决于电路系统性能,现有的控制策略有两种:一种是扫描搜索式,一种是数据引导式。两种方法都存在运动目标探测跟踪能力差的问题。当目标距离较远并相对于探测系统处于高速运动状态时,系统成像"切片"恰好套住目标并实现稳定跟踪的难度较大。

（3）激光图像实时处理技术

由于存在激光图像本身噪声较强,以及收发同路的照明成像方式可能造成目标阴影等因素,使得激光图像去噪增强和目标识别算法一般较为复杂,图像处理的实时性无法保证。尤其是用于三维成像时,由于需要进行多帧处理和三维重构运算,其计算量非常大,这使得设计研发高速数字图像处理系统及优化处理算法显得尤为重要。这需要在硬件设计、算法研发及优化等方面开展研究,从而实现由采集信号到有价值信息的提取。

(4)激光三维成像方法

利用高精度时序控制技术,距离选通激光成像探测系统可获得最小可分辨距离远小于激光脉宽和探测器最小快门决定的最小选通成像切片距离的高分辨目标三维图像。目前,主要的三维成像方法是切片式三维成像、增益调制三维成像和超分辨率三维成像。其中,切片式三维成像分辨率高,但需要获取目标不同位置的切片图像实时性差;增益调制三维成像需采用两个像增强器同时成像才能保证实时性,系统复杂性提高,距离分辨率较切片式低;超分辨率成像对探测器快门和激光脉冲波形要求较高,距离分辨率较切片式三维成像低。现有三维成像方法都还存在一定的问题,需要从时序控制、探测器、激光器等硬件配置和图像处理算法的实时性上进行改进。

时间切片技术以一定的延迟步进改变延迟时间t_d,可获得目标不同距离位置的二维灰度序列图像,如图7-15(a)所示。每个像元对应了一个目标面元A,像元的灰度值表征了探测器接收到的目标面元回波能量,将n帧图像的同一目标点对应的灰度值描点可得到图7-15(b)所示的二维曲线。灰度序列与延迟时间有对应关系,通过一定的算法可建立二维曲线与激光往返目标飞行时间之间的关系,从而得到距离。目前该技术主要有两种方法:

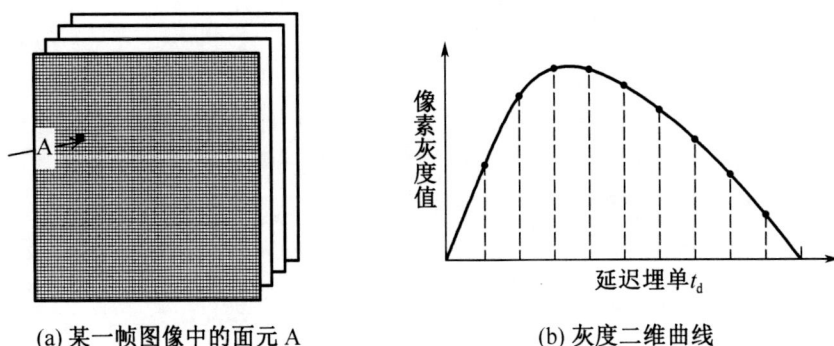

(a) 某一帧图像中的面元 A   (b) 灰度二维曲线

图7-15　时间切片技术基本原理

一是曲线拟合阈值判决法。将灰度值序列拟合得到灰度二维曲线,对曲线幅度值进行归一化处理,选择曲线上升或下降沿作为阈值,该值对应的时间轴坐标作为目标距离对应的飞行时间。该方法需对每个像素点灰度值序列进行曲线拟合,计算量大。

二是序列值加权平均法(质心算法)。该三维成像原理是在对目标成像时获取不同延迟时间的多帧切片图像,切片图像中各目标点灰度值为由小到大再到小的序列值,通过该序列值的加权平均计算目标点延迟时间,从而获得目标点的距离值。

这种采用距离选通时间步进扫描方法的三维成像激光探测系统优点是作用距离远、像素高;缺点是数据量大,需要几十幅强度图才能生成一幅距离图,因此成像速度慢。

采用特定波形的激光脉冲和成像快门来获得特定距离灰度曲线的方法,称之为超分辨率三维成像,其原理如图7-16所示。快门与激光脉冲均为方波,当二者相等时,获得的曲线波形为三角形;当快门为激光脉冲宽度二倍时,获得的曲线波形为梯形。梯形或三角形曲线上斜边部分的点距离与灰度均为线性关系,便于距离求解,解决了图像灰度和距离映射的二义性问题。解决图像灰度和距离映射的二义性问题还需要利用两帧不同延迟时间的二维图像的差异来确定目标点是处于上升斜边还是下降斜边,从而建立距离与灰度的一一对应关系。

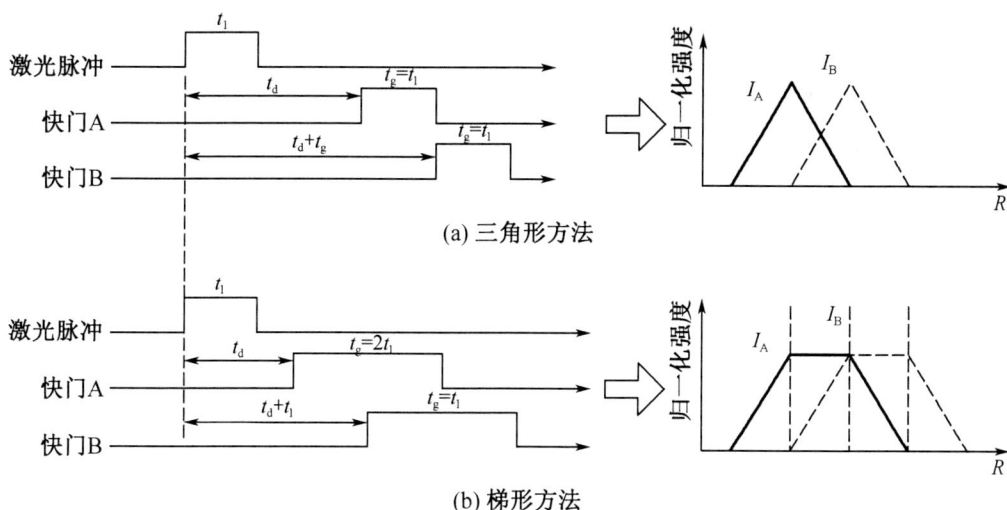

(a) 三角形方法

(b) 梯形方法

图 7-16 超分辨率三维成像方法原理示意图

增益调制型无扫描三维成像技术时序简图如图 7-17 所示。在探测过程中首先采集一幅常增益的目标强度像,此时由于增益恒定,不同距离处的回波增益相同;在下一幅强度像采集过程中,对 ICCD 的增益进行调制,使不同距离处的回波对应不同的增益。由于两次探测时从目标返回的激光强度相同,因此最终目标强度像等于调制增益值与常增益的比值。再利用调制时增益与时间的对应关系,则可以通过强度比值反推出目标所对应的距离,从而获得目标的距离信息。在一次测量过程中,若使用两路探测系统同时对目标进行成像,则可实现一个脉冲获得一帧三维图像,大大提高了成像的速度。

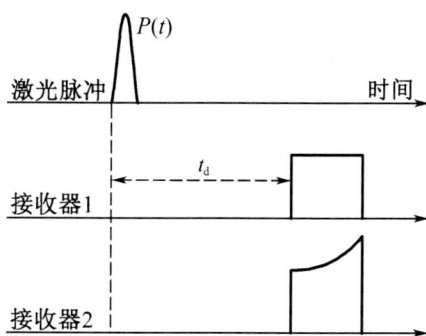

图 7-17 增益调制型无扫描三维成像技术时序简图

增益调制型无扫描三维成像技术采用的增益函数一般有直线型和指数型两种增益模式。

增益调制型激光三维成像的速度相比距离选通有较大的提高,但为获取一帧目标图像,需要进行两次探测,因此对高速运动物体探测时成像结果精度难以保证。此外,其在数据处理过程中对图像信噪比的要求较高,提高测距精度的难度较大。该方法的测距精度会随着目标的实际距离的改变发生变化,即不存在统一的距离分辨率,这并不利于目标的识别。基于指数增益调制的三维成像激光技术优点是像素高、成像速度快、数据量小,更加重要的是对激光脉冲的选通脉冲的形状无特殊要求;缺点是测距精度受激光脉冲和选通脉冲宽度限制。

7.2.2 基于 APD 阵列的面阵三维成像

近年来,随着 APD 焦平面阵列(avalanche photodiode focal plane arrays,APD FPAs)及其配套读出集成电路(readout integrated circuit,ROIC)等关键元器件的相继问世,基于凝视成像体制的三维成像激光探测系统得到了快速发展。

APD 焦平面激光成像技术是一种一次激光照明就可以获得目标的三维成像技术,采用 APD 作为焦平面探测器,该探测器可以对探测到的光子产生快速的电脉冲,达到"光子-数字"的转换,获得视场中的目标三维图像。

基于 APD 阵列的面阵三维成像技术使用凝视成像体制的"并行"探测方式替代扫描成像体制的"串行"探测方式,从而实现闪光式三维成像(Flash 3D imaging)。这种技术的主要优点是:图像分辨率由探测器阵列的元数决定,而不是由激光束的质量决定;无须高重频、窄波束激光辐射源,且发射和接收光路不需要严格的平行校准;由于瞬间即可成像,当雷达与目标存在相对运动时,不用瞄准线稳定也不会导致图像失真;具有较远的作用距离,且不存在距离模糊问题;不需要复杂的高速扫描装置,体积小,质量轻,成本低,适装性好。通过泛光照明方式使发射的激光光束一次覆盖整个成像区域,同时利用 APD FPAs 的所有像元同时接收目标反射/散射的激光回波信号,从而实现激光往返飞行时间的并行同步测量。如此,仅发射一次激光脉冲即可获得一帧三维图像,极大地提高了三维成像速度。由于三维图像较二维图像包含更丰富的目标信息,有助于借助目标图像识别目标特征。

7.2.2.1 基本原理

APD 是一种半导体光检测器,其原理类似于光电倍增管。在加上一个较高的反向偏置电压后(在硅材料中一般为 100~200 V),利用电离碰撞(雪崩击穿)效应,可在 APD 内部获得电流增益。APD 的工作模式分为线性模式和盖革模式两种。当 APD 的偏置电压低于其雪崩电压时,对入射光电子起到线性放大作用,这种工作状态称为线性模式。在线性模式下,反向电压越高,增益就越大。APD 对输入的光电子进行等增益放大后形成连续电流,获得带有时间信息的激光连续回波信号。当偏置电压高于其雪崩电压时,APD 增益迅速增加,此时单个光子吸收即可使探测器输出电流达到饱和,这种工作状态称为盖革模式。在盖革模式下,单个光子即可使 APD 的工作状态实现开、关之间的转换,形成一个陡峭的回波脉冲信号,因而具备单光子成像的能力。总的来说,盖革模式 APD(geiger-mode avalanche photodiode,GM-APD)具有单光子探测能力,但是其需要淬火电路,且虚警率较高,需要在固定位置多次成像统计处理后才能得到三维图像;线性模式 APD(linear mode avalanche photodiode,LM-APD)虽然能够获得目标的灰度信息,具备运动目标实时三维成像能力,但是相对盖革模式增益较低。

基于 APD 阵列的面阵三维成像系统由脉冲激光照明器、接收光学系统、近红外焦平面阵列组件、信号处理器和显示器组成,如图 7-18 所示。高功率、大发散角脉冲激光束经整形后照射整个目标,回波经接收光学系统聚焦后投射到接收机焦平面阵列光敏面上,经读出集成电路处理,得到每个阵元相应的目标距离和光强数据,再经综合处理即可得到目标的三维图像。

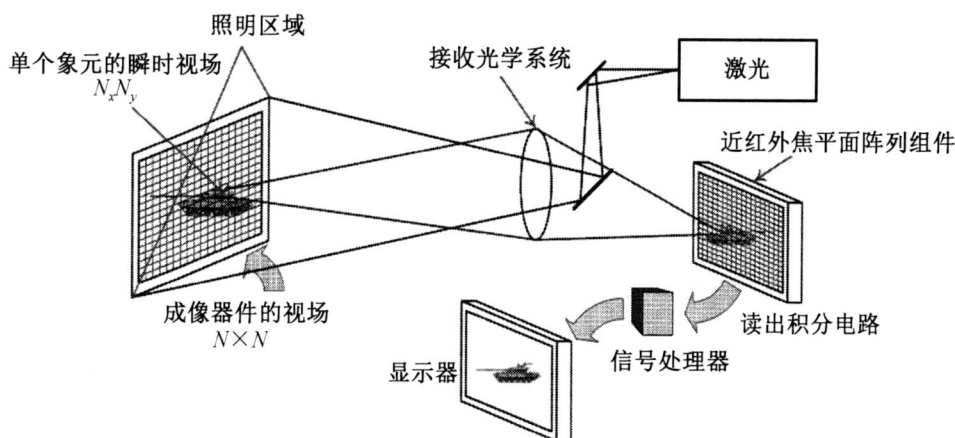

图 7-18　基于 APD 阵列的面阵三维成像系统组成框图

7.2.2.2　关键技术

（1）大发散角、高照射功率、窄脉冲宽度、小体积的激光发射系统

对非扫描三维成像激光的泛光照明激光器的主要性能要求是：大发散角（可调），高照射功率，窄脉冲宽度，小的体积，以保证激光束对目标场景的同时覆盖，并具有足够的照度和照射均匀度。目前国内外的研究机构都采用了衍射光学元件产生激光照明点阵。

（2）大尺寸的带时间处理器的 APD 焦平面阵列和读出集成电路

APD 焦平面阵列组件是非扫描三维成像激光探测系统的关键部件。它是由雪崩光电二极管阵列和读出集成电路阵列构成的焦平面阵列。因为泛光照明强度受限，又必须尽量获得高的探测灵敏度，故利用读出集成电路阵列采集每个像元视场的回波距离信息，并用成熟的铟柱工艺将两者集成在一起。由于照明激光脉冲能量有限（不是受制造工艺的限制），为保证一定的作用距离，APD 焦平面阵列组件的尺寸尚不能做得太大，因而牺牲了一定的空间分辨率。目前，国外借助于半导体工艺的优势，主要研究器件的创新与改进，APD 制作材料不再局限于传统的 Si、Ge、InGaAs 及 InP/InGaAsP，波长响应范围从可见光扩展到近红外，像元数量也不断扩展。

（3）空间非合作目标激光点云配准

天基空间目标探测应用时，受到视线遮挡影响，获取完整的目标点云需要结合相对运动进行多视角采集，最后通过点云配准统一到同一坐标系，互补各个视角点云非重叠区域的信息，并提高重叠区域的信息准确度。但是空间非合作目标无法提供有效的合作信息和稳定的飞行状态，三维成像得到的各个视角点云之间存在较大差异，重叠区域面积及密度时刻变化，在各个视角点云之间的搜索对应特征关系存在较大困难。同时，由于天基平台对激光器功率的限制等因素，激光回波信噪比较低，噪声较为严重。噪声分布与空间目标材质及相对位姿密切相关，常用的噪声滤波方法在滤除噪声的同时不可避免地会对目标细节信息产生影响，且效果有限。这些客观条件给空间非合作目标点云配准带来了很大的困难。

7.2.3　傅里叶成像

由于受限于光学系统口径、大气湍流和自适应光学系统的校正性能等因素,目前的地基大口径自适应光电望远镜只能对低轨目标进行有效的高分辨率成像,无法对深空远距离目标(大于 5 000 km 以上的中高轨目标)进行高分辨率成像。为了弥补传统被动光学直接成像的不足,国外在远距离高分辨成像方面提出了一种主动合成孔径高分辨率成像探测技术——傅里叶成像技术,即基于多孔径相干激光成像的高分辨率成像探测技术,其成像系统称为傅里叶望远镜。

7.2.3.1　基本原理

傅里叶成像技术是基于激光相干场成像的主动照明成像技术。通过在目标表面形成运动干涉条纹的方式获取目标的空间频谱,再通过时间解调、相位闭合、频谱估计等环节重构目标图像。其综合了主动成像与合成孔径等多项技术的优点,采用多光源照明、能量接收的方式,利用相位闭合与时间调制抑制大气湍流的影响,通过干涉测量重构目标图像,可以解决远距离暗弱目标的清晰成像技术难题。

被观测目标图像频谱的构成思想来源于傅里叶级数分析,图像的空间域信息是由其频谱域信息经傅里叶反变换后得到的。法国著名数学家、物理学家于 1822 年在其《热的解析理论》中提出了傅里叶级数的概念,将满足一定条件的某个函数表示成正弦基函数的线性组合或者积分,并且使信号在不同域之间转换。傅里叶分析方法迅速在各个领域得到了广泛的应用,在激光高分辨率成像观测领域,该方法同样有着举足轻重的地位。激光是具有较高相干性能的信号源,产生的空间干涉条纹可以与目标不同级次的空间傅里叶频谱对应,可视为对相应空间谱段的目标谱进行离散采样,采样得到的数据经过一系列算法处理构成目标空间轮廓的频谱面,再经傅里叶反变换得到目标空间细节信息。

傅里叶成像技术的主要成像过程如下:首先,同时发射 3 束或多束激光完全覆盖目标,每束激光均引入一个微小的频率偏移,使得任意两束激光间存在一个固定的差频,从而引起干涉条纹相对目标的扫描运动,进而获得目标的完整信息;然后,通过改变基线布局以实现目标不同傅里叶分量的获取;目标回波数据被收集和处理后可得到目标空间频谱的估计值;在获得足够的目标空间频谱数据后,通过逆快速傅里叶变换(IFFT)即可重构目标图像。图 7-19 和图 7-20 分别给出了傅里叶望远镜的组成结构和图像重构流程。

傅里叶成像技术融合傅里叶级数分析、合成孔径、激光相干和长基线干涉测量等技术,通过对多束同源激光进行频率调制,在发射光束之间引入微小频移,使干涉条纹移动并扫过目标表面;解调从目标反射的强度信息,将空间域信号变为时域信息,得到对应着目标图像傅里叶变换空间中的频谱信息;采用相位闭合算法,消除因光束到目标路径的不同而额外附加到每个信号上的未知相位,即消除大气湍流及其他因素引起的相位畸变,再通过逆快速傅里叶变换重建出目标图像。因其成像技术是在时间域对信息进行编码,降低了对接收器光学性能的要求,允许使用不需特别布局的超大、低成本接收器单元,可获取高动态范围信号。

傅里叶成像技术具有以下特点:

(1)采用多光束主动照明方式成像,可以对远距离亮度低、尺寸小的暗小目标进行成像探测;

(2)激光光源的发射点采用阵列式排布,实现等效大口径发射效果,接收探测器采用单元

光强探测器,降低了技术难度和器件成本;

　　(3)利用相位闭合技术抑制大气湍流带来的相位低阶误差影响,成像分辨率接近衍射极限。

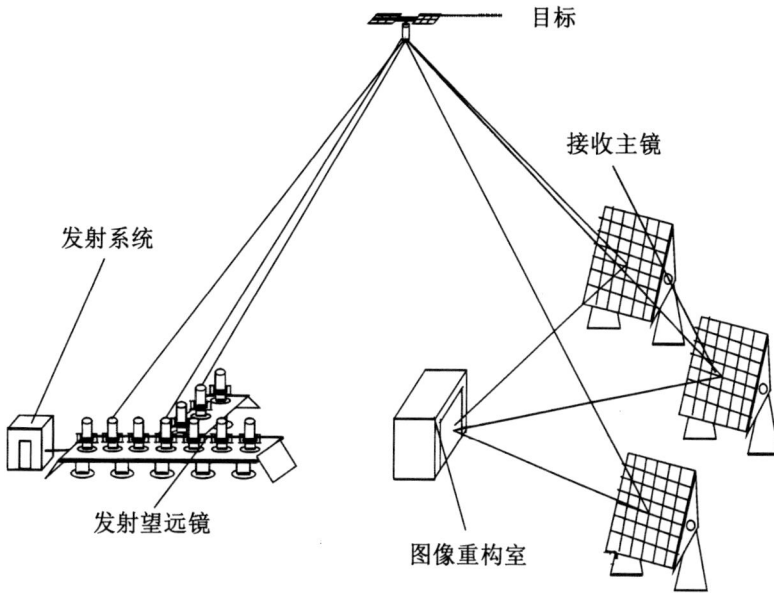

图 7-19　傅里叶望远镜的组成结构

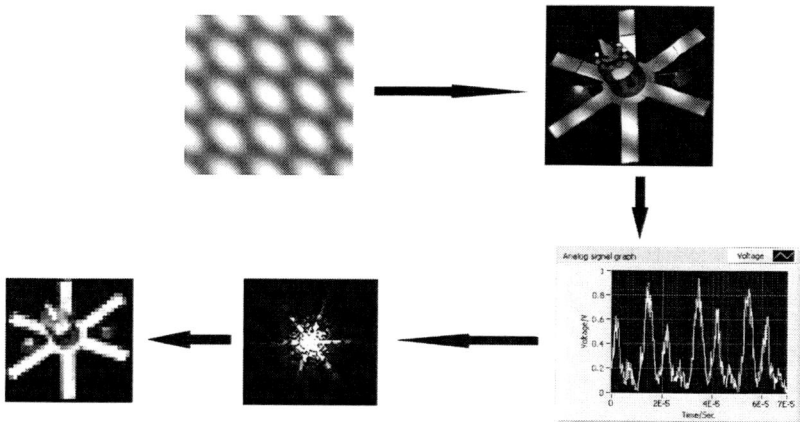

图 7-20　图像重构流程图

　　采用傅里叶成像技术的傅里叶望远镜分辨率只取决于发射器阵列的布局,而与接收器孔径大小无关,突破了望远镜口径的限制,可解决困扰人类几个世纪的大气扰动影响光学成像的难题,极大地提高了望远镜的分辨率。该望远镜系统还易于扩展,可通过增加激光功率和基线长度等措施进一步提高分辨率;增大接收器面积可提高成像信噪比;理论上,可对深空暗弱目标成像,能获取同步轨道等高轨道目标的高分辨率图像,填补目前高轨道目标地基高分辨率成像探测手段的空白。它不但能识别深空相对静止目标,还能识别和监视空间站、卫星、空间碎片和宇宙飞船等运动目标。

7.2.3.2 关键技术

傅里叶成像技术的研究从 20 世纪 90 年代就已开始,随着研究的不断深入科研工作者陆续发现该系统有待改进的问题,从而提出相应的关键技术并开展攻关研究。

(1)长相干高功率短脉冲激光器

多光束傅里叶望远镜采用多束光同时发射,并且发射的光束数目越多获得的目标空间频率分量越多,整体成像时间越短,所以对激光器的发射总功率要求较高。为了避免大气扰动对条纹质量的影响,在目标表面形成清晰而又稳定的干涉条纹,则需要激光相干长度至少为米量级。而千瓦级的激光器保证相干长度满足米量级的要求较为严格。

(2)高精度光相位延迟器

千瓦级激光器的激光相干长度最好为 1 m,所以任意两束激光总的光程差应该<1 m 才能够保证在目标表面形成干涉条纹。大气湍流引起的光程差为 1 mm,发射光学系统引起的光程差小于 1 cm,基线长度(发射望远镜之间的距离)不同引起的两束激光的光程差可高达 10 m,所以需要对每次发射时每束发射激光的相位进行调整,以使每次发射时所有发射激光的相位保持一致,这就是光相位延迟器的作用。

(3)高精度移频器

为了保证任意两束光对应的目标空间频率成分能够被解调出来,任意两束光的光频差应均不相同。当发射光束的数目很大时,需要的差频数值将变得很大,因此对移频器的要求很高。

(4)高增益、高速探测器

对快速运动目标成像时,目标距离远、面积小、运动速度快、反射率低,所以经过目标散射后的激光被地面接收系统接收的能量很低,单次采样的光子数只有几十个,如此低的光能水平要求探测器必须是单光子探测器,且需采用高增益的光电倍增管。

(5)发射阵列及基线配置技术

不同位置的两束激光干涉后可以抽取目标的一个空间频率分量,而清晰重构目标要求获取足够多的频率信息,因此在发射平面需要配置多个发射单元。具体的相位闭合与频谱估计方法与发射基线布局有关,而发射基线配置又决定了成像分辨率、成像视场、探测信噪比以及重构算法的复杂性等指标。对于高分辨率成像来说,需要最长基线覆盖很大的距离。而视场决定了最短基线,故为了在视场不变的基础上实现更高分辨率的成像能力,则需要等间隔布满整个基线结构。这将大大增加发射系统的复杂性,同时也增加了成像时间,有可能使成像时间变得过长(几天甚至更长),从而使高分辨率成像变得不可能。所以需要探索降低成像时间的基线布局。

(6)高速数据采集技术和相位闭合技术

传统的干涉条纹成像中只需要两束相干光即可,然而对于远程目标的相干成像,需要引入一种克服大气湍流的技术来提高图像复原质量。通常对于空间目标的幅值干涉测量方法是基于 van Cittert-Zernike 理论(phase closurephoton-noise)。通过某些合理的物理条件,van Cittert-Zernike 理论可将被观测干涉条纹的可见度和相位(用复函数 V 来表示)与目标反射回波分布函数的傅里叶变换联系起来,分布函数的傅里叶变换与目标的频谱有关,因此归一化的目标频谱决定了归一化的目标反射分布函数的傅里叶变换。当在干涉链路中存在大气干扰时,干涉条纹在目标表面便会根据湍流大小随机移动。最终条纹相位中由湍流大气引入的分量会影响到目标反射信号分布的傅里叶变换与干涉条纹相位之间的直接对应关系。为了能够克服大气湍流所引起的这一负面效应,在成像的采集环节通常用尽量短的采集时间以保证在数据采集的一瞬间大气湍流环境接近冻结状态,并且通过多孔径来计算它们之间的闭合相位。光学干涉阵列中的闭合相位通过阵列中相邻的三个或多个孔径所组成的孔径组同时照射目标的回波计算而成。

(7)高速图像重构算法

成像目标一般都具有规则结构,因此目标图像通常在小波空间具有很大程度的稀疏性。因此可以通过稀疏采样实现信号精确重构,合理选择信号稀疏分解的基函数对重构结果具有重要影响。

7.3　光谱探测技术

光谱探测技术作为空间目标特征信息获取的一种方式,为空间目标表面材料的识别与性能分析提供了重要的解决方法。光谱分析是从一个窄的波段范围去"看"研究对象,即从光谱维度来对目标进行分析,每个波段中蕴含的信息形成了一条光谱曲线。这在缺少目标几何信息的情况下是一种独特的分析与识别方法,因为不同物体由于其组成成分的不同导致其光谱特性一般都具有一定的差异,而光谱范围划分的越细致,这种差异表现得越明显,通过这种差异就可以实行对目标的识别。

7-6　光谱探测技术

7.3.1　空间目标光谱特点

在常规光学特性具有局限性的情况下,光谱信息为空间目标识别提供了极为有利的额外信息。空间目标表面材料种类多样,从无机的金属、半导体材料到高分子材料及其混合物,但从形态上看均属于固体,所形成的光谱可以归为固体光谱。在 350~2 500 nm 的光谱区间内,由于固体分子内电子的带际和带内跃迁,形成紫外–可见光光谱。该光谱区间的近红外部分,不是出于分立状态的分子振动(固体内部没有分立状态的分子)和转动能级间的跃迁,而是出于凝聚态的分子形成的晶体、多晶体、甚至是非晶体扩展态的晶格振动跃迁。由于固体没有通常意义下的分子转动,也就没有形成远红外光谱。由于分子内部能级跃迁引起的能量变化是量子化的,分子在能级跃迁时只能吸收特定波长的光能。而不同的物质结构不同,能级差也不相同,这就决定了它们对不同波长光的选择性吸收。从本质上讲,通过光谱仪测量得到的点目标光谱辐射照度\辐射亮度曲线,是目标对入射光选择性吸收后散射/折射/透射光信号的频谱结构。在分析空间目标材质光谱特性时,必须把握固体光谱的如下特点:

①由于固体分子连接紧密,固体光谱通常不存在转动光谱。

②在振动能级中,因分子的振动能量不同分为多个振动能级。

③每种分子的能量都是不连续的,即量子化的。每种分子运动所吸收的能量必须等于其能级差的特定值,否则就没有吸收。

因此,固体分子的带状谱线是电子能级和多个振动能级共同作用的结果,与原子光谱的线状光谱有所不同。

不同材料在不同的波段有不同的特征(吸收峰、反射峰、带隙等),以及不同材料以不同的比例、不同的几何关系组合成不同的形状,均会以不同的光谱特征体现。材质的光谱特征差异明显,相互之间无线性关系,因此,光谱是材质的一种指纹谱,是关键部件识别的一种钥匙。

在近十多年,国外的研究学者已经获取了多种空间材料的光谱特性,形成了较为完善的空间目标光谱数据库。如图 7-21 所示,太阳翼、聚酰亚胺薄膜材料、铝材料和白漆在 0.3 ~ 1.9 μm 波段表现出明显不同的反射率,这说明空间目标的光谱具有识别空间材料的能力。

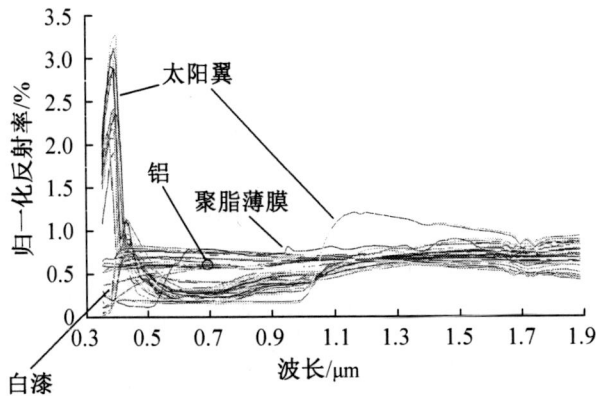

图 7-21 常见航天器/碎片材料的光谱特性

7.3.2 成像光谱仪分类及基本原理

光谱探测技术都是通过待测目标自发光或与光源相互作用而进行目标特性分析的。从空间维度看,传统光谱技术大多针对一个单点位置,也即单点光谱仪。而光谱成像是结合了光谱技术与成像技术,将光谱分辨能力和成像分辨能力相结合,获得空间维度上的面光谱分析,也就是现在应用广泛的多光谱成像和高光谱成像技术。与一般的可见光相机使用三个可见光波段来生成图像不同,多光谱成像的波段数一般在几个至几十个,而高光谱成像波段数一般在几百乃至上千个,光谱图像的光谱分辨率更为精细,如图 7-22 所示。光谱成像目前可以覆盖 250 ~ 15 000 nm 波段。

成像光谱仪可以获得待观测目标或场景的连续单色光谱图像,并通过空间维(x,y)数据和光谱维(λ)数据共同组成三维观测数据立方体,具有"图谱合一"的优势,是一种非常高效的定量探测仪器。

一般而言,成像光谱仪系统主要包括前置成像系统、光谱色散成像系统和探测器系统。成像光谱仪的核心部分是光谱色散成像系统,该系统决定了成像光谱仪的主要性能参数。根据光谱色散成像系统获取光谱信息能力的不同,可以将成像光谱仪分为滤光型成像光谱仪、色散型成像光谱仪、干涉型成像光谱仪和快照型成像光谱仪。

7.3.2.1 滤光型成像光谱仪

窄带滤光片是一种能够对探测目标辐射光中的特征光谱进行有效提取、同时对带外杂光进行高抑制的光学器件,将窄带滤光片置于相机中的探测器前即可实现相机对拟观测目标的特征光谱图像探测,从而形成最简单形式的成像光谱仪。

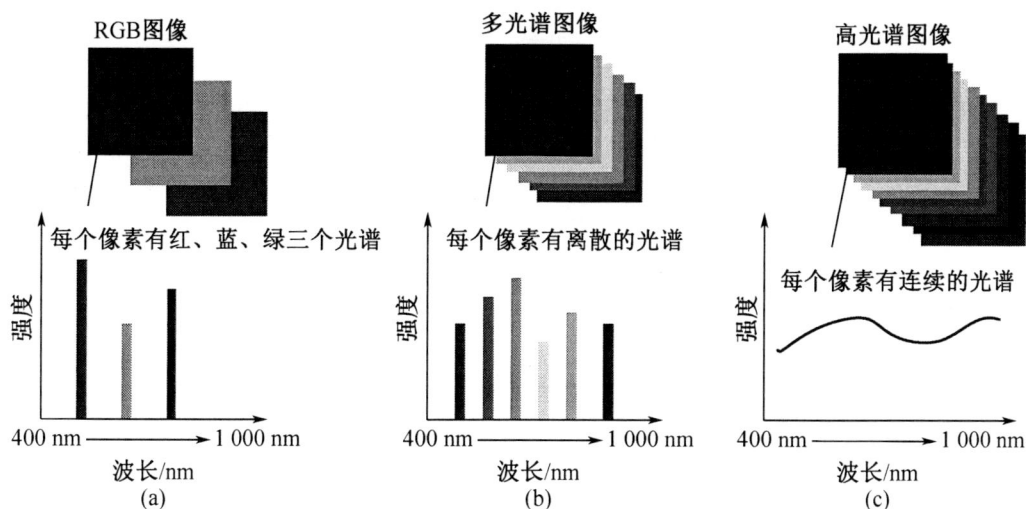

图 7-22 典型光谱成像技术示意图

滤光片型成像光谱仪基本原理是:目标辐射通过滤光片后,将滤光片透过的波长信息成像在对应的每一行像元上,如图 7-23 所示。如果观测目标或场景具备多个特征波长,则可以使用多个窄带滤光片组成的滤光片组,通过分时切换来实现多波长的单色光谱成像探测。这种成像光谱仪的核心光谱色散器件和系统形式相比其他成像光谱仪而言较小,因此整体结构上更容易实现集成化和小型化。

图 7-23 滤光片型成像光谱仪原理示意图

一般的窄带滤光片带宽在几纳米到十几甚至几十纳米之间,但有时为了实现极窄带宽的特征光谱观测,就需要使用干涉型滤光片。这种滤光片的制作一般需要使用多层膜技术,通过在滤光片玻璃基底上交替镀一系列具有不同折射率的膜层材料,入射光将在薄膜各层界面处经过反复的反射和折射,从而最终在出射端获得极窄的光谱谱线。这种极窄线宽的干涉型滤光片相对价格比较昂贵,多用于天文观测和实验室定量测试的成像光谱仪器中。

滤光片型成像光谱仪有很多种类,如可调谐滤光片型、光模滤光片型等。可调谐滤光片型的种类较多,包括声光可调谐滤光片、电光可调谐滤光片、双折射可调谐滤光片、液晶可调谐滤光片、法布里-玻罗(Fabry-Perot)可调谐滤光片等,应用在成像光谱仪上的主要有声光可调谐滤光片和液晶可调谐滤光片。

图 7-24 为国外地基观测设备采集的国际空间站(ISS)的多光谱图像。该结果通过 16 种

滤光片采集光谱信息,谱段范围为 414~845 nm,平均光谱带宽为 38 nm,图像可提供可表征空间目标的大小、形状、运动、光谱和构成等信息。

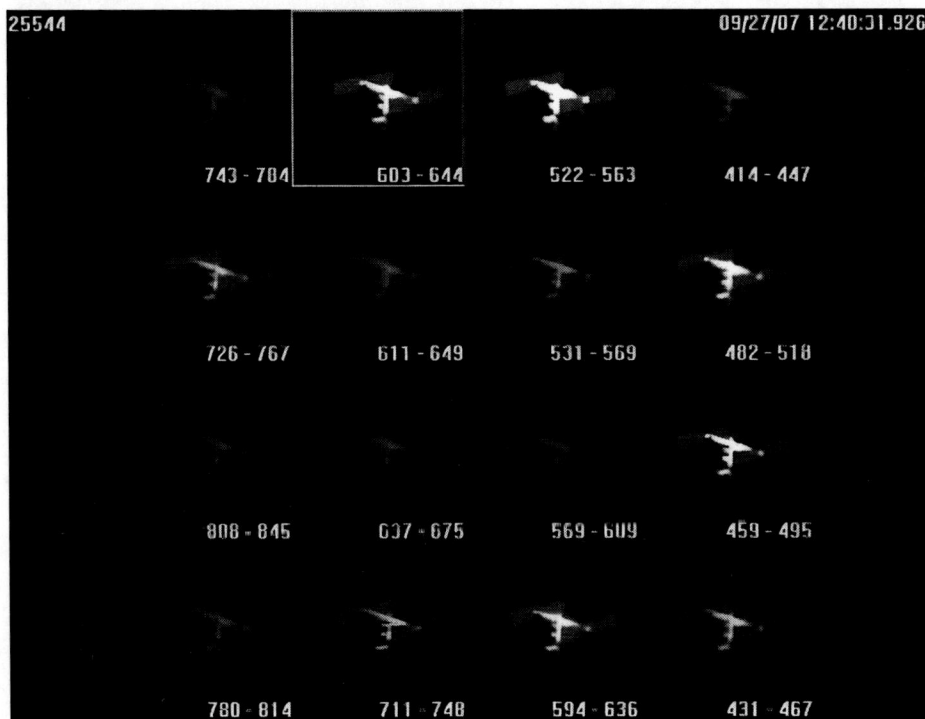

图 7-24 空间站不同谱段的成像结果

滤光型成像光谱仪本质上即为高光谱相机,也是最早在工程中应用的成像光谱仪类型之一,目前技术相对最为成熟,在所有的成像光谱仪形式中,滤光型成像光谱仪是体积最小和最为紧凑的,覆盖场景能力(视场角)也是最大的。另外,随着制造技术的不断发展,干涉式滤光片的线宽将可进一步减小达到与色散型成像光谱仪的光谱分辨能力同等的程度,而随着各种光学可调谐器件的进一步发展,其光谱分辨能力也将获得进一步提高,达到甚至超过干涉型成像光谱仪的光谱分辨率,因此滤光型成像光谱仪也将随着各种先进技术的发展而进一步焕发青春。

7.3.2.2 色散型成像光谱仪

色散型成像光谱仪是目前所有成像光谱仪器中形式最为成熟的,也因为其高性能和高环境适应性成了应用最为广泛的成像光谱仪类型。顾名思义,色散器件就是将入射的复合白光衍射为不同的单色光的核心光学元件,这种元件主要包括棱镜、光栅及其组合的分光器件。棱镜是利用棱镜材料对不同波长的光有不同折射率的性质来分光的,光栅是利用光栅每个缝对光线的衍射和缝间的干涉来分光的。

色散型成像光谱仪的基本组成包括狭缝、准直镜、色散分光器件、聚焦镜和探测器。基本原理是入射狭缝位于准直系统的前焦面上,入射的辐射经准直光学系统准直后,经棱镜和光栅狭缝色散后由成像系统将光能按波长顺序成像在探测器的不同位置上。光栅型成像光谱仪原理示意图如图 7-25 所示。

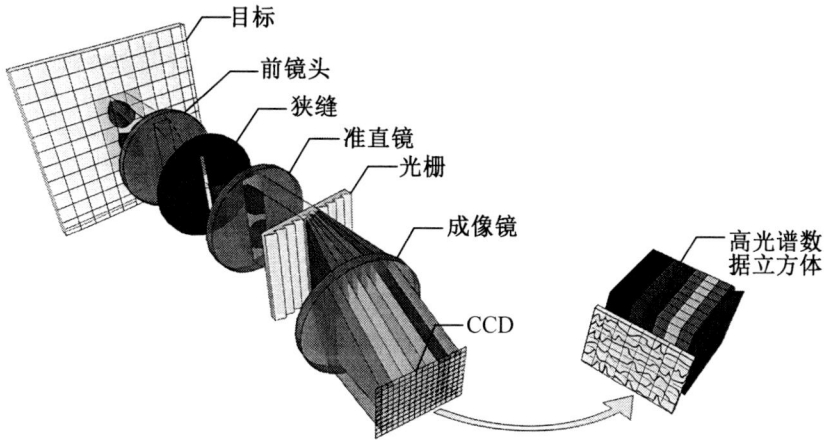

图 7-25　光栅型成像光谱仪原理示意图

棱镜型成像光谱仪是各类色散型成像光谱仪中实施起来相对最容易的,结构也较为简单。其优点是可以在宽光谱下工作,工作带宽可以达到几百纳米甚至几微米;缺点是色散率低,导致仪器的光谱分辨率难以做到很高,且光谱分辨率在整个工作波段上并不均匀分布,而是随着工作波长的增大而增大。

较为常见的光栅型成像光谱仪有使用平面反射式光栅的 Czerny-Turner 成像光谱仪,使用凸面和凹面光栅的同心类成像光谱仪(主要为 Offner 和 Dyson 成像光谱仪),以及使用棱镜和透射光栅共同组成核心分光器件的 PG 或 PGP 型成像光谱仪。

色散型成像光谱仪一直是成像光谱仪的主要代表形式和应用形式,这种类型的成像光谱仪从单色仪发展而来,且环境适应性很高,因此也是目前各类星载、机载、船载、地基高光谱成像仪的主流结构形式。随着制造技术和设计技术的进一步发展,变线间距光栅、特殊曲面光栅、特殊曲面棱镜等特殊色散元件逐渐开始得到应用,这势必将为色散型成像光谱仪的性能进一步发展提供技术基础。

7.3.2.3　干涉型成像光谱仪

干涉型成像光谱仪(一般指傅里叶变换光谱仪)的基本原理是:目标辐射通过干涉元件后形成干涉图,对干涉图进行傅里叶变换得到光谱图,获得每个像元的光谱分布。在获取目标空间维信息方面其与色散型技术类似,都是通过光机扫描或推扫得到目标上的像元。传统傅里叶变换光谱仪(即迈克尔逊干涉仪)利用动镜产生不同的光程差,具有光程差的分束光线被后端聚焦镜组进行合束,并被探测器接收。干涉型成像光谱仪通过对探测到的干涉图进行解析获取探测目标的特征光谱信息和成像信息,其光谱分辨率极高。其原理示意图如图 7-26所示。

获取光谱像元干涉图的方法和技术是该类型光谱仪研究的核心问题,它决定了由其所构成的干涉成像光谱仪的使用范围及性能。目前,在干涉型成像光谱技术中,获取像元辐射干涉图的方法主要有三种:迈克尔逊干涉法、双折射干涉法和三角共路(sagnac)干涉法。

干涉型成像光谱仪在获取数据立方体的过程中类似滤光型成像光谱仪,但是其光谱分辨率一般远高于滤光型成像光谱仪,且其获取探测目标全部光谱信息的速度要比色散型成像光谱仪快许多倍,因此具有很好的应用优势。但是,干涉型成像光谱仪的系统精度和灵敏度也较高,因此对应用环境的要求较高,在具体的工程化实施中相比其他各类成像光谱仪难度较大。在星载、机载和地面的实际工程应用中,干涉型成像光谱仪因其高光谱分辨率和紧凑的体积等优点而逐渐得到广泛应用。

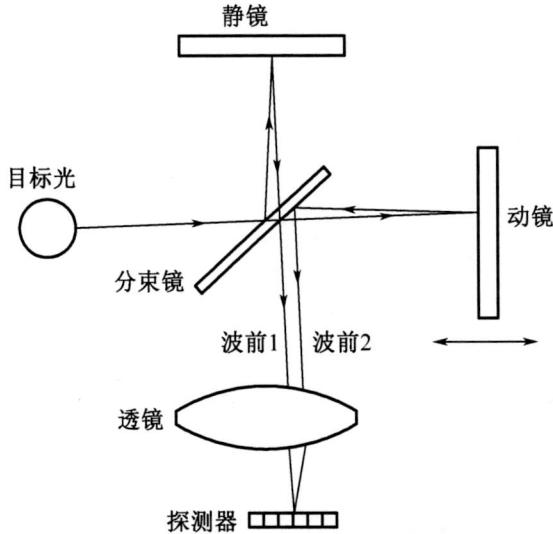

图 7-26 干涉型成像光谱仪原理示意图

7.3.2.4 快照型成像光谱仪

快照型成像光谱仪是近年来开始得到全面研究的新兴研究领域,本质上是对以上各种成像光谱仪的一种进化改型,通过对分光器件或是孔径光阑的处理和改进,使得成像光谱仪具备在一定范围内同时获得三维数据立方体的能力。

目前主要的快照型成像光谱仪有计算层析成像光谱仪、编码孔径计算成像光谱仪、滤光片堆栈成像光谱仪、光纤重组成像光谱仪、微透镜阵列场积分成像光谱仪、映射式成像光谱仪等。

快照型成像光谱仪在传统成像光谱仪的基础上综合了数学、物理、微纳器件、图像算法甚至深度学习等多学科知识,力图在最大程度上快速、完整地获得整个探测场景的三维立方数据体。目前,这一领域还存在着一些技术瓶颈,所存在的共性问题主要在于其所获取的数据量是所有成像光谱仪中最大的,因此其所需解码和图像重建的数据量也是最大的,解码过程和处理算法比较复杂,在进行图像数据重建时耗时长,因此实时性较差。另外,快照型成像光谱仪很难做到极高的光谱分辨率,这是由于高光谱图像重建的难度和光谱分辨率的高低与光谱通道数成正比,很难实现兼顾。因此快照式成像光谱仪目前还没有完全进入成熟时期,需要进一步开发和研究。

7.3.3　关键技术

7.3.3.1　成像光谱仪光谱定标

　　成像光谱仪光谱定标就是确定成像光谱仪各光谱通道的中心波长和光谱带宽。实验室中通常使用光谱带宽小于成像光谱仪光谱带宽 1/10 的单色仪对成像光谱仪进行光谱定标,同一光谱通道不同景物像元的中心波长也会不同。这种成像光谱仪像面上的光谱记录误差就是 smile,表现为沿穿轨方向中心波长的偏离,光谱曲线的峰值通常位于图像的中心,所以叫 smile 或 frown 效应。smile 效应是由于色散元件(光栅、棱镜)的空间畸变和准直、成像光学系统的像差引起的。

7.3.3.2　实验室光谱特性测量

　　空间目标表面材料分析主要通过观测得到的反射光谱数据与实验室获取的较为常用的单一材料反射光谱数据进行比较分析,从而判断是否含有某种材料以及所含比例。由于材料的表面物理特性不同,所呈现出的谱型也不同,如形态、特殊波段特征值等。随着实测数据累积,由于缺乏空间目标形貌、姿态等具体信息,仅凭观测数据很难说明空间的具体状态,目标反演和分类结果也呈现极大的不确定性。另外,地基光学望远镜观测受昼夜、天气、地球遮挡等多种因素限制,数据获取能力有限,成本较高。为探究空间目标观测数据产生的物理机理,建立光谱散射特性模型,寻找可行的目标识别方法,需要采用实验手段研究空间目标的光学特性,针对材料样片、卫星部件、缩比模型等不同尺度样品,采用不同方法开展研究。

　　实验室测量目标光谱散射特性是目标识别研究的重要基础:一方面,测试目标表面材料样品光谱数据,建立基于光谱双向反射分布函数(spectral bidirectional reflectance distribution function,sBRDF)的目标材质光谱散射特性数据库,用于实测光谱数据反演以及计算机仿真模型的建立。另一方面,采用实验室平行模拟观测手段,可对地基和天基探测进行便捷的技术验证,弥补实测覆盖角度的不足、加深对实测数据的理解。实验室平行模拟观测的难点在于如何模拟空间光环境以及观测过程中光源-目标-探测器之间几何的实时变化。此外,近距离模拟观测与远距离实测之间的一致性仍需比对验证。

7.3.3.3　空间目标材质识别

　　基于光谱特性开展空间目标材质识别是将已知材质的光谱特征与测量光谱进行匹配,当然,在没有空间目标常用材质光谱先验知识的条件下,通过分析时序及偏振特征,也能够开展简单的识别。例如,通过判断光谱曲线的线形和离散率,可以区分目标是卫星还是碎片;通过判断光谱偏振特性,可以确认是否含有某种特殊材质;通过分析时序多谱段信号特征,可以确定卫星的工作状态。

　　对于单一材质的空间目标,如果实测光谱数据能够与地面测量材质的光谱反射率曲线吻合,则可以判定空间目标的材质类型,匹配的指标包括吸收峰、斜率、特征窄波段等。对于包含多种材质的空间目标,其光谱为混合光谱,需要求解混合光谱中的光谱成分,也就是空间目标材质特征反演问题。基于反射光谱特性反演不同材质的面积,需要把整个目标抽象为一个反射平面,任何材料、大小和状态的目标都可抽象为这样一个导致光束发生反射的平面,当然这样抽象后的面积不同于实际面积。

　　基于光谱观测数据的空间目标材质识别,其实质是一个模式识别问题。由固体光谱原理可知,空间目标对应的可见光-近红外光谱所包含的信息不如原子光谱多,其吸收曲线是带状谱。材质特征识别的目标是确定材质类型,因此单纯的离散率、光度时域变化率、色指数、特征温度等指标提供的信息量不足以支持材质识别。材质识别首先应确定识别的特征参数,构建特征参数集,以支持模式识别。目前,用于识别的光谱特征参数除光谱反射率、色指数、特征温度等整体参数外,还包括光谱吸收谱及各阶导数、中心位移等。在获得特征参数后,可利用人工神经网络、粒子群优化、频谱解混等方法对各材质的含量进行求解。

7.4 空间目标光电探测技术发展

自 1957 年苏联发射第一颗人造地球卫星以后,美国就开始使用空军肯尼迪导弹测试中心的长焦距摄影光学系统测量卫星的尺寸和旋转状态。1964 年,在克劳德克罗夫特(Cloudcroft)建成了 1.2 m 望远镜,焦距为 330 m,视场为 2′。采用高速、短曝光的胶片和电视摄像机,以 300 帧/s 进行采样,几乎冻结了大气的影响,获得了 0.3″角分辨力的一些近衍射极限的图像。大多数的图像在晨昏获得,但通过采用红外滤光片和计算机控制的偏振片提高对比度,实现了在白天成像的能力。同时采用对转的棱镜,消除了大气色散的影响。

20 世纪 60 年代早期,靶场测量实验室(Range Measurements Laboratory,RML)建立了马拉巴(Malabar)测试观测站,采用 48 in(1.2 m)口径望远镜,F 数为 2.5~100,主要用于白天卫星成像技术研究,重点解决了精密跟踪问题。20 世纪 90 年代中期该观测站关闭。

1963—1969 年,DARPA 在毛伊岛建造了 1.2 m 和 1.6 m 望远镜,空间目标成像探测的多项先进成像技术得到了验证。

1972—1982 年,美国首先研制出实时补偿的自适应系统(compensated imaging system,CIS),1982 年开始获取日常空间目标识别数据。2000 年前后,美国研制了 AEOS 3.67 m 和 SORT 3.5 m 两台 4 m 级望远镜,两系统采用 941 单元自适应光学系统,取得了近衍射级的成像分辨力。

此外,AEOS 的机下库德光路配置有中波红外自适应红外成像单元,其主要任务是满足远距离弹道导弹的试验发射、拦截观测等需求。AEOS 的高分辨力成像在 2003 年哥伦比亚号航天飞机返回解体的事故中,对于故障的定位发挥了重要作用。

AEOS 侧壁库德光路中还配置有长波红外成像传感器。长波红外成像传感器的首要任务是满足夜晚地影区内空间目标的成像分辨观测需求,在 8~12 μm 长波红外波段具有背景极限灵敏度与衍射极限的成像视觉效果,并且能提供目标温度及辐射特性密度区域分布,与机下库德可见光自适应光学系统协同成像,为空间目标探测与识别提供进一步支持。AEOS 在望远镜的四通上还配置有辐射计,其首要任务是采集卫星等空间目标的红外辐射强度数据,并同时满足对卫星的成像跟踪需求,波段覆盖可见至长波红外,可输出高时间分辨力和多光谱的目标信号数据。AEOS 在望远镜侧壁库德光路中还配置有低分辨率线阵光谱仪(broadband array spectrograph system,BASS),其能够提供地球同步卫星的红外光谱数据,光谱仪光谱覆盖 2.9~13.5 μm,光谱分辨率小于 100。AEOS 近年准备更新换代的红外成像光谱仪,光谱仪光谱覆盖 2.9~14 μm,光谱分辨率约为 160。该成像光谱仪在光谱分辨率、光通量、工作效率、灵敏度、狭缝视场、系统紧凑性、像质和实现可行性等方面具有一定的优势。

1998 年,欧洲南方天文台薄镜面主动光学技术望远镜 VLT(口径为 8 m,共 4 台)研制成功。

目前,针对恒星、行星等自然天体观测的天文望远镜在功能和技术手段上都十分成熟,能够定位天体位置,抵消地球自转实现持续跟踪。但非自然天体,例如各类人造卫星、像侦察监视卫星、导弹预警卫星、气象卫星、导航卫星、通信卫星和其他碎片等轨道目标的观测方法不同于行星、恒星等自然天体,随着轨道高度的不同和运行模式的差异,目标运动角速度、成像精度、可视时段和运动方位等观测参数差别较大,针对这类轨道目标的光电望远镜监视技术要求能完成非合作目标的精密轨道测量和目标识别。

近年来,地基空间目标探测技术发展趋势如下。

(1)低轨小目标及中高轨目标的全天时高分辨力成像探测技术。20 世纪末,一批口径为 8~10 m 级望远镜相继研制成功,包括 Gemini(口径为 8.2 m,2 台)、HET(口径为 9.2 m)、Subarru(口径为 8.2 m)等,同时出现了多种新的光学技术来提高望远镜的分辨能力,其特点是采用主动光学、多镜面拼接望远镜技术、光干涉成像、FT(fourier telescopy)成像技术等。多镜面拼接望远镜技术是利用主动光学技术对多个分离的望远镜主镜镜面进行共线、共焦、共相控制,从而形成一个等效的大口径望远镜,达到提高望远镜分辨力的目的。光干涉成像技术是将来自两台或多台望远镜的光束通过自适应光学系统进行相位控制,消除大气湍流和望远镜光学系统像差的影响并调整相位平移后,合成到一起进行干涉,根据干涉条纹进行成像处理,从而得到等效的大口径望远镜的高分辨力目标图像。或者采用天基抵近式近距离成像探测。FT 成像技术是利用地面上若干台一定分布的小口径望远镜将激光光束照射到空间目标上,在空间目标上形成干涉条纹,利用相位闭合与时间调制抑制大气湍流的影响,然后在地面上用一台望远镜接收探测,通过干涉测量重构出目标图像。

(2)弱小目标的搜索发现技术。通过发展大口径望远镜技术、大面阵曲面 CCD 探测技术和弱小目标海量数据的高速识别算法,提升宽视场清晰成像能力。研制大口径、大视场望远镜和大靶面成像终端,突破大口径大视场光学设计和制造技术,发展单镜面大口径望远镜技术。例如,美国 SST 口径达 3.5 m,主镜为 3.5 m、视场为 6 平方度、探测能力为 21 星等;随着望远镜口径的增加,平面焦面的焦距小,可能会造成望远镜成像失真,降低空间目标的分辨率。但是,SST 采用大面阵曲面 CCD 探测技术,将 12 个薄膜 CCD 安装在 5.44 m 的球面上,形成弯曲的焦面,在扩展望远镜视场角的基础上显著提高了望远镜焦距,同时实现了大数据量观测与宽视场清晰成像。

(3)多波段图像同时获取与融合识别技术。开展空间目标同时、同站址、同条件下的多种特性成像协同识别融合技术研究,实现所谓的“会诊”功能,从多种特征全面了解空间目标。通过发展光学与激光、雷达结合探测技术,提升空间目标的识别能力。

(4)拓展偏振、衍射和干涉等物理光学成像或非直接成像技术在空间目标探测、识别中的应用。

为弥补地基光电探测的不足,空间目标天基光电探测技术已成为当今空间领域的前沿性技术。

天基光电探测主要手段包括天基可见探测、天基红外探测等。近年来也提出了一些新型光电探测技术,包括偏振成像技术、高光谱全偏振成像技术、太赫兹探测技术等。

美国安装在空间中段试验卫星(midcourse space experiment,MSX)上的天基可见光传感器(space-based visible,SBV),利用可见光探测方式对地球同步轨道上的卫星进行了有效检测跟踪。SBV 相机光学系统由美国麻省理工学院林肯实验室研制,工作在可见光波段,通过宽波段的可见光探测器自动识别目标,面向空间卫星及洲际导弹等目标进行探测追踪。该相机系统采用高度的杂散光抑制措施,可以保证在高强度太阳照射下能正常工作。由于系统视场较大,可以在太空中观察到大范围区域中的目标,在监视空间目标的同时也可以执行地球同步轨道上的目标监视。

天基红外系统 SBSS 卫星光学系统继承了 SBV 的相机设计,光学结构采用离轴三反式,具有较大视场角,能够在更广阔的范围进行监视并减少了卫星重访次数。搭载的 CCD 像素远高于 MSX 上的 20 万像素,具有更高的成像能力。SBSS 系统具备对广阔空间内的航天设备和轨道碎片进行监视的能力。

欧洲航天局设计 SBO 载荷用于地球同步轨道空间监视。载荷采用 45°折叠式施密特望远镜,口径为 20 cm,视场为 6°,相机分辨率为 2k×2k,整机尺寸为 105 cm×70 cm×35 cm,质量为 33 kg。安装方位角为 90°,当俯仰角为 0°~5°时,对地球同步轨道同步带能实现良好覆盖,可探测 1 m 直径的同步目标,重访周期为 1.5~3 d。

天基空间监视系统卫星运行在 630 km 高的太阳同步轨道上,带有一台安装在可旋转的万向架上的 30 cm 口径光学系统,采用三反消色散望远镜和 CCD 技术,焦面像元数量为 240 万,可以兼顾测量精度和宽视场搜索能力的性能指标要求。探测器还采用了 7 色滤光盘,提升了空间目标识别能力。卫星具有全天时持续工作能力,平均每天观测 12 000 个目标,可以快速扫描、发现、识别、跟踪低轨至高轨目标,特别是静止轨道的卫星、机动飞行器和空间碎片等目标,可在 24 h 完成对整个静止轨道区域的扫描探测。

可操作精化星历表天基望远镜卫星采用 3U 立方体架构,有效载荷为劳伦斯利弗莫尔国家实验室(LLNL)研制的改进型光学成像系统,尺寸约为 1.5U,由一台修正反光卡塞格林望远镜及 CMOS 探测器组成,用于捕获小型空间目标的图像。在狭小空间内,该卫星光学成像载荷可获得最小畸变的宽视场(2.08°×1.67°),可探测轨道高度为 200~1 000 km、尺寸大于 10 cm 的空间目标。探测器采用视频级 Cypress IBIS5-B-1300 CMOS 探测器,像元数量为 1 024×1 024,像元尺寸为 6.7 μm,成像曝光时间为 1 s,可探测近地轨道上尺寸大于 10 cm 的空间目标,目标定轨精度提升到 100 m。

可操作精化星历表天基望远镜卫星使用与美国中程空间实验(MSX)任务中 SBV 望远镜和天基空间监视系统卫星望远镜相同的恒星跟踪模式,即卫星固定指向恒星,以之为参照点。恒星则在探测图像上显示为亮点,卫星和空间碎片则由于快速相对运动而显示为亮的迹线。可操作精化星历表天基望远镜卫星将在星上对目标轨道数据进行预处理后发往地面站。

广域空间监视系统 WASSS 为能对整个轨道目标进行全方位监视,大视场角的光学系统应运而生。WASSS 设计了 60°×4°的大视场,系统分辨率<0.05°,系统采用未修正的施密特相机,采用了特殊设计尽量消除杂散光和消像差。

GSSAP 卫星分别安装了宽视场的可见光观测相机和窄视场的成像相机两个独立的相机系统,相机传感器具有高分辨率和高灵敏度,能够准确获取目标的图像和位置信息。此外,传感器还具有夜间成像能力,可以在不同的光照条件下进行监视。卫星弥补了地球同步轨道监视能力的缺口,是空间监视领域的一大进步。

加拿大研制的天基空间目标监视系统如 MOST、Sapphire、NEOSSat 等也均采用了可见光探测技术作为主要探测方式。

Sapphire 卫星运行在轨道高度为 800 km 的太阳同步轨道,有效载荷包括一套先进的光学遥感系统。与美国发射的可见光相机 SBV 的光学系统类似,都采用离轴三反消像散结构设计。该系统具有出色的杂散光抑制能力,可实现低畸变、低杂散光成像。其光瞳直径为 150 mm,单视场为 1.4°×1.4°,可以探测到 15 等星。

与 Sapphire 一同发射的 NEOSSat 卫星,用来进行行星观测,同时对地球轨道上的卫星进行追踪。其轨道与 Sapphire 一致,光学系统采用的是两反卡式结构,系统口径为 150 mm,视场角为 0.85°×0.85°,能够探测 13.5 等星。

天基光电探测设备受观测时间段的限制,观测效率低,在实际应用中有其局限性;天基探测单个设备观测范围小,效率低,无法在短时间内实现对整个空域的空间目标进行实时监测。目前,更小、更暗、更精、更专、效率更高是天基空间目标光电探测的主导方向,天基空间目标探测技术发展趋势如下。

(1)多角度立体观测技术。

MSX 可见光探测器采用多 CCD 拼接方法,加大了捕获目标的成功率。后续的 SBSS 万向架机动法,能够实现 3π 视场的捕获能力。STARESBSS-1、GSSAP 卫星也均采用万向架支撑光学遥感器,通过万向架的转动改变遥感器的观测角度和方向,快速灵活发现目标,并对目标进行多角度立体成像。

(2)杂散光抑制技术。

天基观测时其背景杂光非常复杂,若要观测高星等暗弱目标,需要对杂散光进行抑制,从而提高空间目标的探测效果。例如,美国 SBSS-1 卫星遥感器采用三反离轴系统调焦机构、滤光盘及焦平面列阵等部件,提高杂光抑制效果,增强对暗弱小型目标的探测能力,有助于发现未知的空间目标。

(3)光学成像技术的创新研究应用。

2024 年,美国劳伦斯·利弗莫尔国家实验室宣布将为 Victus Haze 任务提供天基光学成像有效载荷,一个由熔融二氧化硅制成的单片望远镜有效载荷,可在不进行初始校准和标定的情况下提供最佳分辨率,预计 2025 年发射。另外,美国科学家正在研究应用图像重构技术,利用单颗或多颗空间侦察卫星对某一目标的多张观测图像进行后期合成处理,该技术在不改变空间侦察监视卫星硬件的基础上,可将图像分辨率提升近 5 倍,能够迅速提升空间目标探测与识别的能力。

习　　题

1. 简述偏振探测成像原理。

2. 偏振成像的方式有哪些? 各自的优缺点是什么? 各适合应用在什么场合?

3. 试分析被动式偏振探测系统与主动式偏振探测系统各自有什么特点? 二者有何不同?

4. 空间目标偏振探测的关键技术有哪些?

5. 简述空间目标偏振探测技术的应用及发展。

6. 试比较激光成像探测技术与一般光学成像技术的特点、工作原理及应用场合。

7. 试分析非扫描 3D 激光探测系统的工作体制及关键技术。

8. 傅里叶成像技术的特点是什么?

9. 光谱探测技术的特点是什么?

10. 简述空间目标光电探测技术的发展趋势。

参 考 文 献

[1] 樊桂花,等. 靶场光学测量系统[M]. 北京:航天工程大学,2018.

[2] 李迎春,等. 光学测量技术与系统[M]. 北京:国防工业出版社,2021.

[3] 刘利生,吴斌,吴正容,等. 外弹道测量精度分析与评定[M]. 北京:国防工业出版社,2010.

[4] 于起峰,陆宏伟,刘肖琳. 基于图像的精密测量与运动测量[M]. 北京:科学出版社,2002.

[5] 王鲲鹏. 靶场图像目标检测跟踪与定姿技术研究[D]. 长沙:国防科学技术大学,2010.

[6] 刘莹奇,刘祥意. 空间目标的地基红外辐射特性测量技术研究[J]. 光学学报,2014,34(5):123-129.

[7] 杨词银,张建萍,曹立华. 地基空间目标红外辐射特性测量技术[J]. 仪器仪表学报,2013,34(2):304-310.

[8] 吕俊伟,何友金,韩艳丽. 光电跟踪测量原理[M]. 北京:国防工业出版社,2010.

[9] 何照才. 光学测量系统[M]. 北京:国防工业出版社,2002.

[10] 张小虎. 靶场图像运动目标检测与跟踪定位技术研究[D]. 长沙:国防科学技术大学,2006.

[11] 赵学颜,李迎春. 靶场光学测量[M]. 北京:装备指挥技术学院,2001.

[12] 刘廷霞. 光电跟踪系统复合轴伺服控制技术的研究[D]. 长春:中国科学院长春光学精密机械与物理研究所,2005.

[13] 王建立. 光电经纬仪电视跟踪捕获快速运动目标技术的研究[D]. 长春:中国科学院长春光学精密机械与物理研究,2002.

[14] 李文军. 复合轴光电跟踪系统控制策略的研究[D]. 长春:中国科学院长春光学精密机械与物理研究所,2006.

[15] 薛陈. 复杂环境下视频目标跟踪技术的算法和应用研究[D]. 长春:中国科学院长春光学精密机械与物理研究所,2010.

[16] 张志勇. 飞行目标位置和姿态光电测量技术的研究与应用[D]. 成都:电子科技大学,2008.

[17] 陈若望. 光电经纬仪的红外弱小目标检测技术研究[D]. 长沙:国防科学技术大学,2015.

[18] 李文豪. 天基空间目标红外辐射特性分析与目标工作信息反演[D]. 西安:中国科学院西安光学精密机械研究所,2018.

[19] 梁倩. 大口径光电设备自主调焦技术研究[D]. 成都:中国科学院光电技术研究所,2021.

[20] 熊伟,谢剑薇,刘德生,等. 光电跟踪控制系统导论[M]. 北京:国防工业出版社,2009.

[21] 李俊山,杨威,张雄美. 红外图像处理、分析与融合[M]. 北京:科学出版社,2009.

[22] 于起峰,尚洋. 摄影测量学原理与应用研究[M]. 北京:科学出版社,2014.

[23] 何东健. 数字图像处理[M]. 3版. 西安:西安电子科技大学出版社,2015.

［24］盖竹秋,程志峰.钢圈反射式光栅信号的补偿[J].光学精密工程,2011,19(12):2947-2953.

［25］王显军.反射式光电编码器[J].光学精密工程,2013,21(12):3066-3071.

［26］王稼禹.空间目标偏振探测与识别技术研究[D].长春:长春理工大学,2019.

［27］王国聪,王建立,张振铎,等.大气湍流对空间目标偏振成像探测的影响[J].光子学报,
2016,45(4):137-143.

［28］王建立,高昕,姚凯男.先进光学波前传感技术及其应用[M].北京:科学出版社,2021.

［29］张哲.长波红外偏振成像及实验研究[D].长春:中国科学院长春光学精密机械与物理研
究所,2019.

［30］王晓娟.基于长波的红外偏振成像技术研究[D].天津:天津大学,2016.

［31］李艳杰.空间光学成像与激光数传共口径技术研究[D].长春:中国科学院长春光学精密
机械与物理研究所,2015.

［32］王冠军.基于图像处理的光电测量设备自动调焦方法研究[D].长春:中国科学院长春光
学精密机械与物理研究所,2016.

［33］严灵杰.光电望远镜视轴指向及预测技术研究[D].成都:中国科学院光电技术研究
所,2019.

［34］董雪.高重复频率空间碎片激光测距系统研究[D].长春:中国科学院长春光学精密机械
与物理研究所,2014.

［35］赵春梅,桑吉章,瞿锋,等.空间目标激光测距技术及应用[M].北京:科学出版社,2016.

［36］李振伟.空间目标光电观测技术研究[D].长春:中国科学院长春光学精密机械与物理研
究所,2014.

［37］PIERRE Y B.大型光学望远镜的设计与建造[M].高昕,王建立,唐嘉,译.北京:清华大
学出版社,2015.

［38］胡企千.望远镜技术与天文测天[M].南京:东南大学出版社,2014.

［39］毕寻.车载低轨卫星测量站跟踪关键技术研究[D].长春:中国科学院长春光学精密机械
与物理研究所,2019.

［40］赵勇志.4 m级地基光电望远镜跟踪架结构研究[D].长春:中国科学院长春光学精密机
械与物理研究所,2011.

［41］王志臣,张艳辉,乔兵.望远镜跟踪架结构形式及测量原理浅析[J].长春理工大学学报
(自然科学版),2010,33(1):18-21.

［42］许晓亮.快速高精度望远镜调焦系统设计[D].成都:中国科学院光电技术研究所,2016.

［43］王帆.基于视差测距的光电跟踪测量设备实时调焦方法研究[D].成都:中国科学院光电
技术研究所,2019.

［44］苏艳蕊.量子光通信望远镜跟踪控制技术研究[D].成都:中国科学院光电技术研究
所,2016.

［45］殷延鹤.光电经纬仪快速被动调焦技术研究[D].长春:中国科学院长春光学精密机械与
物理研究所,2018.

［46］杨飞,王富国,陈宝刚,等.大口径望远镜中三镜技术现状及发展趋势[J].激光与光电子
学进展,2013,50(5):59-65.

［47］周立庆,宁提,张敏,等.10 μm像元间距1 024×1 024中波红外探测器研制进展[J].激光

与红外,2019,49(8):915-920.

[48] 李英超,杨帅,付强,等.基于深度学习的偏振图像局部特征提取算法研究(特邀)[J].光电技术应用,2022,37(5):62-69.

[49] 孙瑞.基于卷积神经网络的偏振成像目标分类方法和实验研究[D].合肥:中国科学技术大学,2020.

[50] YANG Z D,BI Y M,WANG Q,et al. Inflight performance of the TanSat atmospheric carbon dioxide grating spectrometer[J]. IEEE Transactions on Geoscience and Remote Sensing, 2020,58(7):4691-4703.

[51] 刘春娟.基于 ARM 的自动调光调焦控制系统研究[D].西安:中国科学院西安光学精密机械研究所,2012.

[52] 王冠军.基于图像处理的光电测量设备自动调焦方法研究[D].长春:中国科学院长春光学精密机械与物理研究所,2016.

[53] 张涛.一种 CCD 相机自动调光的方法[J].智能计算机与应用,2012(2):6-8.

[54] 张玉良.基于嵌入式 DSP 的光电平台图像自动调焦控制系统设计[J].国外电子测量技术,2014(7):64-66.

[55] 梁倩.大口径光电设备自主调焦技术研究[D].成都:中国科学院光电技术研究所,2021.

[56] 马晓雨.基于光学检测与图像处理相结合的调焦技术研究[D].西安:中国科学院西安光学精密机械研究所,2020.

[57] 唐涛,马佳光,陈洪斌,等.光电跟踪系统中精密控制技术研究进展[J].光电工程,2020,47(10):1-29.

[58] 任彦,牛志强,赵冠华.快速反正切跟踪微分器在稳定平台中的应用[J].信息与控制,2018,47(6):751-755.

[59] 文云,刘启辉,董琦昕.光电跟踪系统前馈速度求解方法[J].兵器装备工程学报,2016,37(6):29-34.

[60] 黄海波.复合轴光电精密跟踪伺服控制关键技术研究[D].武汉:武汉大学,2011.

[61] 李自强,李新阳,高泽宇,等.基于深度学习的自适应光学波前传感技术研究综述[J].强激光与粒子束,2021,33(8):5-17.

[62] 许晓军.剪切干涉仪与哈特曼波前传感器的波前复原比较[J].强激光与粒子束,2000,12(3):269-272.

[63] 魏海松.基于扫描哈特曼的大口径空间光学系统检测技术[D].长春:中国科学院长春光学精密机械与物理研究所,2018.

[64] ZHANG Q F,ZHAO C X,KANG K. A wideband reconfigurable CMOS VGA based on an asymmetric capacitor technique with a low phase variation[J]. Electronics,2022,11(5):751.

[65] 魏平.低信噪比条件下哈特曼波前传感器图像信号处理方法研究[D].成都:电子科技大学,2015.

[66] JIN X W,ZHAO Y H,BIAN H D,et al. Sunflower seeds classification based on self-attention focusing algorithm[J]. Journal of Food Measurement and Characterization,2023,17(1):143-154.

[67] 赵春梅,王磊,何正斌.卫星激光测距站分级与 GNSS 卫星轨道精度校核[J].测绘学报,

2023,52(3):357-366.

[68] 李知非,汤儒峰,翟东升,等.基于高精度卫星激光测距数据的漂移误差分析与研究[J].光子学报,2023,52(5):292-300.

[69] 高添泉,吴先霖,张才士,等.基于近红外小功率卫星激光测距研究[J].红外与毫米波学报,2022,41(5):905-913.

[70] 龙明亮,张海峰,林海生,等.遥感 SiCH-2 卫星光学系统"猫眼"效应的卫星激光测距[J].地球与行星物理论评(中英文),2023,54(5):581-586.

[71] 马天明,赵春梅,何正斌,等.空间碎片激光测距微弱信号实时识别方法[J].测绘学报,2022,51(1):87-94.

[72] 龙明亮,张海峰,门琳琳,等.10 kHz 重复率全天时卫星激光测距[J].红外与毫米波学报,2020,39(6):778-785.

[73] 董贺,付少鹏,刘洋,等.长春站激光测距系统单向延迟标校方法研究[J].吉林师范大学学报(自然科学版),2023,44(3):89-95.

[74] 吴志波,邓华荣,张海峰,等.卫星激光测距系统稳定性分析及提高[J].红外与毫米波学报,2019,38(4):479-484.

[75] 刘芳华.近红外光子计数远程激光探测与三维成像研究[D].上海:中国科学院上海光学精密机械研究所,2022.

[76] 李舒毅,詹淇,李召辉,等.低成本亚毫米精度单光子测距技术[J].激光与光电子学进展,2024,61(5):267-272.

[77] 王新伟,孙亮,张岳,等.激光距离选通三维成像技术研究进展(特邀)[J].红外与激光工程,2024,53(4):23-42.

[78] 韩斌,曹杰,史牟丹,等.激光雷达三维成像研究进展(特邀)[J].激光与光电子学进展,2024,61(2):26-43.

[79] SAYYAH K,SARKISSIAN R,PATTERSON P,et al. Fully integrated FMCW LiDAR optical engine on a single silicon chip[J]. Journal of Lightwave Technology,2022,40(9):2763-2772.

[80] DIMB A L,DUMA V F. Symmetries of scan patterns of laser scanners with rotational risley prisms[J]. Symmetry,2023,15(2):336.

[81] 李兵,杨赟秀,李潇,等.APD 阵列及其成像激光雷达系统的研究进展[J].激光技术,2023,47(3):310-316.

[82] HAARLAMMENT T,KWIATKOWSKI A,MÖLLER M,et al. Threat detection,identification,and optical counter measures for space-based applications[C]. High-Power Lasers and Technologies for Optical Countermeasures,2022.

[83] 邓诗宇,刘承志,谭勇,等.空间目标光谱实测技术与表面材料分析研究[J].光谱学与光谱分析,2021,41(10):3299-3306.

[84] 于磊.成像光谱仪的发展与应用(特邀)[J].红外与激光工程,2022,51(1):298-308.

[85] 徐灿,张雅声,赵阳生,等.空间目标光谱特性研究进展[J].光谱学与光谱分析,2017,37(3):672-678.

[86] 徐融,赵飞,周锦松.空间点目标光谱探测与特征识别研究进展[J].光谱学与光谱分析,2019,39(2):333-339.

[87] 李智,汪夏,徐灿,等,非分辨空间目标的光谱表征及识别研究综述[J].光谱学与光谱分析,2023,43(5):1329-1339.

[88] 石晶,谭勇,陈桂波,等.散射光谱的目标材质及比例反演研究[J].光谱学与光谱分析,2022,42(8):2340-2346.

[89] 姜春旭,谭勇,徐蓉,等.空间目标散射光谱图像反演识别[J].光谱学与光谱分析,2023,43(10):3023-3030.